网站开发案例课堂

Dreamweaver+Flash+Photoshop
网页设计案例课堂

刘玉红　蒲　娟　编著

清华大学出版社

北　京

内 容 简 介

本书采取"Dreamweaver 网页设计→Photoshop 图片设计→Flash 动画设计→网页美化布局→动态网站实战"的讲解模式,深入浅出地讲解用 Dreamweaver+Flash +Photoshop 设计网页和开发动态网站的各项技术以及实战技能。

本书第 1 篇为 Dreamweaver 网页设计,主要讲解网页设计与网站建设认知、网站建设基本流程、Dreamweaver CS6 创建网站站点、添加网页基本元素、设计网页超链接、使用网页表单和行为等;第 2 篇为 Photoshop 图像设计,主要讲解选取并调整网页图像、制作网页特效文字、制作特效网页元素、制作网站 Logo 与 Banner、制作网页导航条、制作网页按钮与特效边线等;第 3 篇为 Flash 动画设计,主要讲解制作简单网站动画、制作动态网站 Logo 与 Banner、测试和优化 Flash 作品等;第 4 篇为网页美化布局,主要讲解使用 CSS 样式表美化网页、网页布局典型范例等;第 5 篇为动态网站实战,主要讲解构建动态网站的运行环境、定义动态网站与使用 MySQL 数据库、动态网站应用模块开发、电子商务类网站开发实战等。另外,本书附赠的 DVD 光盘中包含了丰富的资源,诸如实例素材文件、教学幻灯片、精品教学视频、网页样式与布局案例赏析、Dreamweaver CS6 中的快捷键和技巧、HTML 标签速查表、精彩网站配色方案赏析、CSS+DIV 布局赏析案例、Web 前端工程师常见面试题、88 类实用网页模板等。

本书面向初、中级用户,适合任何想学习用 Dreamweaver+Flash+Photoshop 设计网页的人员,无论您是否从事计算机相关行业,无论您是否接触过 Dreamweaver+Flash+Photoshop,通过学习本书均可快速掌握用 Dreamweaver+Flash+Photoshop 设计网页和开发动态网站的方法和技巧。

图书在版编目(CIP)数据

Dreamweaver+Flash+Photoshop 网页设计案例课堂/刘玉红,蒲娟编著. --北京:清华大学出版社,2016
(2017.1 重印)

(网站开发案例课堂)

ISBN 978-7-302-42382-9

Ⅰ. ①D… Ⅱ. ①刘… ②蒲… Ⅲ. ①网页制作工具 Ⅳ. ①TP393.092

中国版本图书馆 CIP 数据核字(2015)第 296355 号

责任编辑:张彦青
装帧设计:杨玉兰
责任校对:周剑云
责任印制:宋 林

出版发行:清华大学出版社
　　网　　址:http://www.tup.com.cn,http://www.wqbook.com
　　地　　址:北京清华大学学研大厦 A 座　　　　邮　　编:100084
　　社 总 机:010-62770175　　　　　　　　　邮　　购:010-62786544
　　投稿与读者服务:010-62776969,c-service@tup.tsinghua.edu.cn
　　质 量 反 馈:010-62772015,zhiliang@tup.tsinghua.edu.cn
印 装 者:清华大学印刷厂
经　　销:全国新华书店
开　　本:190mm×260mm　　　印　　张:31.75　　　字　　数:768 千字
　　　　　(附 DVD1 张)
版　　次:2016 年 2 月第 1 版　　　　　　　印　　次:2017 年 1 月第 2 次印刷
印　　数:3001~4000
定　　价:68.00 元

产品编号:066569-01

前 言

"网站开发案例课堂"系列图书是专门为网站开发和数据库初学者量身定做的一套学习用书，涵盖网站开发、数据库设计等方面。整套书具有以下特点。

前沿科技

无论是网站建设、数据库设计还是 HTML5、CSS3 技术，我们都精选较为前沿或者用户群较大的领域推进，帮助大家认识和了解最新动态。

权威的作者团队

该套图书由国家重点实验室和资深应用专家联手编著，融合了丰富的教学经验与优秀的管理理念。

学习型案例设计

以技术的实际应用过程为主线，全程采用图解和同步多媒体结合的教学方式，生动、直观、全面地剖析使用过程中的各种应用技能，从而降低学习难度并提升学习效率。

为什么要写这样一本书

随着网络的发展，很多企事业单位和广大网民对于建立网站的需求越来越强烈，另外对于大中专院校，很多学生需要制作网站毕业设计，但是他们又不懂网页代码程序，不知从何入手。为此，作者针对这样的零基础的读者，全面介绍网页设计和网站建设的相关知识，基本上读者在网页设计和网站建设中遇到的技术，本书都有详细讲解。通过本书的实战，读者可以很快上手设计网页和开发网站，提高职业化能力。

本书特色

■ 零基础、入门级的讲解

无论您是否从事计算机相关行业，无论您是否接触过 Dreamweaver+Flash+Photoshop 网页设计和动态网站开发，都能从本书中找到最佳起点。

■ 超多、实用、专业的范例和项目

本书在编排上紧密结合深入学习 Dreamweaver+Flash+Photoshop 网页设计和开发动态网站技术的先后过程，从 Dreamweaver 的基本操作开始，逐步带领大家深入学习各种应用技巧，侧重实战技能，使用简单易懂的实际案例进行分析和操作指导，让读者读起来简明轻松，操作起来有章可循。

■ 随时检测自己的学习成果

每章首页均提供了学习目标，可以指导读者重点学习以及学后检查。

每章最后的"跟我练练手"板块，均根据本章内容精选而成，读者可以随时检测自己的学习成果和实战能力，做到融会贯通。

■ 细致入微、贴心提示

本书在讲解过程中，使用了"注意"、"提示"、"技巧"等小栏目，使读者在学习过程中能更清楚地了解相关操作、理解相关概念，并轻松掌握各种操作技巧。

"Dreamweaver+Flash+Photoshop 网页设计"学习最佳途径

本书以学习"Dreamweaver+Flash+Photoshop 网页设计"的最佳制作流程来分配章节，从 Dreamweaver 基本操作开始，依次讲解 Photoshop 图像设计、Flash 动画设计、网页美化布局、动态网站开发等。同时在最后的项目实战环节特意补充了一个常见的综合动态网站开发过程，以便进一步提高大家的实战技能。

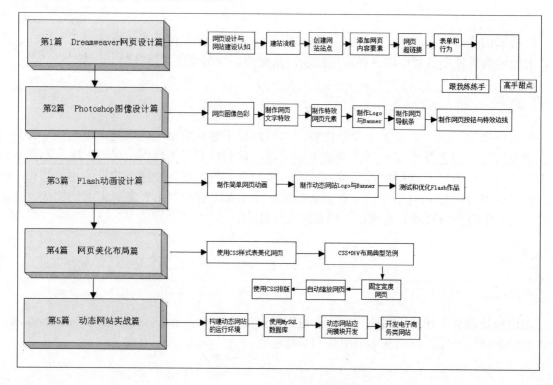

超值光盘

■ 全程同步教学录像

涵盖本书所有知识点，详细讲解每个实例及项目的过程及技术关键点。比看书更轻松地掌握书中所有的 Dreamweaver+Flash+Photoshop 网页设计和开发动态网站知识，而且扩展的讲解部分使您得到比书中更多的收获。

■ 超多容量王牌资源大放送

赠送大量王牌资源，包括本书实例素材文件、教学幻灯片、本书精品教学视频、网页样式与布局案例赏析、Dreamweaver 快捷键和技巧、HTML 标签速查表、精彩网站配色方案赏析、CSS+DIV 布局赏析案例、Web 前端工程师常见面试题等。

读者对象

- 没有任何 Dreamweaver+Flash+Photoshop 网页设计基础的初学者
- 有一定的 Dreamweaver+Flash+Photoshop 网页设计和基础，想精通网站开发的人员
- 有一定的动态网站开发基础，没有项目经验的人员
- 正在进行毕业设计的学生
- 大专院校及培训学校的老师和学生

创作团队

本书由刘玉红、蒲娟编著，参加编写的人员还有付红、李园、王攀登、郭广新、侯永岗、刘海松、孙若淞、王月娇、包慧利、陈伟光、胡同夫、梁云梁和周浩浩。

在编写过程中，我们尽所能地将最好的讲解呈现给读者，但也难免有疏漏和不妥之处，敬请不吝指正。若您在学习中遇到困难或疑问，或有何建议，可写信至信箱357975357@qq.com。

编 者

目　　录

第 1 篇　Dreamweaver 网页设计篇

第2篇　Photoshop 图像设计篇

第 3 篇 Flash 动画设计篇

第 4 篇　网页美化布局篇

第 5 篇 动态网站实战篇

第1篇

Dreamweaver 网页设计篇

第 1 章

网页设计与网站建设认知

随着互联网的迅速推广，越来越多的企业和个人得益于网络的发展和壮大，越来越多的网站如雨后春笋般纷纷涌现，但是人们越来越不满足于文字图片的静态网页效果，所以动态网站的开发越来越占据网站开发的主流。

其实动态网站的开发与制作并不难，用户只要掌握网站开发工具的用法，了解网站开发的流程和相关技术，再加上自己的想象力，就可以创造出动态网站。本章先来介绍网页设计与网站建设的基础知识，如网页和网站的基本概念与区别、网页的 HTML 代码构成以及 HTML 语言中的常用标签等。

本章要点(已掌握的在方框中打钩)

☐ 熟悉什么是网页和网站

☐ 熟悉网页的相关概念

☐ 掌握网页的 HTML 结构

☐ 掌握 HTML 常用的标签

☐ 掌握制作日程表的步骤

1.1 认识网页和网站

在创建网站之前，首先需要认识什么是网页、什么是网站以及网站的种类与特点。本节就来认识一下网页和网站，了解它们的相关概念。

1.1.1 什么是网页

网页是 Internet 中最基本的信息单位，是把文字、图形、声音及动画等各种多媒体信息相互链接起来而构成的一种信息表达方式。

通常情况下，网页中有文字、图像等基本信息，有些网页中还有声音、动画、视频等多媒体内容。网页一般由站标、导航栏、广告栏、信息区、版权区等部分组成，如图 1-1 所示为一个网站的网页。

在访问一个网站时，首先看到的网页一般称为该网站的首页。有些网站的首页具有欢迎访问者的作用。首页只是网站的开场页，单击页面上的文字或图片，即可打开网站主页，而首页也随之关闭。如图 1-2 所示为一个网站的主页。

| 图 1-1 网站网页 | 图 1-2 网站主页 |

网站主页与首页的区别在于：主页设有网站的导航栏，是所有网页的链接中心。但多数网站的首页与主页是一个页面，即省略了首页而直接显示主页，在这种情况下，它们指的是同一个页面，如图 1-3 所示。

1.1.2 什么是网站

网站就是在 Internet 上通过超级链接的形式构成的相关网页的集合。简单地说，网站是一种通信工具，人们可以通过网页浏览器来访问网站，获取自己需要的资源或享受网络提供的服务。

例如，人们可以通过淘宝网网站查找自己需要的信息，如图 1-4 所示。

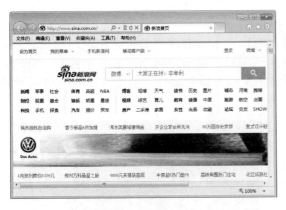

图 1-3　网站主页　　　　　　　图 1-4　淘宝网网站

1.1.3　网站的种类和特点

按照内容形式的不同，网站可分为门户网站、职能网站、专业网站和个人网站 4 大类。

1. 门户网站

门户网站是指涉及领域非常广泛的综合性网站，如国内著名的 3 大门户网站：网易、搜狐和新浪。如图 1-5 所示为网易网站的首页。

2. 职能网站

职能网站是指一些公司为展示其产品或对其所提供的售后服务进行说明而建立的网站。如图 1-6 所示为联想集团的中文官方网站。

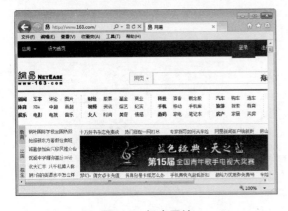

图 1-5　门户网站　　　　　　　图 1-6　职能网站

3. 专业网站

专业网站是指专门以某个主题为内容而建立的网站，这种网站都是以某一题材作为网站的内容。如图 1-7 所示为赶集网站，该网站主要为用户提供租房、二手货交易等相关服务。

4. 个人网站

个人网站是指由个人开发建立的网站，在内容形式上具有很强的个性化，通常用来宣传自己或展示个人的兴趣爱好。如现在比较流行的淘宝网，在淘宝网上注册一个账户，开家自己的小店，在一定程度上就宣传了自己和展示了个人的兴趣与爱好。如图 1-8 所示为一个个人网站。

图 1-7　专业网站

图 1-8　个人网站

1.2　网页的相关概念

在制作网页时，经常会接触到很多和网络有关的概念，如浏览器、URL、FTP、IP 地址及域名等。理解与网页相关的概念，对制作网页会有一定的帮助。

1.2.1　因特网与万维网

因特网(Internet)又称为互联网，是一个把分布于世界各地的计算机用传输介质互相连接起来的网络。Internet 主要提供的服务有万维网(WWW)、文件传输协议(FTP)、电子邮件(E-mail)及远程登录(Telnet)等。

万维网(World Wide Web，WWW)简称 3W，它是无数个网络站点和网页的集合，也是 Internet 提供的最主要的服务。万维网是由多媒体链接而形成的集合，通常上网看到的就是万维网的内容。如图 1-9 所示的就是使用万维网打开的百度首页。

图 1-9　百度首页

1.2.2　浏览器与 HTML

浏览器是指将互联网上的文本文档(或其他类型的文件)翻译成网页，并让用户与这些文件交互的一种软件工具，主要用于查看网页的内容。目前常用的浏览器有两种：一是美国微软公司的 Internet Explorer；二是美国网景公司的 Netscape Navigator。如图 1-10 所示为使用 IE 浏览器打开的页面。

　　HTML(HyperText Marked Language，超文本标签语言)是一种用来制作超文本文档的简单标签语言，也是制作网页最基本的语言，可以直接由浏览器执行。如图 1-11 所示为使用 HTML 语言制作的页面。

图 1-10　百度首页

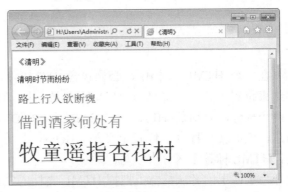

图 1-11　使用 HTML 语言制作的页面

1.2.3　URL、域名与 IP 地址

　　URL(Uniform Resource Locator，统一资源定位器)，也就是网络地址，是在 Internet 上用来描述信息资源，并将 Internet 提供的服务统一编址的系统。简单来说，通常在 IE 浏览器或 Netscape 浏览器中输入的网址就是 URL 的一种。如百度网址"http://www.baidu.com"。

　　域名类似于 Internet 上的门牌号，是用于识别和定位因特网上计算机的层次结构的字符标识，与该计算机的因特网互联协议(IP)地址相对应。但相对于 IP 地址而言，更便于使用者理解和记忆。URL 和域名是两个不同的概念，如"http://www.sohu.com/"是 URL，而"www.sohu.com"是域名。如图 1-12 所示为搜狐首页。

　　IP(Internet Protocol)即因特网互联协议，是为计算机网络相互连接进行通信而设计的协议，是计算机在因特网上进行相互通信时应当遵守的规则。IP 地址是给因特网上的每台计算机和其他设备分配的一个唯一的地址。使用 ipconfig 命令可以查看本机的 IP 地址，如图 1-13 所示。

图 1-12　利用域名打开网页

图 1-13　查看 IP 地址

1.2.4　上传和下载

上传(Upload)是从本地计算机(一般称客户端)向远程服务器(一般称服务器端)传送数据的行为和过程。下载(Download)是从远程服务器将数据取回到本地计算机的过程。

1.3　网页的 HTML 文档构成

在一个 HTML 文档中，必须包含<HTML></HMTL>标签，并且放在 HTML 文档的开始和结束位置。即每个文档以<HTML>开始，以</HTML>结束。<HTML></HMTL>之间通常包含两个部分，分别是<HEAD></HEAD>和<BODY></BODY>。HEAD 标签包含 HTML 的头部信息，例如文档标题、样式定义等；BODY 包含文档的主体部分，即网页内容。需要注意的是，HTML 标签不区分大小写。

为了便于读者从整体上把握 HTML 文档的结构，下面通过一个实例来介绍 HTML 文档的整体结构，示例代码如下。

```
<!DOCTYPE HTML>
<HTML>
<HEAD>
    <TITLE>网页标题</TITLE>
</HEAD>
<BODY>
    网页内容
</BODY>
</HTML>
```

从上面的代码中可以看出，一个基本的 HTML 文档由以下几部分构成。

(1) <!DOCTYPE>声明必须位于 HTML 文档的第一行，也就是位于<HTML>标签之前，用于标签告知浏览器文档所使用的 HTML 规范。<!DOCTYPE>声明不属于 HTML 标签，它是一条指令，用于告诉浏览器编写页面所用的标签的版本。由于 HTML 5 版本还没有得到浏览器的完全认可，后面介绍时还采用以前的通用标准。

(2) <HTML></HTML>用于说明本页面使用 HTML 语言编写，从而使浏览器软件能够准确无误地解释、显示。

(3) <HEAD></HEAD>是 HTML 的头部标签，头部信息不显示在网页中。此标签可用于说明文件标题和整个文件的一些公用属性。

(4) <TITLE></TITLE>是 HEAD 中的重要组成部分，它包含的内容显示在浏览器的窗口标题栏中。如果没有 TITLE 内容，浏览器标题栏显示本页的文件名。

(5) <BODY></BODY>包含 HTML 页面的实际内容，显示在浏览器窗口的信息区中。例如页面中文字、图像、动画、超链接以及其他 HTML 相关的内容都是在 BODY 标签中定义。

1.3.1　文档标签

基本 HTML 的页面以<HTML>标签开始，以</HTML>标签结束。HTML 文档中的所有内容都应该在这两个标签之间定义。空结构在浏览器中显示为空白页面。

<HTML>标签的语法格式如下。

```
<HTML>
·····························
·····························
·····························
</HTML>
```

1.3.2　头部标签

头部标签(<HEAD>…</HEAD>)包含文档的标题信息，如标题、关键字、说明以及样式等。除了<TITLE>标题外，一般位于头部的内容不会直接显示在浏览器中，而是通过其他的方式显示。

1. 内容

头部标签中可以嵌套多个标签，如<TITLE>、<BASE>、<ISINDEX>、<SCRIPT>等标签，可以添加任意数量的属性，如<SCRIPT>、<STYLE>、<META>或<OBJECT>。除了<TITLE>之外，其他的嵌入标签可以使用多个。

2. 位置

在所有的 HTML 文档中，头部标签都不可或缺，但是其起始和结尾标签可省略。在各个 HTML 版本文档中，头部标签一直紧跟<BODY>标签，但在框架设置文档中，其后跟<FRAMESET>标签。

3. 属性

<HEAD>标签的属性 PROFILE 给出了元数据描写的位置，用以说明其中的<META>和<LIND>元素的特性，该属性的形式没有严格的格式规定。

1.3.3　主体标签

主体标签(<BODY>…</BODY>)中包含文档的内容，并用若干个属性来规定文档中显示的背景和颜色。

主体标签可能用到的属性如下。

- BACKGROUND=URI(文档的背景图像，URL 指图像文件的路径)。
- BGCOLOR=Color(文档的背景色)。
- TEXT=Color(文本颜色)。
- LINK=Color(链接颜色)。
- VLINK=Color(已访问的链接颜色)。
- ALINK=Color(被选中的链接颜色)。
- ONLOAD=Script(文档已被加载)。

- ONUNLOAD=Script(文档已推出)。

为该标签添加属性的代码格式如下。

```
<BODY BACKGROUNE="URI "BGCOLOR="Color ">
··································································
</BODY>
```

1.4 HTML 的常用标签

HTML 文档是由标签组成的，要熟练掌握 HTML 文档的编写，首先就是了解 HTML 的常用标签。

1.4.1 标题标签<h1>到<h6>

在 HTML 文档中，文本的结构除了以行和段出现之外，还可以作为标题存在。通常一篇文档最基本的结构就是由若干不同级别的标题和正文组成的。

HTML 文档中含有各种级别的标题，这些由<h1>到<h6>标题标记来定义，<h1>至<h6>中的字母 h 代表英文 Headline(标题行)。其中<h1>代表 1 级标题，级别最高，字号就最大，其他标题元素依次递减，<h6>的级别最低。

下面给出一个实例，来具体介绍标题的使用方法。

【例 1.1】标题标签的使用(实例文件：ch01\1.1.html)。

```
<html>
<head>
<title>文本段换行</title>
</head>
<body>
<h1>这里是 1 级标题</h1>
<h2>这里是 2 级标题</h2>
<h3>这里是 3 级标题</h3>
<h4>这里是 4 级标题</h4>
<h5>这里是 5 级标题</h5>
<h6>这里是 6 级标题</h6>
</body>
</html>
```

将上述代码输入在记事本中，并以后缀名为.html 的文件格式保存，然后在 IE 中预览效果，如图 1-14 所示。

> **注意**
> 作为标题，<h1>到<h6>的重要性是有区别的，其中<h1>标题的重要性最高，<h6>标题的重要性最低。

图 1-14 标题标签的使用

1.4.2 段落标签<p>

　　段落标签<p>用来定义网页中的一段文本，文本在一个段落中会自动换行。段落标签是双标签，即<p></p>，在<p>开始标签和</p>结束标签之间的内容形成一个段落。如果省略结束标签，从<p>标签开始，直到遇见下一个段落标签之前的文本，都在一段段落内。段落标签中的 p 是英文单词 Paragraph(段落)的首字母。

　　下面给出一个实例，来具体介绍段落标签的使用方法。

　　【例 1.2】段落标签的使用(实例文件：ch01\1.2.html)。

```
<html>
<head>
<title>段落标签的使用</title>
</head>
<body>
<p>白雪公主与七个小矮人！</p>
<p>很久以前,白雪公主的后母王后美貌盖世,但魔镜却告诉她世上唯有白雪公主最漂亮,王后非常愤怒,
派武士把白雪公主押送到森林准备杀害,武士同情白雪公主就让她逃往森林深处。
</p>
<p>
小动物们用善良的心抚慰她,鸟兽们还把她领到一间小屋中,收拾完房间后她进入了梦乡。房子的主人
是在外边开矿的七个小矮人,他们听了白雪公主的诉说后把她留在家中。
</p>
<p>
王后得知白雪公主没死,便用魔镜把自己变成一个老太婆,来到森林深处,哄骗白雪公主吃下一个有毒的
苹果,使公主昏死过去。鸟儿识破了王后的伪装,飞到矿山告诉小矮人。七个小矮人火速赶回,王后仓皇
逃跑,在狂风暴雨中跌下山崖摔死。
</p>
<p>
七个小矮人悲痛万分,把白雪公主安放在一只水晶棺里并日日夜夜守护着她。邻国的王子闻讯,骑着白
马赶来,爱情之吻使白雪公主死而复生。然后王子带着白雪公主骑上白马,告别了七个小矮人和森林中
的动物,到王子的宫殿中开始了幸福的生活。
</p>
</body>
</html>
```

　　将上述代码输入在记事本中，并以后缀名为.html 的文件格式保存，然后在 IE 中预览效

果。如图 1-15 所示，可以看出<P>标签将文本分成 5 个段落。

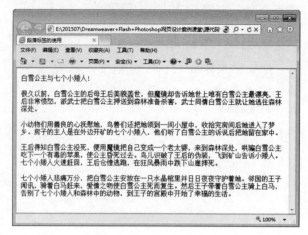

图 1-15　段落标签的使用

1.4.3　换行标签

换行标签
是一个单标签，没有结束标签，代表英文单词 Break，作用是将文字在一个段内强制换行。一个
标签代表一个换行，连续的多个标签可以实现多次换行。

下面给出一个实例，来具体介绍换行标签的使用方法。

【例 1.3】换行标签的使用(实例文件：ch01\1.3.html)。

```html
<html>
<head>
<title>文本段换行</title>
</head>
<body>
清明<br/>
清明时节雨纷纷<br/>
路上行人欲断魂<br/>
借问酒家何处有<br/>
牧童遥指杏花村
</body>
</html>
```

将上述代码输入在记事本中，并以后缀名为.html 的文件格式保存，然后在 IE 中预览效果，如图 1-16 所示。

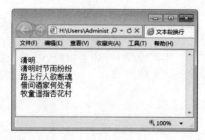

图 1-16　换行标签的使用

1.4.4 链接标签<a>

链接标签<a>是网页中最常用的标签，主要用于把页面中的文本或图片链接到其他的页面、文本或图片。建立链接最重要的有两个要素：设置为链接的网页元素和链接指向的目标地址。基本链接的语法格式如下。

```
<a href=URL>网页元素</a>
```

1. 设置文本和图片的链接

设置链接的网页元素通常使用文本和图片。文本链接和图片链接通过<a></a>标签实现，将文本或图片放在开始标签<a>和结束标签</a>之间即可建立文本和图片链接。

【例1.4】 设置文本和图片的链接(实例文件：ch01\1.4.html)。

```
<html>
<head>
<title>文本和图片链接</title>
</head>
<body>
<a href="a.html"><img src="images/Logo.gif"></a>
<a href="b.html">公司简介</a>
</body>
</html>
```

打开记事本文件，在其中输入 HTML 代码。代码输入完成后，将其保存为"链接.html"文件；然后双击该文件，可以在浏览器中查看应用链接标签后的效果，如图 1-17 所示。

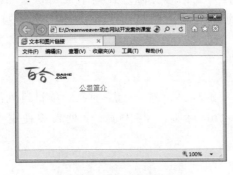

图 1-17 文本与图片链接

2. 电子邮件路径

电子邮件路径用来链接一个电子邮件的地址。邮件路径的写法如下。

```
mailto:邮件地址
```

【例1.5】 设置电子邮件链接(实例文件：ch01\1.5.html)。

```
<html>
<head>
<title>电子邮件路径</title>
</head>
```

```
<body>
使用电子邮件路径: <a href="mailto:liule2012@163.com">链接</a>
</body>
</html>
```

　　打开记事本文件，在其中输入 HTML 代码，代码输入完成后，将其保存为"电子邮件链接.html"文件；然后双击该文件，可以在浏览器中查看应用电子邮件链接后的效果。当单击含有链接的文本时，会弹出一个发送邮件的对话框，显示效果如图 1-18 所示。

图 1-18　电子邮件链接

1.4.5　列表标签<ul>

　　文字列表可以有序地编排一些信息资源，使其结构化和条理化，并以列表的样式显示出来，以便浏览者能更加快捷地获得相应信息。HTML 中的文字列表如同文字编辑软件 Word 中的项目符号和自动编号。

1. 建立无序列表

　　无序列表相当于 Word 中的项目符号，无序列表的项目排列没有顺序，只以符号作为分项标识。无序列表使用<ul></ul>标签，其中每一个列表项使用<li></li>标签，其语法格式如下。

```
<ul>
  <li>无序列表项</li>
  <li>无序列表项</li>
  <li>无序列表项</li>
  <li>无序列表项</li>
</ul>
```

　　在无序列表结构中，使用<ul></ul>标签表示一个无序列表的开始和结束，<li>则表示一个列表项的开始。在一个无序列表中可以包含多个列表项，并且<li>可以省略结束标签。

　　【例 1.6】建立无序列表(实例文件：ch01\1.6.html)。

```
<html>
<head>
<title>嵌套无序列表的使用</title>
```

```
</head>
<body>
<h1>网站建设流程</h1>
<ul>
    <li>项目需求</li>
    <li> 系统分析
      <ul>
        <li>网站的定位</li>
        <li>内容收集</li>
        <li>栏目规划</li>
        <li>网站目录结构设计</li>
        <li>网站标志设计</li>
        <li> 网站风格设计</li>
        <li> 网站导航系统设计</li>
      </ul>
    </li>
    <li> 伪网页草图
      <ul>
        <li> 制作网页草图</li>
        <li>将草图转换为网页</li>
      </ul>
    </li>
    <li> 站点建设</li>
    <li>网页布局</li>
    <li> 网站测试</li>
    <li> 站点的发布与站点管理 </li>
</ul>
</body>
</html>
```

打开记事本文件，在其中输入 HTML 代码，代码输入完成后，将其保存为"无序列表.html"文件；然后双击该文件，可以在浏览器中查看应用无序列表后的效果，如图 1-19 所示。从结果中会发现，无序列表项中，可以嵌套一个列表。如代码中的"系统分析"列表项和"伪网页草图"列表项中都有下级列表，因此在这对<li></li>标签间又增加了一对<ul></ul>标签。

图 1-19　无序列表

2. 建立有序列表

有序列表类似于 Word 中的自动编号功能，有序列表的使用方法和无序列表的使用方法基本相同，它使用<ol></ol>标签，每一个列表项使用<li></li>标签。每个项目都有前后顺序之分，多数用数字表示，其语法格式如下。

```
<ol>
  <li>第 1 项</li>
  <li>第 2 项</li>
  <li>第 3 项</li>
</ol>
```

【例 1.7】建立有序列表(实例文件：ch01\1.7.html)。

```
<html>
<head>
<title>有序列表的使用</title>
</head>
<body>
<h1>本讲目标</h1>
<ol>
  <li>网页的相关概念 </li>
  <li>网页与 HTML</li>
  <li>Web 标准(结构、表现、行为)</li>
  <li>网页设计与开发的过程  </li>
  <li>与设计相关的技术因素</li>
  <li>HTML 简介 </li>
</ol>
</body>
</html>
```

打开记事本文件，在其中输入 HTML 代码，代码输入完成后，将其保存为"有序列表.html"文件；然后双击该文件，可以在浏览器中查看应用有序列表后的效果，如图 1-20 所示。

图 1-20　有序列表

1.4.6　图像标签<img>

图像可以美化网页，插入图像使用单标签<img>。img 标签的属性及描述如表 1-1 所示。

表 1-1 img 标签的属性

属　性	值	描　述
alt	text	定义有关图形的短的描述
src	URL	要显示的图像的 URL
height	pixels %	定义图像的高度
ismap	URL	把图像定义为服务器端的图像映射
usemap	URL	定义作为客户端图像映射的一幅图像。请参阅<map>和<area>标签，了解其工作原理
vspace	pixels	定义图像顶部和底部的空白
width	pixels %	设置图像的宽度

1．插入图像

src 属性用于指定图片源文件的路径，它是 img 标签必不可少的属性。其语法格式如下。

```
<img src="图片路径">
```

图片的路径可以是绝对路径，也可以是相对路径。

【例 1.8】插入图像(实例文件：ch01\1.8.html)。

```
<html>
<head>
<title>插入图片</title>
</head>
<body>
<img src="images/meishi.jpg">
</body>
</html>
```

打开记事本文件，在其中输入 HTML 代码，代码输入完成后，将其保存为"插入图片.html"文件；然后双击该文件，可以在浏览器中查看插入图片后的效果，如图 1-21 所示。

图 1-21 插入图片

2. 从不同位置插入图像

在插入图片时，用户可以将其他文件夹或服务器上的图片显示到网页中。

【例1.9】从不同位置插入图像(实例文件：ch01\1.9.html)。

```html
<html>
<body>
<p>
来自一个文件夹的图像：
<img src="images/meishi.jpg" />
</p>
<p>
来自baidu的图像：
<img
src="http://www.baidu.com/img/shouye_b5486898c692066bd2cbaeda86d74448.gif"
/>
</p>
</body>
</html>
```

打开记事本文件，在其中输入 HTML 代码，代码输入完成后，将其保存为"插入其他位置图片.html"文件；然后双击该文件，可以在浏览器中查看插入图片后的效果，如图 1-22 所示。

3. 设置图像在网页中的宽度和高度

在 HTML 文档中，还可以设置插入图片的显示大小，一般是按原始尺寸显示，但也可以设置任意显示尺寸。设置图像尺寸分别用属性 Width(宽度)和 Height(高度)来实现。

【例1.10】设置图像在网页中的宽度和高度(实例文件：ch01\1.10.html)。

```html
<html>
<head>
<title>插入图片</title>
</head>
<body>
<img src="images/01.jpg">
<img src="images/01.jpg" width="200">
<img src="images/01.jpg" width="200" height="300">
</body>
</html>
```

打开记事本文件，在其中输入 HTML 代码，代码输入完成后，将其保存为"设置图片大小.html"文件；然后双击该文件，可以在浏览器中查看插入图片后的效果，如图 1-23 所示。

图片的显示尺寸是由 Width(宽度)和 Height(高度)控制的，当只为图片设置一个尺寸属性时，另外一个尺寸就以图片原始的长宽比例来显示。图片的尺寸单位可以选择百分比或数值。百分比为相对尺寸，数值为绝对尺寸。

> **注意**
> 因为网页中插入的图像都是位图，所以在放大尺寸时，图像会出现马赛克，变得模糊。

图 1-22 从不同位置插入图像   图 1-23 设置图像的高度与宽度

 在 Windows 中查看图片的尺寸时，只需要找到图像文件，把鼠标指针移动到图像上，停留几秒钟后，就会出现一个提示框，说明图像文件的尺寸。其中的数字代表图像的宽度和高度，如 256×256。

1.4.7 表格标签<table>

在 HTML 中用于标签表格的标签如下。

- <table>标签用于标识一个表格对象的开始，</table>标签标识一个表格对象的结束。一个表格中，只允许出现一对<table>标签。
- <tr>标签用于标识表格一行的开始，</tr>标签用于标识表格一行的结束。表格内有多少对<tr></tr>标签，就表示表格中有多少行。
- <td>标签用于标识表格某行中的一个单元格的开始，</td>标签用于标识表格某行中的一个单元格的结束。<td></td>标签书写在<tr></tr>标签内，一对<tr></tr>标签内有多少对<td></td>标签，就表示该行有多少个单元格。

最基本的表格，必须包含一对<table></table>标签、一对或几对<tr></tr>标签以及一对或几对<td></td>标签。一对<table></table>标签定义一个表格，一对<tr></tr>标签定义一行，一对<td></td>标签定义一个单元格。

【例 1.11】定义一个 4 行 3 列的表格(实例文件：ch01\1.11.html)。

```html
<html>
<head>
<title>表格基本结构</title>
</head>
<body>
<table border="1">
  <tr>
    <td>A1</td>
    <td>B1</td>
    <td>C1</td>
  </tr>
```

19

```
<tr>
  <td>A2</td>
  <td>B2</td>
  <td>C2</td>
</tr>
<tr>
  <td>A3</td>
  <td>B3</td>
  <td>C3</td>
</tr>
<tr>
  <td>A4</td>
  <td>B4</td>
  <td>C4</td>
</tr>
</table>
</body>
</html>
```

打开记事本文件，在其中输入 HTML 代码，代码输入完成后，将其保存为"表格.html"文件；然后双击该文件，可以在浏览器中查看插入表格后的效果，如图 1-24 所示。

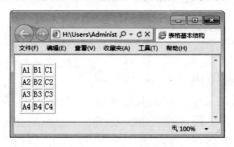

图 1-24　表格标签的使用

1.4.8　框架标签<frame>

框架通常用来定义页面的导航区域和内容区域，使用框架最常见的情况就是一个框架显示包含导航栏的文档，而另一个框架显示含有内容的文档。框架是设计网页常用的方式，很多网站都使用了框架技术。

框架页面中最基本的内容就是框架集文件，它是整个框架页面的导航文件，其基本语法格式如下。

```
<html>
<head>
<title>框架页面的标题</title>
</head>
<frameset>
    <frame>
    <frame>
    ...
</frameset>
</html>
```

从上面的语法结构中可以看到，在使用框架的页面中，主体标签<body>被框架标签<frameset>所代替。而对于框架页面中包含的每一个框架，都是通过<frame>标签来定义的。

注意 　<body></body>标签与<frameset></frameset>标签不能同时使用！不过，假如你添加包含一段文本的<noframes>标签，就必须将这段文字嵌套于<body></body>标签内。

混合分割窗口就是在一个页面中，既有水平分割的框架，又有垂直分割的框架。其语法格式如下。

```
<frameset rows="框架窗口的高度,框架窗口的高度,…">
<frame>
<frameset cols="框架窗口的宽度,框架窗口的宽度,…">
<frame>
<frame>
…
</frameset>
<frame>
…
</frameset>
```

当然，也可以先进行垂直分割，再进行水平分割。其语法格式如下。

```
<frameset cols="框架窗口的宽度,框架窗口的宽度,…">
<frame>
<frameset rows="框架窗口的高度,框架窗口的高度,…">
<frame>
<frame>
…
</frameset>
<frame>
…
</frameset>
```

【例1.12】将一个页面分割成不同的框架(实例文件：ch01\1.12.html)。

```
<html>
<head>
<title>混合分割窗口</title>
</head>
<frameset rows="30%,70%">
<frame>
  <frameset cols="20%,55%,25%">
<frame>
<frame>
<frame>
  </frameset>
</frameset>
</html>
```

打开记事本文件，在其中输入 HTML 代码，由上述代码可以看出，首先将页面进行水平分割成上下两个窗口，接着下面的框架又被垂直分割成 3 个窗口。运行程序，效果如图 1-25所示。

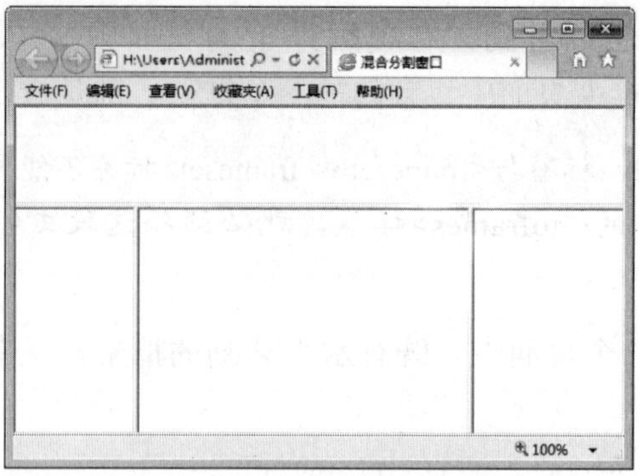

图 1-25　框架标签的使用

1.4.9　表单标签<form>

表单主要用于收集网页上浏览者的相关信息，其标签为<form></form>。表单的基本语法格式如下。

```
<form action="url"method="get|post"enctype="mime">
</form>
```

其中，action=url 指定处理提交表单的格式，它可以是一个 URL 地址或一个电子邮件地址。method=get 或 post 指明提交表单的 HTTP 方法。enctype=mime 指明用来把表单提交给服务器时的互联网媒体形式。表单是一个能够包含表单元素的区域。通过添加不同的表单元素，将显示不同的效果。

下面给出一个具体的实例，即开发一个简单网站的用户意见反馈页面。

【例 1.13】用户意见反馈页面(实例文件：ch01\1.13.html)。

```
<html>
<head>
<title>用户意见反馈页面</title>
</head>
<body>
<h1 align=center>用户意见反馈页面</h1>
<form method="post" >
<p>姓    名:
<input type="text" class=txt size="12" maxlength="20" name="username" />
</p><p>性    别:
<input type="radio" value="male" />男
<input type="radio" value="female" />女
</p><p>年    龄:
<input type="text" class=txt name="age"  />
</p>
<p>联系电话:
<input type="text" class=txt name="tel" />
</p><p>电子邮件:
<input type="text" class=txt name="email" />
</p><p>联系地址:
<input type="text"  class=txt name="address" />
</p>
```

```
<p>
请输入您对网站的建议<br>
<textarea name="yourworks" cols ="50" rows = "5"></textarea>
<br>
<input type="submit" name="submit" value="提交"/>
<input type="reset" name="reset" value="清除" />
</p>
</form>
</body>
</html>
```

打开记事本文件，在其中输入 HTML 代码，代码输入完成后，将其保存为"表单.html"文件；然后双击该文件，可以在浏览器中查看插入表单后的效果，如图 1-26 所示。可以看到创建了一个用户反馈表单，包含一个标题"用户意见页面"、"姓名"、"性别"、"年龄"、"联系电话"、"电子邮件"、"联系地址"输入框和"提交"按钮等。

图 1-26 表单标签的使用

1.4.10 注释标签<!>

注释是在 HTML 代码中插入的描述性文本，用来解释该代码或提示其他信息。注释只出现在代码中，浏览器对注释代码不进行解释，并且在浏览器的页面中不显示。在 HTML 源代码中适当地插入注释语句是一种非常好的习惯，对于设计者日后的代码修改、维护工作很有好处。另外，如果将代码交给其他设计者，其他人也能很快读懂前者所撰写的内容。其语法格式如下。

```
<!--注释的内容-->
```

注释语句元素由前后两部分组成，前半部分包含一个左尖括号、一个半角感叹号和两个连字符；后半部分由两个连字符和一个右尖括号组成。

```
<html>
<head>
<title>标签测试</title>
</head>
```

```
<body>
<!-- 这里是标题-->
<h1>网站建设精讲</h1>
</body>
</html>
```

页面注释不但可以对 HTML 中的一行或多行代码进行解释说明，而且还可以注释掉这些代码。如果希望某些 HTML 代码在浏览器中不显示，可以将这部分内容放在<!--和-->之间，例如，修改上述代码如下。

```
<html>
<head>
<title>标签测试</title>
</head>
<body>
<!--
<h1>网站建设精讲</h1>
-->
</body>
</html>
```

修改后的代码，将<h1>标签作为注释内容处理，在浏览器中将不会显示这部分内容。

1.4.11 移动标签<marquee>

使用<marquee>标签可以将文字设置为动态滚动的效果。其语法格式如下。

```
<marquee>滚动文字</marquee>
```

 只要在<marquee></marquee>标签之间添加要进行滚动的文字即可，而且可以在标签之间设置这些文字的字体、颜色等。

【例 1.14】制作一个滚动的文字(实例文件：ch01\1.14.html)。

```
<html>
<head>
<title>设置滚动文字</title>
</head>
<body>
<marquee>
<font face="隶书" color="#CC0000" size=4>你好,欢迎光临五月蔷薇女裤专卖店!这里有最
适合你的打底裤,这里有最让你满意的服务</font>
</marquee>
</body>
</html>
```

打开记事本文件，在其中输入 HTML 代码，代码输入完成后，将其保存为"滚动文字.html"文件；然后双击该文件，可以在浏览器中查看滚动文字的效果，如图 1-27 所示。可以看到设置为红色隶书的文字从浏览器的右侧缓缓向左滚动。

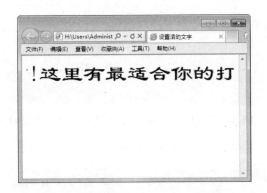

图 1-27　设置网页文字的滚动效果

1.5　实战演练——制作日程表

通过在记事本中输入 HTML 代码，可以制作出多种多样的页面效果。本节以制作日程表为例，介绍 HTML 语言的综合应用方法。具体的操作步骤如下。

step 01 打开记事本，在其中输入如下代码，如图 1-28 所示。

```
<html>
 <head>
   <META http-equiv="Content-Type" content="text/html; charset=gb2312" />
<title>制作日程表</title>
</head>

<body>
</body>
</html>
```

step 02 在</head>标签之前输入如下代码，如图 1-29 所示。

```
<style type="text/css">
body {
background-color: #FFD9D9;
text-align: center;
}
</style>
```

图 1-28　在记事本中输入代码

图 1-29　在记事本中输入代码

step 03 在</style>标签之前输入如下代码，如图 1-30 所示。

```
.ziti {
    font-family: "方正粗活意简体", "方正大黑简体";
    font-size: 36px;
}
```

step 04 在<body>...</body>标签之间输入如下代码，如图 1-31 所示。

```
<span class="ziti">一周日程表</span>
```

图 1-30 在记事本中输入代码

图 1-31 在记事本中输入代码

step 05 在</body>标签之前输入如下代码，如图 1-32 所示。

```
<table width="470" border="1" align="center" cellpadding="2"
cellspacing="3">
  <tr>
    <td width="84" style="text-align: center"> </td>
    <td width="84" style="text-align: center">工作一</td>
    <td width="86" style="text-align: center">工作二</td>
    <td width="83" style="text-align: center">工作三</td>
    <td width="83" style="text-align: center">工作四</td>
  </tr>
  <tr>
    <td style="text-align: center; font-family: '宋体';">星期一</td>
    <td style="text-align: center"> </td>
    <td style="text-align: center"> </td>
    <td style="text-align: center"> </td>
    <td style="text-align: center"> </td>
  </tr>
  <tr>
    <td style="text-align: center; font-family: '宋体';">星期二</td>
    <td style="text-align: center"> </td>
    <td style="text-align: center"> </td>
    <td style="text-align: center"> </td>
    <td style="text-align: center"> </td>
  </tr>
  <tr>
    <td style="text-align: center; font-family: '宋体';">星期三</td>
    <td style="text-align: center"> </td>
    <td style="text-align: center"> </td>
    <td style="text-align: center"> </td>
    <td style="text-align: center"> </td>
```

```
      </tr>
      <tr>
        <td style="text-align: center; font-family: '宋体';">星期四</td>
        <td style="text-align: center"> </td>
        <td style="text-align: center"> </td>
        <td style="text-align: center"> </td>
        <td style="text-align: center"> </td>
      </tr>
      <tr>
        <td style="text-align: center; font-family: '宋体';">星期五</td>
        <td style="text-align: center"> </td>
        <td style="text-align: center"> </td>
        <td style="text-align: center"> </td>
        <td style="text-align: center"> </td>
      </tr>
</table>
```

step 06 在记事本中选择【文件】→【保存】命令，弹出【另存为】对话框，在上面的路径框中设置保存的位置，【文件名】设置为"制作日程表.html"，然后单击【保存】按钮，如图 1-33 所示。

图 1-32 在记事本中输入代码

图 1-33 【另存为】对话框

step 07 双击打开保存的 index.html 文件，即可看到制作的日程表，如图 1-34 所示。

step 08 如果需要在日程表中添加工作内容，可以用记事本打开 index.html 文件，在"<td style="text-align: center"> </td>"中的 之前输入内容即可。比如要输入星期一完成的第 1 件工作内容"完成校对"，可以在如图 1-35 所示的位置输入。

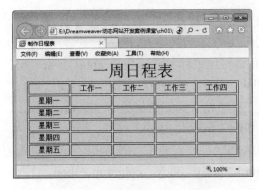

图 1-34 查看制作的日程表

图 1-35 在记事本中输入代码

step 09 保存后打开文档，即可看到添加的工作内容，如图 1-36 所示。

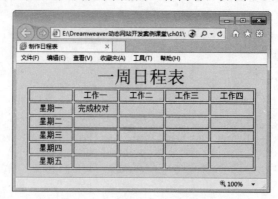

图 1-36 查看制作的日程表

1.6 跟我练练手

1.6.1 练习目标

能够熟练掌握本章所讲解的内容。

1.6.2 上机练习

练习 1：HTML 常用标签的使用。
练习 2：制作日程表。

1.7 高 手 甜 点

甜点 1：HTML 5 中的单标签和双标签的书写方法

HTML 5 中的标签分为单标签和双标签。所谓单标签是指没有结束标签的标签，双标签是指既有开始标签又包含结束标签。

单标签是指不允许写结束标签的标签，只允许使用"<标签/>"的形式进行书写。例如
…</br>的书写方式是错误的，正确的书写方式为
。当然，在 HTML 5 之前的版本中，
这种书写方法可以被沿用。HTML 5 中不允许写结束标签的标签有 area、base、br、col、command、embed、hr、img、input、keygen、link、meta、param、source、track、wbr。

部分双标签可以省略结束标签。HTML 5 中允许省略结束标签的标签有 li、dt、dd、p、rt、rp、optgroup、option、colgroup、thead、tbody、tfoot、tr、td、th。

HTML 5 中有些标签还可以完全被省略。即使这些标签被省略了，该标签还是以隐式的方式存在。HTML 5 中允许省略全部标签的标签有 html、head、body、colgroup、tbody。

甜点 2：使用记事本编辑 HTML 文件的注意事项

很多初学者，保存文件时，没有用扩展名.html 或.htm 作为文件的后缀，还是用记事本的默认文件扩展名.txt，因此，导致文件无法在浏览器中查看。如果读者是通过单击右键，创建记事本文件，在给文件重命名时，一定要以.html 或.htm 作为文件的扩展名。当 Windows 系统的扩展名隐藏时，更要注意这个问题。用户可以在【文件夹选项】对话框中查看是否显示扩展名。

第 2 章

网站建设基本流程

建立站点之前，用户首先需要了解网站的建设流程，然后在网上注册一个域名，申请一个网站空间，以便存放网站。

本章要点(已掌握的在方框中打钩)

☐ 熟悉网站的建站方式

☐ 熟悉网站的建站流程

☐ 熟悉网页制作的软件

2.1 建 站 方 式

目前，建设一个网站已经不是什么神秘的事情了，用户可以选择多种建站方式，比较常见的建站方式主要有三种，分别是自助建站、智能建站和专业设计。

2.1.1 自助建站

自助建站就是通过一套完善、智能的系统，让不会建设网站的人通过一些非常简单的操作就能轻松建立自己的网站。自助建站一般是将已经做好的网站(包含非常多的模板及非常智能化的控制系统)传到网络空间上，然后购买自助建站的人只需登录后台对其进行一些非常简单的设置，就能建立个性化的网站。

如图 2-1 所示为提供自助建站服务的网站。

图 2-1　提供自助建站的网站

"会打字就能建网站"是自助建站方式的最大亮点。一个会简单计算机操作的人只要几分钟就能快速生成一个企业网站，甚至各类门户网站，这就是域名注册查询自助建站所提出的网站建设理念。这种建站方式使得企事业单位能够快速而有效地以"成本节约、简单易用、维护方便"的方式来建设和实施其先进的电子商务系统，使得企业能够通过有效的应用互联网技术来提高企业的运作效率、降低成本、拓展业务，从而实现更大的利润和效益。自助建站一般有简、繁、英三种模块。

如图 2-2 所示为提供自助建站服务网站的网页展示效果。用户只需找到自己所需网站的类型，然后在网页中单击自己喜欢的网页就可以预览效果了。

图 2-2　网页预览效果

2.1.2　智能建站

智能建站是自助建站的"升级"，相比自助建站程序而言，智能建站继承了它的易上手、成本低的优点，摒弃了它的功能简单、呆板的缺点。"升级版"的自助建站系统的功能之强大可以比拟大型 CMS 程序，还能够自定义网站板块功能，使原先在自助建站程序上不具备的购物系统、在线支付系统、权限系统、产品发布系统、新闻系统、会员系统等功能得以实现。

如图 2-3 所示为提供智能建站服务的网站。用户只需在网页左侧选择自己的行业分类，就可以在右侧查看该网站已经做好的网页模板。

图 2-3　提供智能建站的网站

2.1.3 专业设计

专业设计也被称为人工建站。人工建站就是网站建设者要求建站公司按照自己的要求设计网站。市面上人工建站的价格都不会太低，拿搭建一个最简单的企业网站来说，其报价就要上千元，这其中还不包括注册域名和购买主机空间的费用。

不过，虽然人工建站的成本很高，但其优势也是显而易见的，因为人工建站可以根据网站主办者的要求定制，网站模板可以任意修改，直至用户满意为止。但是，这种服务是一锤子买卖，网站交付给网站主办者后，如果出现漏洞或设计问题也不会有免费的售后服务。相对智能建站的 24 小时在线免费技术支持，人工建站的安全和升级问题堪忧。

2.2 建站流程

对于一个网站来说，除了要设计网页的内容之外，还要对网站进行整体规划设计。格局凌乱的网站的内容再精彩，也不能说是一个好的网站。要设计出一个精美的网站，前期的规划是必不可少的。

2.2.1 网站规划

规划站点就像设计师设计大楼一样，图纸设计好了，才能建成一座漂亮的楼房。规划站点就是对站点中所使用的素材和资料进行管理和规划，对网站中栏目的设置、颜色的搭配、版面的设计、文字图片的运用等进行规划。

一般情况下，将站点中所用的图片、按钮等图形元素放在 Images 文件夹中，HTML 文件放在根目录下，而动画、视频等放在 Flash 文件夹中。对站点中的素材进行详细的规划，便于日后管理。

2.2.2 搜集资料

确定了网站风格和布局后，就要开始搜集素材了。常言道："巧妇难为无米之炊"，要想让自己的网站有声有色、引人入胜，就要尽量搜集素材，包括文字、图片、音频、动画及视频等，搜集到的素材越充分，制作网站就越容易。素材既可以从图书、报刊、光盘及多媒体上得来，也可以从网上搜集，还可以自己制作，然后把搜集到的素材去粗取精，选出制作网页所需的素材，如图 2-4 所示。

在搜集图片素材时，一定要注意图片的大小。因为在网络中传输时，图片的容量越小，传输的速度就越快；所以应尽量搜集容量小、画面精美的图片。

图 2-4 搜索网站素材图片

2.2.3 制作网页

制作网页是一个复杂而细致的过程，一定要按照先大后小、先简单后复杂的顺序来制作。所谓先大后小，就是在制作网页时，先把大的结构设计好，然后再逐步完善小的结构设计。所谓先简单后复杂，就是先设计出简单的内容，然后再设计复杂的内容，以便出现问题能及时修改。

在网页排版时，要尽量保持网页风格的一致性，不至于在网页跳转时产生不协调的感觉。在制作网页时灵活地运用模板，可以大大提高制作的效率。将相同版面的网页做成模板，基于此模板创建网页，则以后想改变网页时，只需修改模板就可以了。如图 2-5 所示就是一个主题鲜明的网页，全网页的信息都与旅游这个主题相关。

图 2-5 网站的首页

2.2.4　网站测试

网页制作完毕后，最好先在浏览器中打开网站，逐一对站点中的网页进行测试，以便能及时发现问题并修改，然后再上传网站。

2.2.5　申请域名

网站建设好之后，就要在网上给网站注册一个标识，即域名。申请域名的方法很多，用户可以登录域名服务商的网站，根据提示申请域名。域名有免费域名和收费域名两种，用户可以根据实际需要进行选择。

2.2.6　申请空间

域名注册成功之后，需要申请网站空间。应根据不同的网站类型选择不同的空间。

网站空间有免费空间和收费空间两种，对于个人网站的用户来说，可以先申请免费空间使用。免费空间只需向空间服务器提出申请，在得到答复后，按照说明上传主页即可，主页的域名和空间都不用操心。使用免费空间美中不足的是：网站的空间有限，提供的服务一般，空间不是非常稳定，域名不能随心所欲。

对于商业网站，用户需要考虑空间、安全性等因素，为此可以选择收费网站。

2.2.7　网站备案

网站备案的目的是为了防止用户在网上从事非法的网站经营活动，打击不良互联网信息的传播。

不管是经营性还是非经营性的网站均需备案且备案的流程基本一致，如图2-6所示。

图2-6　网站备案

网站备案的流程如下。

step 01 网站备案的途径有两种：一种是网站主办者自己登录到网站备案系统进行备

案；另一种是通过接入商代为备案。如图 2-7 所示为网站备案的方式。

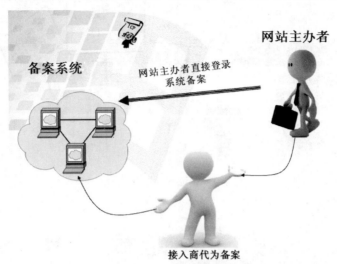

图 2-7　网站备案的方式

> **提示**　网站接入商也称服务器提供商，就是提供网站空间的服务商。

step 02　通过上述两种途径，将网站和网站主办者的信息提供给网站接入服务的服务器提供商，如图 2-8 所示。

图 2-8　接入服务单位

step 03　服务器提供商对网站主办者提供的信息的真实性进行查验，如图 2-9 所示。

step 04　如果信息有误则退回；如果数据初审正确完整，服务器提供商将信息提交到省局的信息审核系统继续审核，如图 2-10 所示。

step 05　信息在省局系统中等待审核，如图 2-11 所示。

企业法人营业执照
审核原件
留存影印件

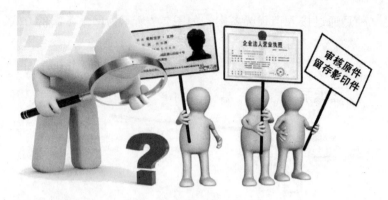

图 2-9　验证网站备案资料

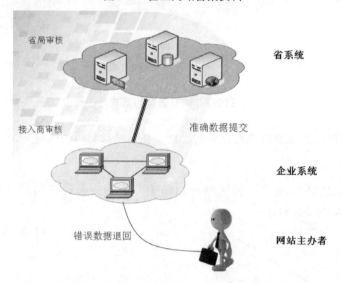

省局审核
省系统
接入商审核
准确数据提交
企业系统
错误数据退回
网站主办者

图 2-10　审核网站的备案信息

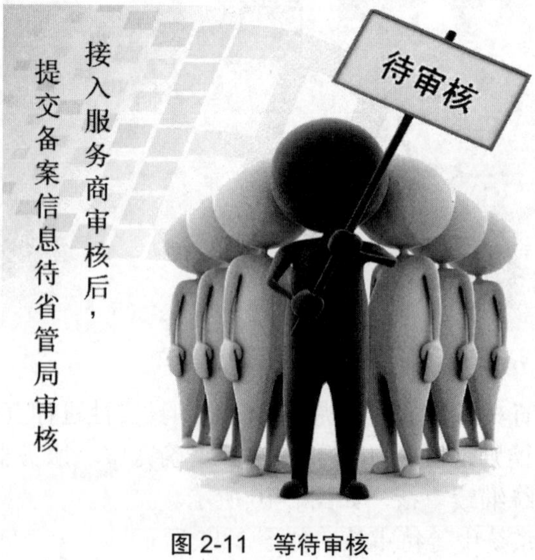

接入服务商审核后，
提交备案信息待省管局审核
待审核

图 2-11　等待审核

step 06 如果备案信息在省局的审核中通过将发放网站的备案号，如图 2-12 所示。

图 2-12　审核通过返回备案号

step 07 在省局的信息审核中如果没有通过，则返回到企业系统(服务器提供商)并退回网站主办者，需要重新提交和审核网站备案数据。如果通过审核，则省局的备案系统将网站的备案信息提交到部级的网站备案系统中保存。同时网站的 CPI 备案过程完成，如图 2-13 所示。

图 2-13　网站备案完成

2.2.8　发布网页

在前期的准备工作都完成后，再经过网站的测试，就可以发布网页了。发布网页也称为上传网站，一般使用 FTP 协议上传，即以远程文件传输方式上传到服务器中申请的域名之下。

现在最常用的还是上传工具，如 FTP 上传工具 GuteFTP 和 LeapFTP；另外，还可以直接使用网页制作工具 Dreamweaver 提供的上传和下载功能来发布网页。

2.2.9　网站推广和维护

1. 网站推广

网站制作好之后，还要不断地对其进行宣传，这样才能让更多的朋友认识它，以提高网站的访问率和知名度。推广的方法很多，例如到搜索引擎上注册、与其他的网站交换链接或加入广告链接等。

网站推广是企业网站获得有效访问的重要步骤，合理而科学的推广计划能使企业网站收到接近期望值的效果。网站推广作为电子商务服务的一个独立分支，正在显示出其巨大的魅力，并越来越引起企业的高度重视和关注。

2. 网站维护与更新

网站需要经常维护，保持内容的新鲜，只有不断地给它补充新的内容，才能够吸引住浏览者，并给访问者留下良好的印象。否则网站不仅不能起到应用的作用，反而会对网站自身的形象造成不良的影响。

网站维护包括网页内容的更新，即通过软件进行网页内容的上传、目录的管理、计算器文件的管理及网站的定期推广服务等。更新是指在不改变网站结构和页面形式的情况下，为网站的固定栏目增加或修改内容。

2.3　制作网页的常用软件

制作单一的网页直接应用某个软件即可完成，但要制作生动有趣的网页，则需要综合应用图形处理软件(如 Photoshop)、动画制作软件(如 Flash)和网页布局软件(如 Dreamweaver)等。

2.3.1　网页布局软件 Dreamweaver

Dreamweaver 是一款集网页制作和管理网站于一身的所见即所得的网页编辑器。用户不需要编写复杂的代码，利用该软件即可轻松制作出跨越平台限制和跨越浏览器限制的充满动感的网页。

Dreamweaver 的工作界面继承了原版本的一贯风格，既有方便编辑的窗口环境，又有易于辨别的工具列表。无论在使用什么功能出现问题时，都可以找到帮助信息，便于初学者使用。Dreamweaver 的工作界面如图 2-14 所示。

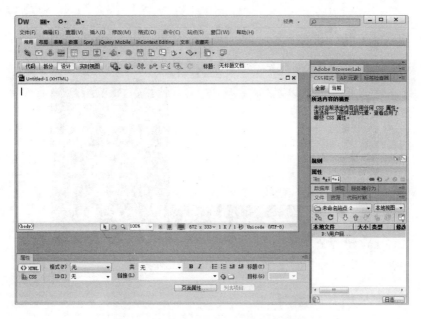

图 2-14 Dreamweaver 的工作界面

2.3.2 图形图像处理软件 Photoshop

Photoshop 是 Adobe 公司旗下最为出名的图像处理软件之一，其中 CS 是 Adobe Creative Suite 一套软件中后面两个单词的缩写，代表"创作集合"，是一个统一的设计环境。其功能强大、操作界面友好，加速了从想象创作到图像实现的过程，赢得了众多用户的青睐。从功能上看，Photoshop 可分为图像编辑、图像合成、校色调色及特效制作几个部分。

图像编辑是图像处理的基础，可以对图像做各种变换，如放大、缩小、旋转、倾斜、镜像、透视等；也可进行复制、去除斑点、修补、修饰图像的残损等。这在婚纱摄影、人像处理制作中有非常大的用途，即去除人像上不满意的部分，进行美化加工，得到让人非常满意的效果。

图像合成则是将几幅图像通过图层操作、工具应用合成完整的，能够传达明确意义的图像，这是美术设计的必经之路。Photoshop 提供的绘图工具可以让外来图像与创意很好地融合，使图像的合成天衣无缝。

校色调色是 Photoshop 强大的功能之一，可以方便快捷地对图像的颜色进行明暗、色调的调整和校正，也可在不同颜色之间进行切换以满足图像在不同领域如网页设计、印刷、多媒体等方面的应用。

特效制作在 Photoshop 中主要由滤镜、通道及工具综合应用完成，包括图像的特效创意和特效字的制作，如油画、浮雕、石膏画、素描等常用的传统美术技巧都可借助 Photoshop 的特效来完成。而各种特效字的制作更是很多美术设计师热衷于 Photoshop 研究的原因。Photoshop 的工作界面如图 2-15 所示。

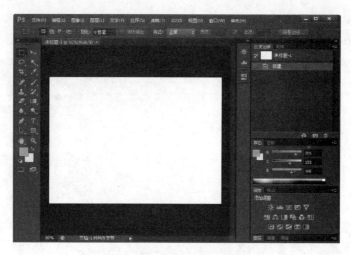

图 2-15　Photoshop 的工作界面

2.3.3　动画制作软件 Flash

Flash 作为一种创作工具，可以用来创建演示文稿、应用程序和其他允许用户交互的内容，包含简单的动画、视频内容、复杂演示文稿和应用程序，以及介于它们之间的任何内容。

Flash 软件可以实现多种动画特效，动画是由一帧帧的静态图片在短时间内连续播放而形成的视觉效果，是表现动态过程、阐明抽象原理的一种重要媒体。尤其在医学领域，使用设计合理的动画，不仅有助于学科知识的表达和传播，使学习者加深对所学知识的理解，提高学习兴趣和教学效率，同时也能为课件增加生动的艺术效果，特别对于以抽象教学内容为主的课程更具有特殊的应用意义。

在 Flash 中，工具栏变成 CS6 通用的单列，面板可以缩放成图标，也可以是半透明的图层。Flash 的工作界面如图 2-16 所示。

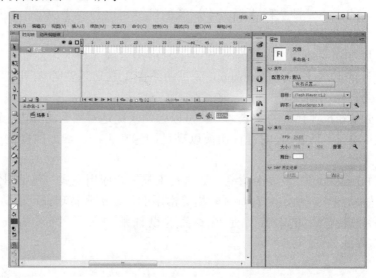

图 2-16　Flash 工作界面

2.3.4 软件间的相互关系

要制作出漂亮、生动的网页，仅靠一种软件是无法实现的，所以在设计网站过程中，需要把多种软件结合起来使用。通常使用的网页编辑软件有 Dreamweaver、Flash、Photoshop 等。对于大型网站管理者来说，综合使用这些软件就会提高网页的制作速度，从而提高工作效率。

在网页设计中，Dreamweaver 主要用于对页面布局，即将创建完成的文字、图像、动画等元素在 Dreamweaver 中通过一定形式的布局整合为一个页面。此外，在 Dreamweaver 中还可以方便地插入 Flash、ActiveX、JavaScript、Java、ShockWave 等文件，从而使设计者可以创建出具有特殊效果的精彩网页，如图 2-17 所示。

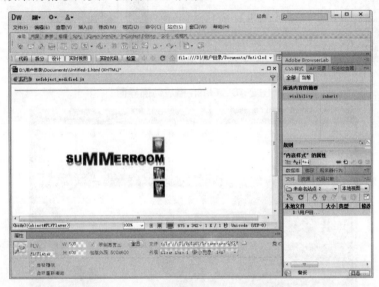

图 2-17 在 Dreamweaver 中插入动画

如果网页中只有静止的图像，即使这些图像再怎么精致，也会让人感觉缺少生动性和活泼性，并最终影响视觉效果和整个页面的美观。因此，在网页的制作过程中往往还需要适时地插入一些 Flash 图像。

在一般的网页设计中，使用 Flash 主要是制作具有动画效果的导航条、Logo 以及商业广告条等，动画可以更好地表现设计者的创意。由于学习 Flash 本身的难度不大，而且制作含有 Flash 动画的页面很容易吸引浏览者，所以 Flash 动画已成为当前网页设计中不可缺少的元素。如图 2-18 所示为 Flash 动画播放窗口。

使用 Photoshop，除了可以对网页中要插入的图像进行调整处理外，还可以进行页面的总体布局并使用切片导出。对网页中所出现的 GIF 图像也可使用 Photoshop 进行创建，以达到更加精彩的效果。如图 2-19 所示即为用 Photoshop 绘制的网页图片。

Photoshop 还可以对创建 Flash 动画所需的素材进行制作、加工和处理，使网页动画中所表现的内容更加精美和引人入胜。

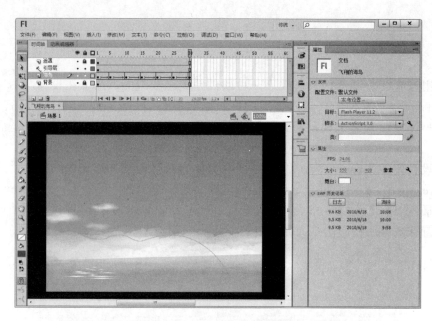

图 2-18　Flash 播放动画界面

图 2-19　使用 Photoshop 制作网页

2.4　跟我练练手

2.4.1　练习目标

能够熟练掌握本章所讲解的内容。

2.4.2　上机练习

练习 1：查找网站建站的方式。

练习 2：熟悉网页制作的常用软件。

2.5　高手甜点

甜点 1：常见的域名选取策略

域名是连接企业和互联网网址的纽带。对于企业开展电子商务具有重要的作用，它被誉为网络时代的"环球商标"，一个好的域名会大大提升企业在互联网中的知名度。因此，取好的域名就显得十分重要。选取域名的常见方法如下。

(1) 用企业名称的英文译名作为网站的域名。

这是许多企业选取域名的一种方式，这样的域名特别适合与计算机、网络和通信相关的一些行业。中国电信的网站域名是 Chinatelecom.com.cn，中国移动的网站域名为 chinamobile.com，都是采用了此种原则。

(2) 使用企业的汉语拼音作为网站的域名。

这是国内企业常见的域名选取方法。这种方法的最大好处是容易记忆。例如，huawei.com 是华为技术有限公司的域名，haier.com 是海尔集团的网站域名。

(3) 用汉语拼音的谐音作为网站的域名。

在现实中，采用这种方法的企业也不在少数。例如，美的集团的域名为 midea.com.cn，康佳集团的域名为 konka.com.cn，新浪的域名为 sina.com.cn。

(4) 以中英文结合的方式为网站选取域名。

一般情况下，常见的域名常常被别人抢先注册，而且读音相同的公司也常常出现，为此，选取域名时，可以以中英文结合的方式为网站选取域名。例如中国人网的域名为 chinaren.com，其中"中国"两个字用英文，"人"字用汉语拼音。

甜点 2：如何使自己的网站搭配颜色后更具有亲和力

在对网页进行配色时，必须考虑网站本身的性质。如果网站的产品以化妆品为主，则网站应多采用柔和、柔美、明亮的色彩，给人一种温柔的感觉，从而具有很强的亲和力。

第 3 章

磨刀不误砍柴工——
用 Dreamweaver
创建网站站点

Dreamweaver 是一款专业的网页编辑软件，可以用来创建单个网页，而且带有强大的站点管理功能，合理的站点结构能够加快对站点的设计，提高工作效率，节省时间。本章就来介绍如何利用 Dreamweaver 软件创建并管理网站站点。

本章要点(已掌握的在方框中打钩)

☐ 熟悉 Dreamweaver 的工作环境

☐ 掌握创建站点的方法

☐ 掌握管理站点的方法

☐ 掌握操作站点文件及文件夹的方法

☐ 掌握建立站点文件和文件夹的方法

3.1 认识 Dreamweaver 的工作环境

在学习如何使用 Dreamweaver 制作网页之前，先来认识一下 Dreamweaver 的工作环境。

3.1.1 启动 Dreamweaver

完成 Dreamweaver 的安装后，下面就可以启动 Dreamweaver 了，具体的操作步骤如下。

step 01 选择【开始】→【所有程序】→Adobe Dreamweaver CS6 命令，或双击桌面上的 Dreamweaver CS6 快捷图标，即可启动 Dreamweaver，并弹出【默认编辑器】对话框，在其中勾选需要将 Dreamweaver 作为默认编辑器的文件类型，如图 3-1 所示。

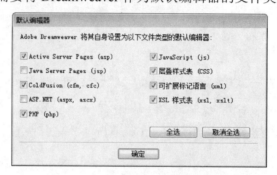

图 3-1 【默认编辑器】对话框

step 02 单击【确定】按钮，进入 Dreamweaver 的初始化界面。Dreamweaver 的初始化界面时尚、大方，给人以焕然一新的感觉，如图 3-2 所示。

图 3-2 Dreamweaver 的初始化界面

step 03 经初始化界面后，便可进入 Dreamweaver 的开始界面，如图 3-3 所示。

step 04 在开始页面中，单击【新建】栏下的 HTML 选项，即可打开 Dreamweaver 的工作界面，如图 3-4 所示。

图 3-3　Dreamweaver 的开始界面　　　　图 3-4　Dreamweaver 的工作界面

3.1.2　认识 Dreamweaver 的工作区

在 Dreamweaver 的工作区中可以查看文档和对象属性。工作区将许多常用的操作放置于工具栏中，便于快速地对文档进行修改。Dreamweaver 的工作区主要由标题栏、菜单栏、【插入】面板、文档工具栏、文档窗口、状态栏、【属性】面板和面板组等组成，如图 3-5 所示。

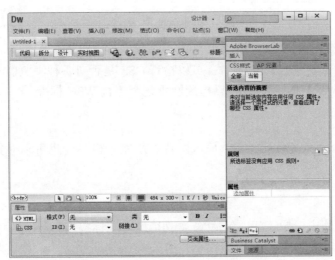

图 3-5　Dreamweaver 的工作界面

1．菜单栏

菜单栏中包括 10 个菜单，利用菜单基本上能够实现 Dreamweaver 的所有功能，如图 3-6 所示。

图 3-6　菜单栏

2．文档工具栏

文档工具栏中包含 3 种文档窗口视图(代码、拆分和设计)按钮、各种查看选项和一些常用的操作(如在浏览器中预览)，如图 3-7 所示。

图 3-7　文档工具栏

文档工具栏中常用按钮的功能如下。

- 【代码】按钮：单击该按钮，仅在文档窗口中显示和修改 HTML 源代码。
- 【拆分】按钮：单击该按钮，在文档窗口中同时显示 HTML 源代码和页面的设计效果。
- 【设计】按钮：单击该按钮，仅在文档窗口中显示网页的设计效果。
- 【实时视图】按钮：显示不可编辑的、交互式的、基于浏览器的文档视图。
- 【多屏幕】按钮：可以多屏幕浏览网页。
- 【标题】文本框：用于设置或修改文档的标题。
- 【文件管理】按钮：单击该按钮，通过弹出的下拉菜单可以实现消除只读属性、获取、取出、上传、存回、撤销取出、设计备注以及在站点定位等功能。
- 【在浏览器中预览/调试】按钮：单击该按钮，可在定义好的浏览器中预览或调试网页。
- 【刷新】按钮：刷新文档窗口的内容。
- 【可视化助理】：可以使用各种可视化助理来设计页面。
- 【检查浏览器兼容】按钮：可以检查 CSS 是否对各种浏览器兼容。
- 【W3C 验证】按钮：可以检测网页是否符合 W3C 标准。

3．文档窗口

在文档窗口中，可以输入文字、插入图片、绘制表格等，也可以对整个页面进行处理，如图 3-8 所示。

4．状态栏

状态栏位于文档窗口的底部，包括 3 个功能区，即标签选择器(显示和控制文档当前插入点位置的 HTML 源代码标签)、窗口大小弹出菜单(显示页面大小，允许将文档窗口的大小调整到预定义或自定义的尺寸)和下载指示器(估计下载时间、查看传输时间)，如图 3-9 所示。

5．【属性】面板

【属性】面板是网页中非常重要的面板，用于显示在文档窗口中所选元素的属性，并且可以对选中元素的属性进行修改。该面板随着选择元素的不同而显示不同的属性，如图 3-10 所示。

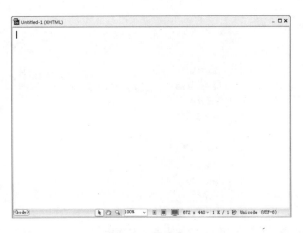

图 3-8　文档窗口

图 3-9　状态栏

图 3-10　【属性】面板

6.　工作区切换器

单击【工作区切换器】右侧的下三角按钮 ▼，可以打开一些常用的面板。在下拉菜单中
选择命令即可更改页面的布局，如图 3-11 所示。

7.　【插入】面板

【插入】面板包含将各种网页元素(如图像、表格、AP 元素等)插入到文档时的快捷按
钮。每个对象都是一段 HTML 代码，插入不同的对象时，可以设置不同的属性。单击相应
的按钮，可插入相应的元素。要显示【插入】面板，选择【窗口】→【插入】命令即可。
【插入】面板如图 3-12 所示。

8.　【文件】面板

【文件】面板用于管理文件和文件夹，无论它们是 Dreamweaver 站点的一部分还是位于
远程服务器上。在【文件】面板上还可以访问本地磁盘上的全部文件，如图 3-13 所示。

图 3-11　工作区切换器　　　图 3-12　【插入】面板　　　图 3-13　【文件】面板

3.1.3　熟悉 Dreamweaver CS6 的面板

　　【插入】面板中包括 8 组面板，分别是【常用】面板、【布局】面板、【表单】面板、【数据】面板、Spry 面板、InContext Editing 面板、【文本】面板和【收藏夹】面板。

　　1. 【常用】面板

　　在【常用】面板中，用户可以创建和插入最常用的对象，如图像、表格等，如图 3-14 所示。

　　2. 【布局】面板

　　在【插入】面板中单击【常用】右侧的下三角按钮 ▼ ，在弹出的下拉列表中选择【布局】选项，即可打开【布局】面板，如图 3-15 所示。【布局】面板中包含插入表格、层和框架的常用命令按钮和部分 Spry 工具按钮。

图 3-14　【常用】面板　　　　　　　图 3-15　【布局】面板

　　3. 【表单】面板

　　在【插入】面板中单击【布局】右侧的下三角按钮 ▼ ，在弹出的下拉列表中选择【表单】选项，即可打开【表单】面板，如图 3-16 所示。【表单】面板中包含一些常用的创建表单和插入表单元素的按钮及一些 Spry 工具按钮，可以根据情况选择所需要的域、表单或按钮等。

4. 【数据】面板

在【插入】面板中单击【表单】右侧的下三角按钮 ▼，在弹出的下拉列表中选择【数据】选项，即可打开【数据】面板，如图 3-17 所示。【数据】面板中包含一些 Spry 工具按钮和常用的应用程序按钮。

图 3-16　【表单】面板

图 3-17　【数据】面板

5. Spry 面板

在【插入】面板中单击【数据】右侧的下三角按钮 ▼，在弹出的下拉列表中选择 Spry 选项，即可打开 Spry 面板，如图 3-18 所示。Spry 面板主要包含 Spry 工具按钮。

6. InContext Editing 面板

InContext Editing 面板包括两个选项，分别是【创建可编辑区域】和【创建重复区域】，如图 3-19 所示。

图 3-18　Spry 面板

图 3-19　InContext Editing 面板

- 【创建可编辑区域】：定义用户可以直接在浏览器中编辑的页面区域。
- 【创建重复区域】：InContext Editing 重复区域由开始标签中包含 ice:repeating 属性的一对 HTML 标签构成。重复区域用于定义用户在浏览器中进行编辑时，可以"重复"和向其中添加内容的页面区域。

7. 【文本】面板

【文本】面板主要包含对字体、文本和段落具有调整辅助功能的按钮，如图 3-20 所示。

8. 【收藏夹】面板

可以将常用的按钮添加到该面板中，方便以后使用，如图 3-21 所示。

图 3-20 【文本】面板   图 3-21 【收藏夹】面板

3.2 创 建 站 点

在开始制作网页之前，需要先定义一个新站点，以便于更好地利用站点对文件进行管理，还可以尽可能减少链接与路径方面的错误。

3.2.1 创建本地站点

Dreamweaver 站点是一种管理网站中所有相关联文档的工具，通过站点可以实现将文件上传到网络服务器、自动跟踪和维护、管理文件以及共享文件等功能。Dreamweaver 中的站点包括本地站点、远程站点和测试站点三类。

- 本地站点：用来存放整个网站框架的本地文件夹，是用户的工作目录，一般制作网页时只需建立本地站点即可。
- 远程站点：存储于 Internet 服务器上的站点和相关文档。通常情况下，为了不连接 Internet 而对所建的站点进行测试，可以在本地计算机上创建远程站点，来模拟真实的 Web 服务器进行测试。
- 测试站点：Dreamweaver 处理动态页面的文件夹，使用此文件夹生成动态内容并在工作时连接到数据库，用于对动态页面进行测试。

在 Dreamweaver 中使用向导创建本地站点的具体操作步骤如下。

step 01 打开 Dreamweaver 软件，选择【站点】→【新建站点】命令，弹出【站点设置对象】对话框，从中输入站点的名称，并设置本地站点文件夹的路径和名称，如图 3-22 所示。然后单击【保存】按钮。

step 02 本地站点创建完成后，在【文件】面板的【本地文件】栏中会显示该站点的根目录，如图 3-23 所示。

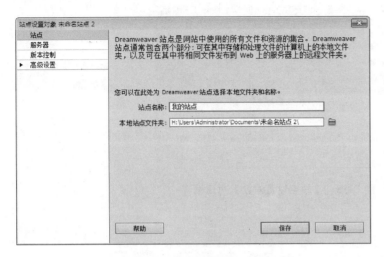

图 3-22 【站点设置对象】对话框

图 3-23 【本地文件】窗格

3.2.2 使用【文件】面板创建站点

在【文件】面板中提供了【管理站点】功能，利用该功能可以创建站点，具体的操作步骤如下。

step 01 单击【文件】面板右侧的下三角按钮，在弹出的下拉列表中选择【管理站点】选项，如图 3-24 所示。

step 02 在弹出的【管理站点】对话框中单击【新建站点】按钮，如图 3-25 所示。

图 3-24 【文件】面板

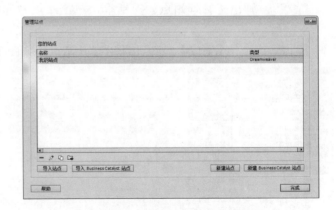

图 3-25 【管理站点】对话框

step 03 弹出【站点设置对象】对话框，即可根据前面介绍的方法创建本地站点，如图 3-26 所示。

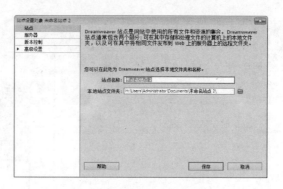

图 3-26　【站点设置对象】对话框

3.3　管 理 站 点

设置好 Dreamweaver 的站点后，还可以对本地站点进行多方面的管理，如打开站点、编辑站点、删除站点及复制站点等。

3.3.1　打开站点

站点创建完成后，也可以再次打开站点，对站点中的内容进行编辑。打开站点的具体操作步骤如下。

step 01　选择【窗口】→【文件】命令，打开【文件】面板，在左边的站点下拉列表中选择【管理站点】选项，如图 3-27 所示。

step 02　弹出【管理站点】对话框，单击站点名称栏中的【我的站点】选项，如图 3-28 所示。

step 03　单击【完成】按钮，即可打开站点，如图 3-29 所示。

图 3-27　【文件】面板

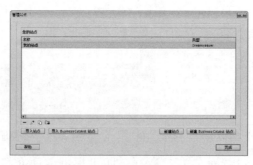

图 3-28　【管理站点】对话框

图 3-29　打开的站点

3.3.2　编辑站点

创建站点之后，接下来可以对站点的属性进行编辑。编辑站点的具体操作步骤如下。

step 01　选择【站点】→【管理站点】命令，打开【管理站点】对话框，从中选定要编辑的站点名称，然后单击【编辑目前选定的站点】按钮，如图 3-30 所示。

step 02　打开【站点设置对象】对话框，从中按照创建站点的方法对站点进行编辑，如图 3-31 所示。

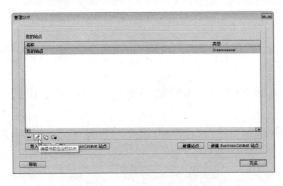

图 3-30　【管理站点】对话框

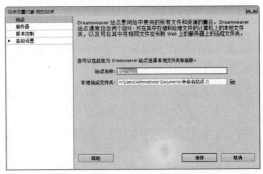

图 3-31　【站点设置对象】对话框

提示　　在【管理站点】对话框中双击站点的名称，可以直接打开【站点设置对象】对话框。

step 03　编辑完成后，单击【保存】按钮，返回【管理站点】对话框，然后单击【完成】按钮，即可完成编辑操作。

3.3.3　删除站点

对于不再需要的本地站点，可以将其从站点列表中删除，具体的操作步骤如下。

step 01　选择要删除的本地站点，然后在【管理站点】对话框中单击【删除当前选定的站点】按钮，如图 3-32 所示。

step 02　弹出 Dreamweaver 提示框，提示用户删除站点操作不能撤销，询问是否要删除本地站点，单击【是】按钮，即可删除选定的本地站点，如图 3-33 所示。

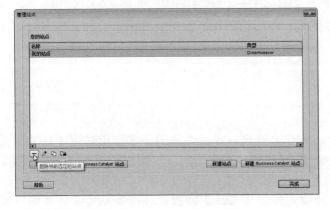

图 3-32　【管理站点】对话框

图 3-33　信息提示框

> 提示　删除站点操作实际上只是删除了 Dreamweaver 同本地站点之间的关系，而实际的本地站点内容(包括文件夹、文件等)仍然保存在磁盘中相应的位置上。因此，用户可以重新创建指向其位置的新站点，重新对其进行管理。

3.3.4　复制站点

如果想创建多个结构相同或类似的站点，可以利用站点的可复制性来实现。复制站点的具体步骤如下。

step 01 选择一个站点，在【管理站点】对话框中单击【复制当前选定的站点】按钮，即可复制该站点，如图 3-34 所示。

step 02 新复制出的站点名称会出现在【管理站点】对话框的站点列表框中，该名称在原站点名称的后面会添加"复制"字样，如图 3-35 所示。

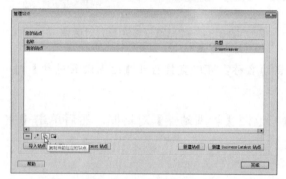

图 3-34　【管理站点】对话框

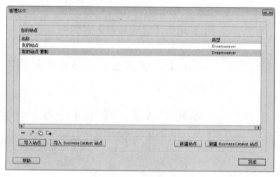

图 3-35　复制的站点

step 03 如需更改站点名称，可以选中新复制的站点，单击【编辑】按钮，即可将其改名。在【管理站点】对话框中单击【完成】按钮，即可完成对站点的复制操作。

3.4　操作站点文件及文件夹

无论是创建空白文档，还是利用已有的文档创建站点，都需要对站点中的文件夹或文件进行操作。利用【文件】面板，可以对本地站点中的文件夹和文件进行创建、删除、移动、复制等操作。

3.4.1　创建文件夹

站点创建完成后，可以在站点的下方创建文件夹，该文件夹的主要作用是用于存放网页的相关资料，如网页图片、网页中的 CSS 样式表等。在本地站点中创建文件夹的具体操作步骤如下。

step 01 选择【窗口】→【文件】命令，打开【文件】面板，在准备新建文件夹的位置右击，在弹出的快捷菜单中选择【新建文件夹】命令，如图 3-36 所示。

step 02 新建文件夹的名称处于可编辑状态，可以对新建文件夹重新命名，如图 3-37 所示。

step 03 将新建文件夹命名为 images，通常用此文件夹来存放图片。单击新建文件夹以外的任意位置，即可完成文件夹的新建和重命名操作，如图 3-38 所示。

图 3-36　选择【新建文件夹】命令　　图 3-37　编辑文件夹的名称　　图 3-38　文件夹创建完成

 　　　如果想修改文件夹名，选定文件夹后，单击文件夹的名称或按 F2 键，激活文件名使其处于可编辑状态，然后输入新的名称即可。

3.4.2　创建文件

文件夹创建好之后，就可以在文件夹中创建相应的文件了。创建文件的具体操作步骤如下。

step 01 选择【窗口】→【文件】命令，打开【文件】面板，在准备新建文件的位置右击，在弹出的快捷菜单中选择【新建文件】命令，如图 3-39 所示。

step 02 新建文件的名称默认为 untitled.html，如图 3-40 所示。

step 03 将文件重命名为 index.html，单击新建文件以外的任意位置，即可完成文件的新建和重命名操作，如图 3-41 所示。

图 3-39　选择【新建文件】命令　　图 3-40　新建的文件　　图 3-41　重命名文件

3.4.3　文件或文件夹的移动和复制

针对站点下的文件或文件夹可以进行移动与复制操作，具体的操作步骤如下。

step 01　选择【窗口】→【文件】命令，打开【文件】面板，选中要移动的文件或文件夹，然后拖动到相应的文件夹即可，如图 3-42 所示。

step 02　利用剪切和粘贴的方法来移动文件或文件夹。在【文件】面板中，选中要移动或复制的文件或文件夹并右击，在弹出的快捷菜单中选择【编辑】→【剪切】或【拷贝】命令，如图 3-43 所示。

图 3-42　移动文件

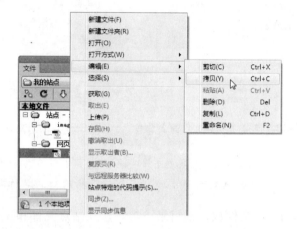

图 3-43　复制文件

提示　　进行移动可以选择【剪切】命令，进行复制可以选择【拷贝】命令。

step 03　选中目标文件夹并右击，在弹出的快捷菜单中选择【编辑】→【粘贴】命令，文件或文件夹就会被移动或复制到相应的文件夹中。

3.4.4　删除文件或文件夹

对于站点下的文件或文件夹，如果不再需要，就可以将其删除，具体的操作步骤如下。

step 01　在【文件】面板中，选中要删除的文件或文件夹并右击，在弹出的快捷菜单中选择【编辑】→【删除】命令或者按 Delete 键，如图 3-44 所示。

step 02　弹出 Dreamweaver 提示框，询问是否要删除所选文件或文件夹，单击【是】按钮，即可将文件或文件夹从本地站点中删除，如图 3-45 所示。

提示　　和站点的删除操作不同，对文件或文件夹的删除操作会从磁盘上真正删除相应的文件或文件夹。

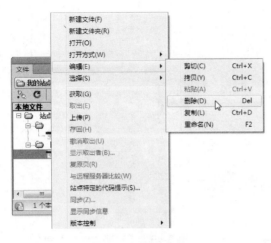

图 3-44　删除文件　　　　　　　图 3-45　信息提示框

3.5　实战演练——建立站点文件和文件夹

为了日后的管理和维护方便，可以建立一个文件夹来存放网站中的所有文件，再在文件夹内建立几个子文件夹，将文件分类存放在不同的文件夹中，如图片可以放在 images 文件夹内、HTML 文件放在根目录下等。建立站点文件和文件夹的具体操作步骤如下。

step 01　选择【窗口】→【文件】命令，打开【文件】面板，在站点名称"我的站点"上右击，在弹出的快捷菜单中选择【新建文件】命令，如图 3-46 所示。

step 02　新建文件的名称处于可编辑状态，如图 3-47 所示。

step 03　将新建文件名 untitled.html 重命名为 index.html，然后单击新建文件以外的任意位置，完成主页文件的创建，如图 3-48 所示。

step 04　在站点名称"我的站点"上右击，在弹出的快捷菜单中选择【新建文件夹】命令，如图 3-49 所示。

图 3-46　选择【新建文件】命令　　　　　　　图 3-47　新建文件

图 3-48　重命名文件　　　　　　　　　图 3-49　【新建文件夹】命令

step 05　新建文件夹的名称处于可编辑状态，如图 3-50 所示。

step 06　将新建文件夹 untitled 重命名为"图片"，此文件夹用于存放图片，然后单击新
　　　　建文件夹以外的任意位置，完成图片文件夹的创建，如图 3-51 所示。

图 3-50　新建文件夹　　　　　　　　　图 3-51　重命名文件夹

3.6　跟我练练手

3.6.1　练习目标

能够熟练掌握本章所讲解的内容。

3.6.2　上机练习

练习 1：创建网站站点。

练习 2：管理网站站点。

练习 3：操作站点文件与文件夹。

练习 4：建立网站站点文件和文件夹。

3.7 高手甜点

甜点 1：在【资源】面板中，为什么有的资源在预览区中无法正常显示(比如 Flash 动画)

之所以会出现这种情况，主要是由于不同类型的资源的预览显示方式不同，比如 Flash 动画，被选中的 Flash 在预览区中显示占位符，要观看其播放效果，必须单击预览区中的播放按钮。

甜点 2：在 Dreamweaver 的【属性】面板中为什么只显示其标题栏

之所以会出现这种情况，主要是由于属性检查器被折叠起来了。Dreamweaver 为了节省屏幕空间，为各个面板组都设计了折叠功能，单击该面板组的标题名称，即可在"展开/折叠"状态之间切换。同时对于不用的面板组还可以将其暂时关闭，需要使用时再通过【窗口】菜单来打开。

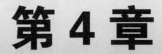

第 4 章

制作我的第一个 网页——添加网页 内容要素

　　浏览网页时，通过文本和图像是最直接的获取信息的方式。文本是基本的信息载体，不管网页内容如何丰富，文本自始至终都是网页中最基本的元素。图像能使网页的内容更加丰富多彩、形象生动，可以为网页增色不少。

本章要点(已掌握的在方框中打钩)

☐ 理解文档的基本操作

☐ 掌握用文字美化网页的方法

☐ 掌握用图像美化网页的方法

☐ 掌握用动画美化网页的方法

☐ 掌握用其他网页元素美化网页的方法

4.1　文档的基本操作

使用 Dreamweaver 可以编辑网站的网页，该软件为创建 Web 文档提供了灵活的环境。

4.1.1　创建空白文档

制作网页的第一步就是创建空白文档，使用 Dreamweaver 创建空白文档的具体操作步骤如下。

step 01 选择【文件】→【新建】命令，打开【新建文档】对话框。并在该对话框的左侧选择【空白页】选项，在【页面类型】列表框中选择 HTML 选项，在【布局】列表框中选择【无】选项，如图 4-1 所示。

step 02 单击【创建】按钮，即可创建一个空白文档，如图 4-2 所示。

图 4-1　【新建文档】对话框　　　　　　　图 4-2　创建空白文档

4.1.2　设置页面属性

创建空白文档后，接下来需要对文件进行页面属性的设置，也就是设置整个网站页面的外观效果。选择【修改】→【页面属性】命令，如图 4-3 所示。或按 Ctrl+J 快捷键，打开【页面属性】对话框，从中可以设置外观、链接、标题、标题/编码、跟踪图像等属性，下面分别进行介绍如何设置页面的外观、链接、标题等。

1.　设置外观

在【页面属性】对话框的【分类】列表框中选择【外观】选项，可以设置 CSS 外观和 HTML 外观。外观的设置可以从页面字体、文字大小、文本颜色等方面进行设置，如图 4-4 所示。

1)　【页面字体】

在【页面字体】下拉列表中可以设置文本的字体样式，比如这里选择一种字体样式，然后单击【应用】按钮，页面中的字体即可显示为这种字体样式，如图 4-5 所示。

图 4-3　选择【页面属性】命令

图 4-4　【页面属性】对话框

生活是一首歌，一首五彩缤纷的歌，一首低沉而又高昂的歌，一首令人无法捉摸的歌。生活中的艰难困苦就是那一个个跳动的音符，由于这些音符的加入才使生活变得更加美妙。

图 4-5　设置页面字体

2)　【大小】

在【大小】下拉列表中可以设置文本的大小，这里选择为 36，在右侧的单位下拉列表中选择 px 单位，单击【应用】按钮，页面中的文本即可显示为 36px 大小，如图 4-6 所示。

生活是一首歌，一首五彩缤纷的歌，一首低沉而又高昂的歌，一首令人无法捉摸的歌。生活中的艰难困苦就是那一个个跳动的音符，由于这些音符的加入才使生活变得更加美妙。

图 4-6　设置页面字体大小

3)　【文本颜色】

在【文本颜色】文本框中输入文本显示颜色的十六进制值，或者单击文本框左侧的【选择颜色】按钮，即可在弹出的颜色选择器中选择文本的颜色。单击【应用】按钮，即可看到页面字体呈现为选中的颜色，如图4-7所示。

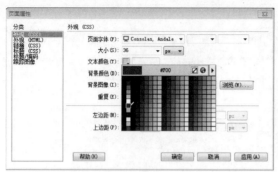

生活是一首歌，一首五彩缤纷的歌，一首低沉而又高昂的歌，一首令人无法捉摸的歌。生活中的艰难困苦就是那一个个跳动的音符，由于这些音符的加入才使生活变得更加美妙。|

图4-7　设置页面字体颜色

4)　【背景颜色】

在【背景颜色】文本框中设置背景颜色，这里输入墨绿色的十六进制值"#09F"，完成后单击【应用】按钮，即可看到页面背景呈现出所输入的颜色，如图4-8所示。

生活是一首歌，一首五彩缤纷的歌，一首低沉而又高昂的歌，一首令人无法捉摸的歌。生活中的艰难困苦就是那一个个跳动的音符，由于这些音符的加入才使生活变得更加美妙。

图4-8　设置页面背景颜色

5)　【背景图像】

在【背景图像】文本框中，可直接输入网页背景图像的路径，或者单击文本框右侧的〖浏览(W)...〗按钮，在弹出的【选择图像源文件】对话框中选择图像作为网页背景图像，如图4-9所示。

完成之后单击【确定】按钮，返回到【页面属性】对话框，然后单击【应用】按钮，即可看到页面显示的背景图像，如图4-10所示。

6)　【重复】

可选择背景图像在网页中的排列方式，有不重复、重复、横向重复和纵向重复4个选项。比如选择repeat-x(横向重复)选项，背景图像就会以横向重复的排列方式显示，如图4-11所示。

7)　【左边距】、【上边距】、【右边距】和【下边距】

用于设置页面四周边距的大小，如图4-12所示。

　　【背景图像】和【背景颜色】不能同时显示。如果在网页中同时设置这两个选项，在浏览网页时则只显示网页的【背景图像】。

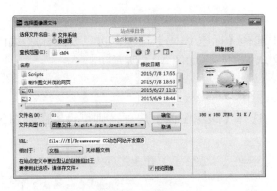

图 4-9　【选择图像源文件】对话框

图 4-10　设置页面背景图片

图 4-11　设置背景图像的排列方式

图 4-12　设置页面四周边距

2. 设置链接

在【页面属性】对话框的【分类】列表框中选择【链接】选项，则可设置链接的属性，如图 4-13 所示。

3. 设置标题

在【页面属性】对话框的【分类】列表框中选择【标题】选项，则可设置标题的属性，如图 4-14 所示。

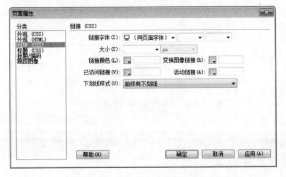

图 4-13　设置页面链接

图 4-14　设置页面标题

4. 设置标题/编码

在【页面属性】对话框的【分类】列表框中选择【标题/编码】选项，可以设置标题/编码的属性，比如网页的标题、文档类型和网页中文本的编码，如图 4-15 所示。

5. 设置跟踪图像

在【页面属性】对话框的【分类】列表框中选择【跟踪图像】选项，则可设置跟踪图像的属性，如图 4-16 所示。

图 4-15　设置标题/编码　　　　　　图 4-16　设置跟踪图像

1)　【跟踪图像】

设置作为网页跟踪图像的文件路径，也可以单击文本框右侧的 浏览(O)... 按钮，在弹出的对话框中选择图像作为跟踪图像，如图 4-17 所示。

跟踪图像是 Dreamweaver 中非常有用的功能。使用这个功能，可以先用平面设计工具设计出页面的平面版式，再以跟踪图像的方式导入页面中，这样用户在编辑网页时即可精确地定位页面元素。

2)　【透明度】

拖动滑块，可以调整图像的透明度，透明度越高，图像越明显，如图 4-18 所示。

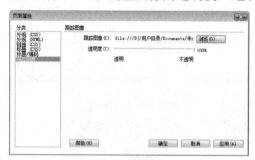

图 4-17　添加图像文件　　　　　　图 4-18　设置图像的透明度

　　　　使用了跟踪图像后，原来的背景图像则不会显示。但是在 IE 浏览器中预览时，则会显示出页面的真实效果，而不会显示跟踪图像。

4.2 使用文字美化网页

所谓设置文本属性，主要是对网页中的文本格式进行编辑和设置，包括文本字体、文本颜色、字体样式等。

4.2.1 插入文字

文字是基本的信息载体，是网页中最基本的元素之一。在网页中运用丰富的字体、多样的格式以及赏心悦目的文字效果，对于网站设计师来说是必不可少的技能。

在网页中插入文字的具体操作步骤如下。

step 01 选择【文件】→【打开】命令，弹出【打开】对话框，在【查找范围】下拉列表中定义打开文件的位置为"ch04\插入文本.html"，然后单击【打开】按钮，如图4-19所示。

step 02 随即打开随书光盘中的素材文件，然后将光标放置在文档的编辑区，如图4-20所示。

图4-19 【打开】对话框   图4-20 打开的素材文件

step 03 输入文字，如图4-21所示。

step 04 选择【文件】→【另存为】命令，将文件保存为"ch04\插入文本后.html"，按F12键在浏览器中预览效果，如图4-22所示。

提示　在输入文本的过程中，换行时如果直接按Enter键，行间距会比较大。一般情况下，在网页中换行时按Shift+Enter快捷键，这样才是正常的行距。

也可以在文档中添加换行符来实现文本换行，操作方法有以下两种。

(1) 选择【窗口】→【插入】命令，打开【插入】面板，然后单击【文本】选项卡中的【字符】图标，在弹出的列表中选择【换行符】选项，如图4-23所示。

(2) 选择【插入】→HTML→【特殊字符】→【换行符】命令，如图4-24所示。

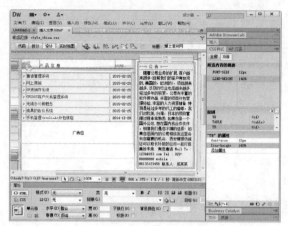

图 4-21　输入文字　　　　　　　　　　　　图 4-22　预览网页

图 4-23　换行符

图 4-24　选择【换行符】命令

4.2.2　设置字体

插入网页文字后，用户可以根据自己的需要对插入的文字进行设置，包括字体样式、字体大小、字体颜色等。

1. 设置字体

对网页中的文本进行字体设置的具体操作步骤如下。

step 01　打开随书光盘中的"ch04\插入文本后.html"文件。在文档窗口中，选定要设置字体的文本，如图 4-25 所示。

step 02　在下方的【属性】面板中，在【字体】下拉列表中选择字体，如图 4-26 所示。

step 03　选中的文本即可改变为所选字体。

图 4-25　选择文本

图 4-26　选择字体

2. 无字体提示的解决方法

如果字体列表中没有所要的字体，可以按照如下的具体操作步骤编辑字体列表。

step 01 在【属性】面板的【字体】下拉列表中选择【编辑字体列表】选项，打开【编辑字体列表】对话框，如图 4-27 所示。

step 02 在【可用字体】列表框中选择要使用的字体，然后单击 按钮，所选字体就会出现在左侧的【选择的字体】列表框中，如图 4-28 所示。

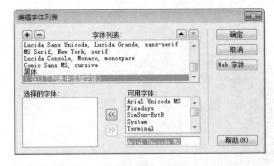

图 4-27　【编辑字体列表】对话框　　　　　图 4-28　选择需要添加的字体样式

> **提示**　　　【选择的字体】列表框显示当前选定字体列表项中包含的字体名称；【可用字体】列表框显示当前所有可用的字体名称。

step 03 如果要创建新的字体列表，可以从列表框中选择【(在以下列表中添加字体)】选项。如果没有出现该选项，可以单击对话框左上角的 按钮添加，如图 4-29 所示。

step 04 要从字体组合项中删除字体，可以从【字体列表】列表框中选定该字体组合项，然后单击列表框左上角的 按钮，设置完成单击【确定】按钮即可，如图 4-30 所示。

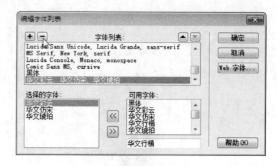

图 4-29　添加选择的字体　　　　图 4-30　删除选择的字体

　　　一般来说，应尽量在网页中使用宋体或黑体，不使用特殊的字体，因为浏览网页的计算机中如果没有安装这些特殊的字体，在浏览时就只能以普通的默认字体来显示。对于中文网页来说，应该尽量使用宋体或黑体，因为大多数的计算机中系统都默认装有这两种字体。

4.2.3　设置字号

字号是指字体的大小。在 Dreamweaver 中设置文字字号的具体操作步骤如下。

step 01　打开随书光盘中的"ch04\插入文本后.html"文件，选定要设置字号的文本，如图 4-31 所示。

图 4-31　选择需要设置字号的文本

step 02　在【属性】面板的【大小】下拉列表中选择字号，这里选择为 18，如图 4-32 所示。

图 4-32　【属性】面板

step 03　这样选中的文本字体大小将更改为 18，结果如图 4-33 所示。

图 4-33　设置字号后的文本显示效果

提示　　如果希望设置字符相对默认字符大小的增减量，可以在同一个下拉列表中选择 xx-small、xx-large 或 smaller 等选项。如果希望取消对字号的设置，可以选择【无】选项。

4.2.4　设置字体颜色

多彩的字体颜色会增强网页的表现力。在 Dreamweaver 中，设置字体颜色的具体操作步骤如下。

step 01　打开随书光盘中的"ch04\设置文本属性.html"文件，选定要设置字体颜色的文本，如图 4-34 所示。

step 02　在【属性】面板上单击【文本颜色】按钮，打开 Dreamweaver 颜色板，从中选择需要的颜色，也可以直接在该按钮右边的文本框中输入颜色的十六进制数值，如图 4-35 所示。

图 4-34　选择文本

图 4-35　设置文本颜色

> 提示   设置颜色也可以选择【格式】→【颜色】命令，弹出【颜色】对话框，从中选择需要的颜色，然后单击【确定】按钮即可，如图 4-36 所示。

step 03 选定颜色后，选中的文本将更改为选定的颜色，如图 4-37 所示。

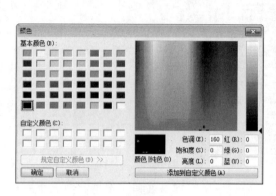

图 4-36　【颜色】对话框

图 4-37　设置的文本颜色

4.2.5　设置字体样式

字体样式是指字体的外观显示样式，例如字体的加粗、倾斜、加下划线等。利用 Dreamweaver 可以设置多种字体样式，具体的操作步骤如下。

step 01 选定要设置字体样式的文本，如图 4-38 所示。

step 02 选择【格式】→【样式】命令，弹出子菜单，如图 4-39 所示。

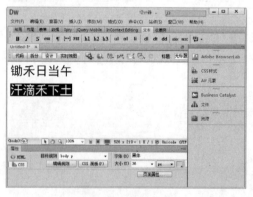

图 4-38　选择文本

图 4-39　设置文本样式

子菜单中的各命令含义介绍如下。

- 粗体：从子菜单中选择【粗体】命令，可以将选定的文字加粗显示，如图 4-40 所示。
- 斜体：从子菜单中选择【斜体】命令，可以将选定的文字显示为斜体样式，如图 4-41 所示。

锄禾日当午
汗滴禾下土|

图 4-40　设置文字为粗体

锄禾日当午
汗滴禾下土|

图 4-41　设置文字为斜体

- 下划线：从子菜单中选择【下划线】命令，可以在选定文字的下方显示一条下划线，如图 4-42 所示。

提示　　也可以利用【属性】面板设置字体的样式。选定字体后，单击【属性】面板上的 **B** 按钮为加粗样式，单击 *I* 按钮为斜体样式。如图 4-43 所示。

锄禾日当午
汗滴禾下土

图 4-42　添加文字下划线

图 4-43　【属性】面板

提示　　还可以使用快捷键设置或取消字体样式。按 Ctrl+B 快捷键，可以使选定的文本加粗；按 Ctrl+I 快捷键，可以使选定的文本倾斜。

- 删除线：如果从【格式】→【样式】子菜单中选择【删除线】命令，就会在选定文字的中部横贯一条横线，表明文字被删除，如图 4-44 所示。
- 打字型：如果从【格式】→【样式】子菜单中选择【打字型】命令，就可以将选定的文本作为等宽度文本来显示，如图 4-45 所示。

锄禾日当午
汗滴禾下土

图 4-44　添加文字删除线

锄禾日当午
汗滴禾下土

图 4-45　设置字体的打字效果

提示　　所谓等宽度字体，是指每个字符或字母的宽度相同。

- 强调：如果从【格式】→【样式】子菜单中选择【强调】命令，则表明选定的文字需要在文件中被强调。大多数浏览器会把它显示为斜体样式，如图 4-46 所示。
- 加强：如果从【格式】→【样式】子菜单中选择【加强】命令，则表明选定的文字需要在文件中以加强的格式显示。大多数浏览器会把它显示为粗体样式，如图 4-47

所示。

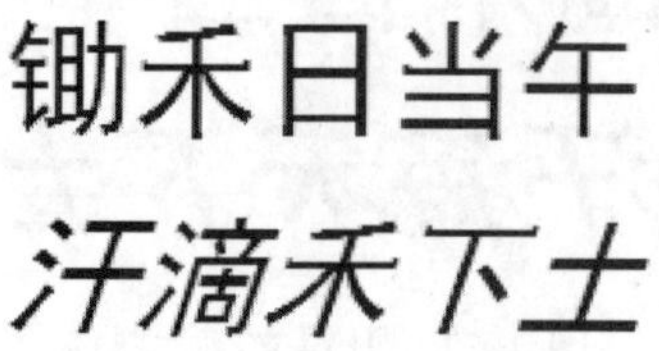

锄禾日当午

汗滴禾下土

图 4-46　添加文字强调效果

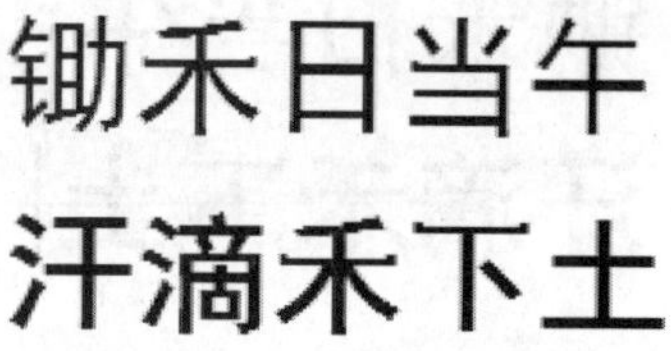

锄禾日当午

汗滴禾下土

图 4-47　加强文字效果

4.2.6　编辑段落

段落指的是一段格式上统一的文本。在文档窗口中每输入一段文字，按 Enter 键后，就会自动形成一个段落。编辑段落主要是对网页中的一段文本进行设置。

1. 设置段落格式

使用【属性】面板中的【格式】下拉列表，或选择【格式】→【段落格式】命令，都可以设置段落格式。具体的操作步骤如下。

step 01　将光标放置在段落中任意一个位置，或选择段落中的一些文本，如图 4-48 所示。

step 02　选择【格式】→【段落格式】命令，如图 4-49 所示。

图 4-48　选中段落

图 4-49　选择段落格式菜单

 提示　　　也可以在【属性】面板的【格式】下拉列表中选择一个选项，如图 4-50 所示。

图 4-50　【属性】面板

step 03 选择一个段落格式(如【标题 1】)，然后单击【拆分】按钮，在【代码视图】下可以看到与所选格式关联的 HTML 标签(如表示【标题 1】的 h1、表示【预先格式化的】文本的 pre 等)将应用于整个段落，如图 4-51 所示。

step 04 在段落格式中对段落应用标题标签时，Dreamweaver 会自动添加下一行文本作为标准段落，如图 4-52 所示。

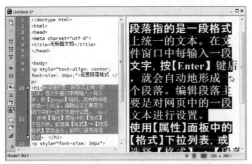

图 4-51 查看段落代码　　　　　　　图 4-52 添加段落标签

 若要更改此设置，可以选择【编辑】→【首选参数】命令，弹出【首选参数】对话框，然后在【常规】分类中的【编辑选项】选项组中，取消选中【标题后切换到普通段落】复选框，如图 4-53 所示。

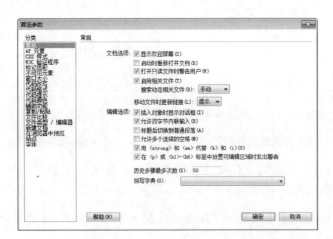

图 4-53 【首选参数】对话框

2. 定义预格式化

在 Dreamweaver 中，不能连续输入多个空格。在显示一些特殊格式的段落文本(如诗歌)时，这一点就会显得非常不方便，如图 4-54 所示。

在这种情况下，可以使用预格式化标签<p>和</p>来解决这个问题。

 预格式化指的是预先对<p>和</p>之间的文字进行格式化。这样，浏览器在显示其中的内容时，就会完全按照真正的文本格式来显示，即保留源文档中的空白，如空格及制表符等，如图 4-55 所示。

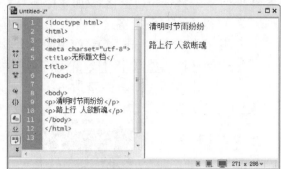

图 4-54　输入空格后的段落显示效果　　　图 4-55　预格式化文字

在 Dreamweaver 中，设置预格式化段落的具体操作步骤如下。

step 01　将光标放置在要设置预格式化的段落中，如图 4-56 所示。

　　如果要将多个段落设置为预格式化，则可同时拖选多个段落，如图 4-57 所示。

图 4-56　选择需要预格式化的段落　　　图 4-57　选择多个段落

step 02　按 Ctrl+F3 快捷键，打开【属性】面板，在【格式】下拉列表中选择【预先格式化的】选项，如图 4-58 所示。

　　也可以选择【格式】→【段落格式】→【已编排格式】命令，如图 4-59 所示。

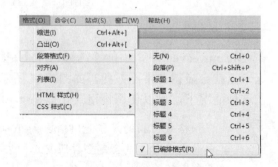

图 4-58　选择【预先格式化的】选项　　　图 4-59　选择段落格式菜单

该操作会自动在相应段落的两端添加<pre>和</pre>标签。如果原来段落的两端有<p>和</p>标签，则会分别用<pre>和</pre>标签来替换，如图 4-60 所示。

由于预格式化文本不能自动换行，因此除非绝对需要，否则尽量不要使用预格式化功能。

step 03 如果要在段落的段首空出两个空格，不能直接在【设计视图】方式下输入空格，而应切换到【代码视图】中，在段首文字之前输入代码 " "，如图 4-61 所示。

图 4-60　添加段落标签<pre>

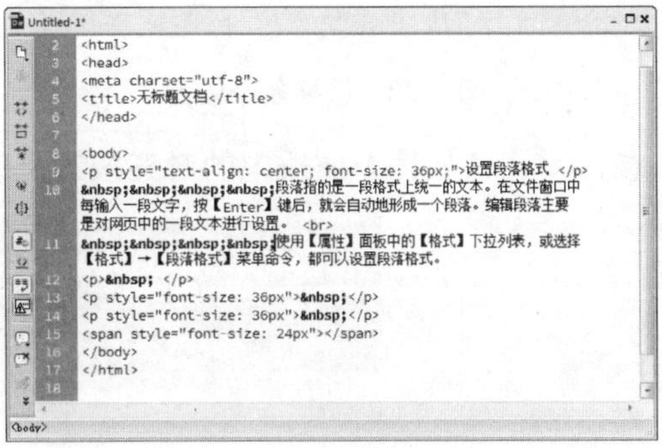

图 4-61　在【代码视图】中输入空格代码

step 04 该代码只表示一个半角字符，要空出两个汉字的位置，需要添加 4 个代码。这样，在浏览器中就可以看到段首已经空两个格了，如图 4-62 所示。

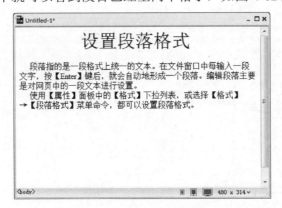

图 4-62　设置段落首行缩进格式

3. 设置段落的对齐方式

段落的对齐方式指的是段落相对文档窗口(或浏览器窗口)在水平位置的对齐方式，有 4 种对齐方式，即左对齐、居中对齐、右对齐和两端对齐。对齐段落的具体操作步骤如下。

step 01 将光标放置在要设置对齐方式的段落中。如果要设置多个段落的对齐方式，则选择多个段落，如图 4-63 所示。

step 02 进行下列操作之一。

(1) 选择【格式】→【对齐】命令，然后从子菜单中选择相应的对齐方式，如图 4-64 所示。

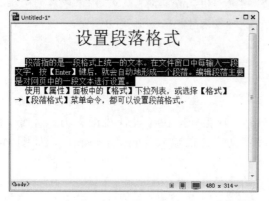

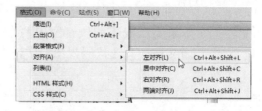

图 4-63 选择多个段落　　　　　　　　　图 4-64 段落的对齐方式

(2) 单击【属性】面板中的对齐按钮，如图 4-65 所示。

图 4-65 【属性】面板

可供选择的按钮有以下 4 个。

- 【左对齐】按钮▤：单击该按钮，可以设置段落相对文档窗口左对齐，如图 4-66 所示。
- 【居中对齐】按钮▤：单击该按钮，可以设置段落相对文档窗口居中对齐，如图 4-67 所示。

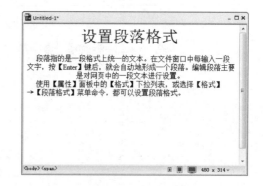

图 4-66 段落左对齐　　　　　　　　　图 4-67 段落居中对齐

- 【右对齐】按钮▤：单击该按钮，可以设置段落相对文档窗口右对齐，如图 4-68 所示。
- 【两端对齐】按钮▤：单击该按钮，可以设置段落相对文档窗口两端对齐，如图 4-69 所示。

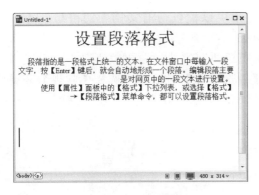

图 4-68　段落右对齐　　　　　　　　　　图 4-69　段落两端对齐

4. 设置段落缩进

在强调一段文字或引用其他来源的文字时，需要对文字进行段落缩进，以表示和普通段落有区别。缩进主要是指内容相对于文档窗口(或浏览器窗口)左端产生的间距。

实现段落缩进的具体操作步骤如下。

step 01　将光标放置在要设置缩进的段落中。如果要缩进多个段落，则选择多个段落，如图 4-70 所示。

step 02　选择【格式】→【缩进】命令，即可将当前段落往右缩进一段位置，如图 4-71 所示。

图 4-70　选择段落　　　　　　　　　　　图 4-71　段落缩进

单击【属性】面板中的【删除内缩区块】按钮 和【内缩区块】按钮 ，即可实现当前段落的凸出和缩进。凸出是将当前段落往左恢复一段缩进位置。

也可以使用快捷键来实现缩进。按 Ctrl+Alt+]快捷键可以进行一次右缩进；按 Ctrl+Alt+[快捷键可以向左恢复一段缩进位置。

4.2.7　检查拼写

如果要对英文材料进行检查更正，可以使用 Dreamweaver 中的检查拼写功能。具体的操作步骤如下。

step 01 选择【命令】→【检查拼写】命令，可以检查当前文档中的拼写。【检查拼写】命令忽略 HTML 标签和属性值，如图 4-72 所示。

step 02 默认情况下，拼写检查器使用美国英语拼写字典。要更改字典，可以选择【编辑】→【首选参数】命令，在弹出的【首选参数】对话框中选择【常规】分类，在【拼写字典】下拉列表中选择要使用的字典，然后单击【确定】按钮即可，如图 4-73 所示。

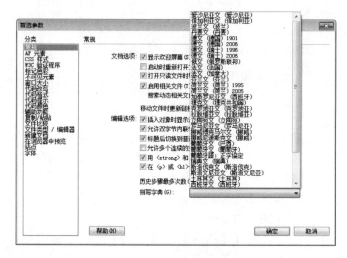

图 4-72　选择【检查拼写】命令　　　　　　　图 4-73　【首选参数】对话框

step 03 选择【检查拼写】命令后，如果文本内容中有错误，就会弹出【检查拼写】对话框，如图 4-74 所示。

step 04 在使用【检查拼写】功能时，如果单词的拼写没有错误，则会弹出如图 4-75 所示的信息提示框。

step 05 单击【是】按钮，将弹出另一个信息提示框，然后单击【确定】按钮，关闭信息提示框即可，如图 4-76 所示。

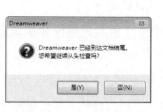

图 4-74　【检查拼写】对话框　　　　图 4-75　信息提示框　　　图 4-76　信息提示框

4.2.8　创建项目列表

列表就是那些具有相同属性元素的集合。Dreamweaver 常用的列表有无序列表和有序列

84

表两种。无序列表使用项目符号来标签无序的项目；有序列表使用编号来记录项目的顺序。

1. 无序列表

在无序列表中，各个列表项之间没有顺序级别之分，通常使用一个项目符号作为每个列表项的前缀。设置无序列表的具体操作步骤如下。

step 01 将光标放置在需要设置无序列表的文档中，如图 4-77 所示。

step 02 选择【格式】→【列表】→【项目列表】命令，如图 4-78 所示。

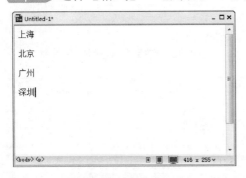

图 4-77 设置无序列表

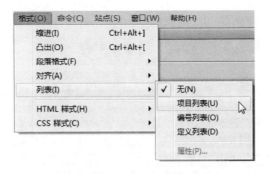

图 4-78 选择【项目列表】命令

step 03 光标所在的位置将出现默认的项目符号，如图 4-79 所示。

step 04 重复以上步骤，设置其他文本的项目符号，如图 4-80 所示。

图 4-79 添加无序序号

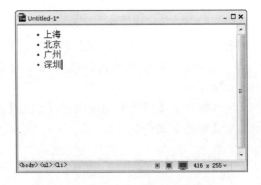

图 4-80 无序列表效果

2. 有序列表

对于有序编号，可以指定其编号类型和起始编号。可以采用阿拉伯数字、大写字母或罗马数字等作为有序列表的编号。

设置有序列表的具体操作步骤如下。

step 01 将光标放置在需要设置有序列表的文档中，如图 4-81 所示。

step 02 选择【格式】→【列表】→【编号列表】命令，如图 4-82 所示。

step 03 光标所在的位置将出现编号列表，如图 4-83 所示。

step 04 重复以上步骤，设置其他文本的编号列表，如图 4-84 所示。

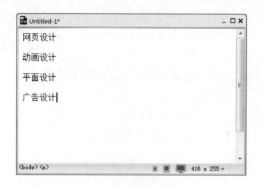

图 4-81　设置有序列表

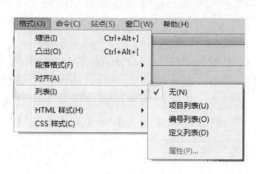

图 4-82　选择【编号列表】命令

图 4-83　添加有序列表

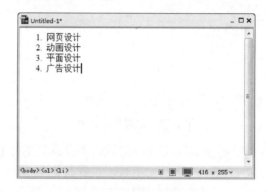

图 4-84　有序列表效果

列表还可以嵌套，嵌套列表是包含其他列表的列表。

step 01　选定要嵌套的列表项。如果有多行文本需要嵌套，可以选定多行，如图 4-85 所示。

step 02　单击【属性】面板中的【缩进】按钮，如图 4-86 所示。或者选择【格式】→【缩进】命令。

图 4-85　列表嵌套效果

图 4-86　【属性】面板

提示

　　　　在【属性】面板中直接单击或按钮，可以将选定的文本设置为项目(无序)列表或编号(有序)列表。

4.3 使用图像美化网页

无论是个人网站还是企业网站，图文并茂的网页都能为网站增色不少。使用图像美化网页会使网页变得更加美观、生动，从而吸引更多的浏览者。

4.3.1 插入图像

网页中通常使用的图像格式有3种，即GIF、JPEG和PNG。下面介绍它们各自的特性。

- GIF格式：网页中最常用的图像格式为GIF，其特点是图像文件占用磁盘空间小，支持透明背景和动画，多数用于图标、按钮、滚动条、背景等。
- JPEG格式：JPEG格式是一种图像压缩格式，主要用于摄影图片的存储和显示，文件的扩展名为.jpg或.jpeg。
- PNG格式：PNG格式汲取了GIF格式和JPEG格式的优点，存储形式丰富，兼有GIF格式和JPEG格式的色彩模式，采用无损压缩方式来减小文件的大小。

在文档中插入漂亮的图像会使网页更加美观，使页面更具吸引力。在网页中插入图像的具体操作步骤如下。

step 01 新建一个空白文档，如图4-87所示。

step 02 将光标放置在要插入图像的位置，在【插入】面板的【常用】选项卡中单击【图像】按钮，如图4-88所示。或者选择【插入】→【图像】命令。

图4-87　空白文档　　　　　　　　图4-88　【常用】面板

step 03 弹出【选择图像源文件】对话框，从中选择要插入的图像文件，然后单击【确定】按钮，如图4-89所示。

step 04 即可完成向文档中插入图像的操作，如图4-90所示。

step 05 保存文档，按F12键在浏览器中预览效果，如图4-91所示。

step 06 在插入图像等对象时，有时会弹出如图4-92所示的对话框。

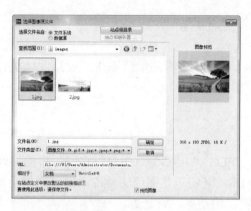

图 4-89 【选择图像源文件】对话框

图 4-90 插入图像

图 4-91 预览网页

图 4-92 【图像标签辅助功能属性】对话框

如果不希望弹出此对话框，可以选择【编辑】→【首选参数】命令，打开【首选参数】对话框，在【分类】列表框中选择【辅助功能】选项，然后在【在插入时显示辅助功能属性】选项组下取消选中相应对象的复选框即可，如图 4-93 所示。

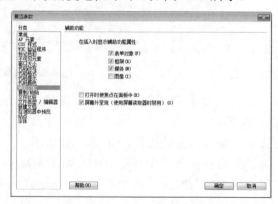

图 4-93 【首选参数】对话框

4.3.2 图像属性设置

在页面中插入图像后单击选定图像，此时图像的周围会出现边框，表示图像正处于选中状态，如图 4-94 所示。

图 4-94　选中图像

可以在【属性】面板中设置该图像的属性。如设置源文件、输入替换文本、设置图片的宽与高等，如图 4-95 所示。

1)　【地图】

用于创建客户端图像的热区，在右侧的文本框中可以输入地图的名称，如图 4-96 所示。

图 4-95　【属性】面板　　　　　　　　　图 4-96　图像地图设置区域

输入的名称中只能包含字母和数字，并且不能以数字开头。

2)　【热点工具】按钮

单击这些按钮，可以创建图像的热区链接。

3)　【宽】和【高】

设置在浏览器中显示图像的宽度和高度，以像素为单位。比如在【宽】文本框中输入宽度值，页面中的图片即会显示相应的宽度，如图 4-97 所示。

【宽】和【高】的单位除像素外，还有 pc(十二点活字)、pt(点)、in(英寸)、mm(毫米)、cm(厘米)和 2in+5mm 的单位组合等。

调整后，其文本框的右侧将显示【重设图像大小】按钮 。单击该按钮，可恢复图像到原来的大小。

图 4-97　设置图像的宽与高

4)　【源文件】

用于指定图像的路径。单击文本框右侧的【浏览文件】按钮🗀，弹出【选择原始文件】对话框，可从中选择图像文件，或直接在文本框中输入图像路径，如图 4-98 所示。

图 4-98　【选择原始文件】对话框

5)　【链接】

用于指定图像的链接文件。可拖动【指向文件】图标⊕到【文件】面板中的某个文件上，或直接在文本框中输入 URL 地址，如图 4-99 所示。

图 4-99　【属性】面板

6)　【目标】

用于指定链接页面在框架或窗口中的打开方式，如图 4-100 所示。

图 4-100 设置图像目标

【目标】下拉列表中有以下几个选项。

- _blank：在弹出的新浏览器窗口中打开链接文件。
- _parent：如果是嵌套的框架，会在父框架或窗口中打开链接文件；如果不是嵌套的框架，则与_top 相同，在整个浏览器窗口中打开链接文件。
- _self：在当前网页所在的窗口中打开链接。此目标为浏览器默认的设置。
- _top：在完整的浏览器窗口中打开链接文件，因而会删除所有的框架。

7) 【原始】

用于设置图像下载完成前显示的低质量图像，这里一般指 PNG 图像。单击旁边的【浏览文件】按钮，即可在弹出的对话框中选择低质量图像，如图 4-101 所示。

8) 【替换】

图像的说明性文字，用于在浏览器不显示图像时替代图像显示的文本，如图 4-102 所示。

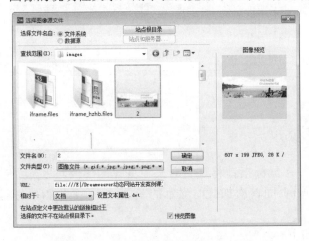

图 4-101 【选择图像源文件】对话框

图 4-102 设置图像替换文本

4.3.3 图像的对齐方式

图像的对齐方式主要是设置图像与同一行中的文本或另一个图像等元素的对齐方式。对齐图像的具体操作步骤如下。

step 01 在文档窗口中选定要对齐的图像，如图 4-103 所示。

step 02 选择【格式】→【对齐】→【左对齐】命令后，效果如图 4-104 所示。

step 03 选择【格式】→【对齐】→【居中对齐】命令后，效果如图 4-105 所示。

step 04 选择【格式】→【对齐】→【右对齐】命令后，效果如图 4-106 所示。

图 4-103　选择图像

图 4-104　图像左对齐

图 4-105　图像居中对齐

图 4-106　图像右对齐

4.3.4　设置鼠标经过时更换图像效果

　　鼠标经过图像是指在浏览器中查看并在鼠标指针移过它时发生变化的图像。鼠标经过图像实际上是由两幅图像组成，即初始图像(页面首次加载时显示的图像)和替换图像(鼠标指针经过时显示的图像)。

　　插入鼠标经过图像的具体操作步骤如下。

step 01　新建一个空白文档，将光标置于要插入鼠标经过图像的位置，选择【插入】→【图像对象】→【鼠标经过图像】命令，如图 4-107 所示。

　　　也可以在【插入】面板的【常用】选项卡中单击【图像】按钮 ▣·右侧的下拉箭头·，然后从弹出的下拉列表中选择【鼠标经过图像】按钮，如图 4-108 所示。

step 02　弹出【插入鼠标经过图像】对话框，在【图像名称】文本框中输入一个名称(这里保持默认名称不变)，如图 4-109 所示。

step 03　单击【原始图像】文本框右侧的【浏览】按钮，在弹出的【原始图像：】对话框中选择鼠标经过前的图像文件，设置完成后单击【确定】按钮，如图 4-110 所示。

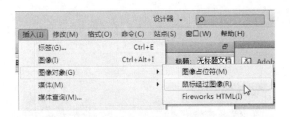

图 4-107 选择【鼠标经过图像】命令

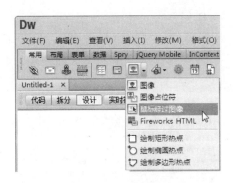

图 4-108 下拉列表

图 4-109 【插入鼠标经过图像】对话框

图 4-110 选择原始图像

step 04 返回到【插入鼠标经过图像】对话框，在【原始图像】文本框中即可看到添加的原始图像文件路径，如图 4-111 所示。

step 05 单击【鼠标经过图像】文本框右侧的【浏览】按钮，在弹出的【鼠标经过图像：】对话框中选择鼠标经过原始图像时显示的图像文件，然后单击【确定】按钮，返回到【插入鼠标经过图像】对话框，如图 4-112 所示。

图 4-111 【插入鼠标经过图像】对话框

图 4-112 选择鼠标经过图像

step 06 在【替换文本】文本框中输入名称(这里不再输入)，并选中【预载鼠标经过图像】复选框。如果要建立链接，可以在【按下时，前往的 URL】文本框中输入 URL 地址，也可以单击右侧的【浏览】按钮，选择链接文件(这里不填)，如图 4-113

所示。

step 07 单击【确定】按钮，关闭对话框，保存文档，按 F12 键在浏览器中预览效果。
鼠标指针经过前的图像如图 4-114 所示。

图 4-113 【插入鼠标经过图像】对话框

图 4-114 鼠标经过前显示的图像

step 08 鼠标指针经过后的图像如图 4-115 所示。

图 4-115 鼠标经过后显示的图像

4.3.5 插入图像占位符

在布局页面时，有的时候可能需插入的图像还没有制作好。为了整体页面效果的统一，
此时可以使用图像占位符来替代图片的位置，待网页布局好后，再用 Fireworks 创建图片。

插入图像占位符的具体操作步骤如下。

step 01 新建一个空白文档，将光标置于要插入图像占位符的位置。选择【插入】→
【图像对象】→【图像占位符】命令，如图 4-116 所示。

step 02 弹出【图像占位符】对话框，如图 4-117 所示。

step 03 在【名称】文本框中输入图片名称"Banner"，在【宽度】和【高度】文本框
中输入图片的宽度和高度(这里输入 550 和 80)，在【颜色】选择器中选择图像占位
符的颜色"#0099FF"，在【替换文本】文本框中输入替换图片的文字"Banner 位
置"，如图 4-118 所示。

step 04 单击【确定】按钮，即可插入图像占位符，如图 4-119 所示。

提示

【图像占位符】对话框的【名称】文本框中的名称只能包含小写 ASCII 字母和数
字，且不能以数字开头。

图 4-116 选择【图像占位符】命令

图 4-117 【图像占位符】对话框

图 4-118 设置【图像占位符】对话框

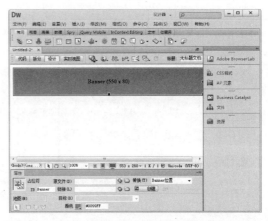

图 4-119 插入的图像占位符

4.4 使用动画美化网页

在网页中插入动画是美化网页的一种方法，常见的网页动画有 Flash 动画、FLV 视频等。

4.4.1 插入 Flash 动画

Flash 与 Shockwave 电影相比，其优势是文件小且网上传输速度快。在网页中插入 Flash 动画的具体操作步骤如下。

step 01 新建一个空白文档，将光标置于要插入 Flash 动画的位置，选择【插入】→【媒体】→SWF 命令，如图 4-120 所示。

step 02 弹出【选择 SWF】对话框，从中选择相应的 Flash 文件，如图 4-121 所示。

step 03 单击【确定】按钮，插入 Flash 动画。然后调整 Flash 动画的大小，使其适合网页，如图 4-122 所示。

step 04 保存文档，按 F12 键在浏览器中预览效果，如图 4-123 所示。

图 4-120　选择 SWF 命令　　　　　　图 4-121　【选择 SWF】对话框

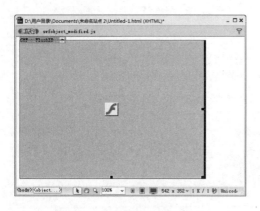

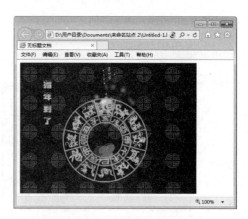

图 4-122　调整 Flash 的大小　　　　　图 4-123　预览网页动画

4.4.2　插入 FLV 视频

用户可以向网页中轻松添加 FLV 视频，而无需使用 Flash 创作工具。在开始操作之前，必须有一个经过编码的 FLV 文件。

step 01　新建一个空白文档，将光标置于要插入 Flash 动画的位置，选择【插入】→【媒体】→FLV 命令，如图 4-124 所示。

step 02　弹出【插入 FLV】对话框，从【视频类型】下拉列表中选择视频类型，这里选择【累进式下载视频】选项，如图 4-125 所示。

提示　　"累进式下载视频"是将 FLV 文件下载到站点访问者的硬盘上，然后播放。但是，与传统的"下载并播放"视频传送方法不同，累进式下载允许在下载完成之前就开始播放视频文件。也可以选择【流视频】选项，选择此选项后下方的选项也会随之发生变化，接着可以进行相应的设置，如图 4-126 所示。

图 4-124　选择 FLV 命令

图 4-125　【插入 FLV】对话框

 提示　　"流视频"对视频内容进行流式处理，并在一段可确保流畅播放的很短的缓冲时间后在网页上播放该内容。

step 03　在 URL 文本框右侧单击【浏览】按钮，即可在弹出的【选择 FLV】对话框中选择要插入的 FLV 文件，如图 4-127 所示。

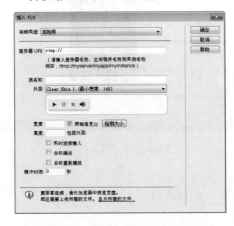

图 4-126　选择【流视频】选项

图 4-127　【选择 FLV】对话框

step 04　返回到【插入 FLV】对话框，在【外观】下拉列表中选择设置显示出来的播放器外观，如图 4-128 所示。

step 05　接着设置【宽度】和【高度】，并选中【限制高宽比】、【自动播放】和【自动重新播放】复选框，完成后单击【确定】按钮，如图 4-129 所示。

 提示　　"包括外观"是 FLV 文件的宽度和高度与所选外观的宽度和高度相加得出的和。

图 4-128　选择外观

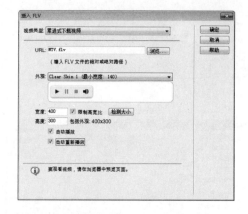

图 4-129　设置 FLV 的高度与宽度

step 06　单击【确定】按钮关闭【插入 FLV】对话框，即可将 FLV 文件添加到网页上，如图 4-130 所示。

step 07　保存页面后按 F12 键，即可在浏览器中预览效果，如图 4-131 所示。

图 4-130　在网页中插入 FLV

图 4-131　预览网页

4.5　使用其他网页元素美化网页

除了使用文字、图像、动画来美化网页外，用户还可以在网页中插入其他元素来美化网页，如水平线、日期、特殊字符等。

4.5.1　插入水平线

网页文档中的水平线主要用于分隔文档内容，使文档结构清晰明了，便于浏览。在文档中插入水平线的具体操作步骤如下。

step 01　在 Dreamweaver 的编辑窗格中，将光标置于要插入水平线的位置，选择【插入】→HTML→【水平线】命令，如图 4-132 所示。

step 02 即可在文档窗口中插入一条水平线，如图 4-133 所示。

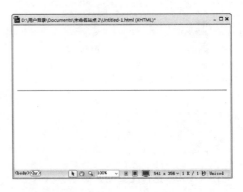

图 4-132　选择【水平线】命令　　　　　　　　　　图 4-133　插入的水平线

step 03 在【属性】面板中，将【宽】设置为 710，【高】设置为 5，【对齐】设置为【居中对齐】，并选中【阴影】复选框，如图 4-134 所示。

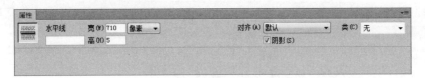

图 4-134　【属性】面板

step 04 保存页面后按 F12 键，即可预览插入的水平线效果，如图 4-135 所示。

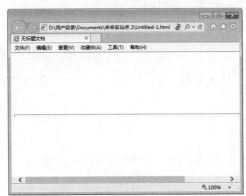

图 4-135　预览网页

4.5.2　插入日期

上网时，经常会看到有的网页上显示有日期。向网页中插入系统当前日期的具体操作步骤如下。

step 01 在文档窗口中，将插入点放到要插入日期的位置，选择【插入】→【日期】命令，如图 4-136 所示。

step 02 或者单击【插入】面板的【常用】选项卡中的【日期】图标，如图 4-137 所示。

图 4-136　选择【日期】命令

图 4-137　【常用】选项卡

step 03 弹出【插入日期】对话框，从中分别设置【星期格式】、【日期格式】和【时间格式】，并选中【储存时自动更新】复选框，如图 4-138 所示。

step 04 单击【确定】按钮，即可将日期插入到当前文档中，如图 4-139 所示。

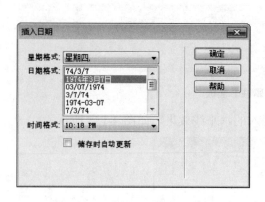

图 4-138　【插入日期】对话框

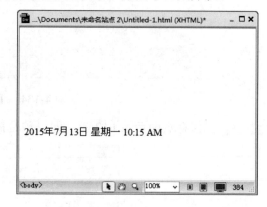

图 4-139　插入的日期

4.5.3　插入特殊字符

在 Dreamweaver 中，有时需要插入一些特殊字符，如版权符号、注册商标符号等。插入特殊字符的具体操作步骤如下。

step 01 将光标放到文档中需要插入特殊字符(这里输入版权符号)的位置，如图 4-140 所示。

step 02 选择【插入】→HTML→【特殊字符】→【版权】命令，即可插入版权符号，如图 4-141 所示。

step 03 如果在【特殊字符】子菜单中没有需要的字符，可以选择【插入】→HTML→【特殊字符】→【其他字符】命令，打开【插入其他字符】对话框，如图 4-142 所示。

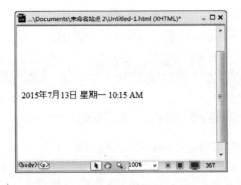

图 4-140　定位插入特殊符号的位置

图 4-141　插入的特殊符号

step 04　单击需要的字符，该字符就会出现在【插入】文本框中。也可以直接在该文本框中输入字符，如图 4-143 所示。

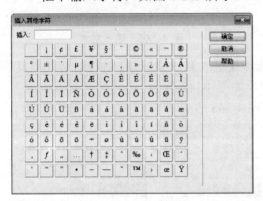

图 4-142　【插入其他字符】对话框

图 4-143　选择要插入的字符

step 05　单击【确定】按钮，即可将该字符插入到文档中，如图 4-144 所示。

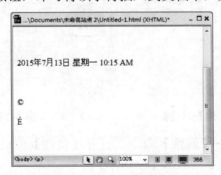

图 4-144　插入特殊字符

4.6　实战演练——制作图文并茂的网页

本实例讲述如何在网页中插入文本和图像，并对网页中的文本和图像进行相应的排版，以形成图文并茂的网页。具体的操作步骤如下。

step 01 打开随书光盘中的"ch04\index.htm"文件，如图 4-145 所示。

step 02 将光标放置在要输入文本的位置，然后输入文本，如图 4-146 所示。

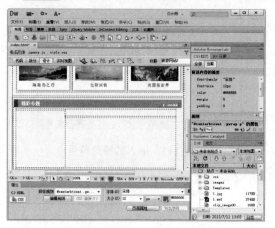 

图 4-145 打开素材文件　　　　　　　　　　图 4-146 输入文本

step 03 将光标放置在文本的适当位置，选择【插入】→【图像】命令，弹出【选择图像源文件】对话框，从中选择图像文件，如图 4-147 所示。

step 04 单击【确定】按钮，插入图像，如图 4-148 所示。

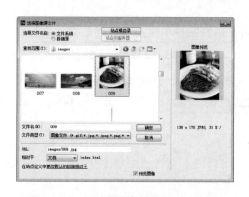 

图 4-147 【选择图像源文件】对话框　　　　　图 4-148 插入图像

step 05 选择【窗口】→【属性】命令，打开【属性】面板，在【替换】文本框中输入"欢迎您的光临！"，如图 4-149 所示。

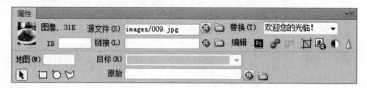

图 4-149 输入替换文字

step 06 选定所输入的文字，在【属性】面板中设置【字体】为"宋体"，【大小】为 12，并在中文输入法的全角状态下，设置每个段落的段首空两个汉字的空格，如图 4-150 所示。

图 4-150　设置字体大小

step 07 保存文档，按 F12 键在浏览器中预览效果，如图 4-151 所示。

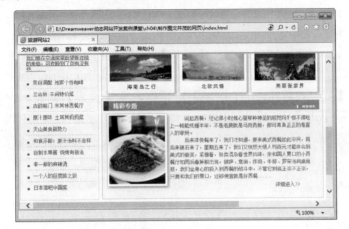

图 4-151　预览效果

4.7　跟我练练手

4.7.1　练习目标

能够熟练掌握本章所讲解的内容。

4.7.2　上机练习

练习 1：文档的基本操作。
练习 2：使用文字美化网页。
练习 3：使用图像美化网页。
练习 4：使用动画美化网页。
练习 5：使用其他网页元素美化网页。

4.8　高手甜点

甜点 1：如何查看 FLV 文件

若要查看 FLV 文件，用户的计算机上必须安装 Flash Player 8 或更高版本。如果没有安装所需的 Flash Player 版本，但安装了 Flash Player 6.0、6.5 或更高版本，则浏览器将显示 Flash Player 快速安装程序，而非替代内容。如果用户拒绝快速安装，那么页面就会显示替代内容。

甜点 2：如何正常显示插入的 Active

使用 Dreamweaver 在网页中插入 Active 后，如果浏览器不能正常显示 Active 控件，则可能是因为浏览器禁用了 Active 所致，此时可以通过下面的方法启用 Active。

step 01　打开 IE 浏览器窗口，选择【工具】→【Internet 选项】命令，打开【Internet 选项】对话框，选择【安全】选项卡，单击【自定义级别】按钮，如图 4-152 所示。

step 02　打开【安全设置-Internet 区域】对话框，在【设置】列表框中启用有关的 Active 选项，然后单击【确定】按钮即可，如图 4-153 所示。

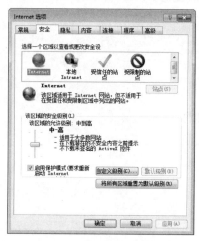

图 4-152　【Internet 选项】对话框

图 4-153　【安全设置-Internet 区域】对话框

第 5 章

不在网页中迷路——设计网页超链接

链接是网页中比较重要的部分，是各个网页相互跳转的依据。网页中常用的链接形式包括文本链接、图像链接、锚记链接、电子邮件链接、空链接以及脚本链接等。本章就来介绍如何创建网站链接。

本章要点(已掌握的在方框中打钩)

☐ 熟悉什么是链接与路径

☐ 掌握添加网页超链接的方法

☐ 掌握检查网页连接的方法

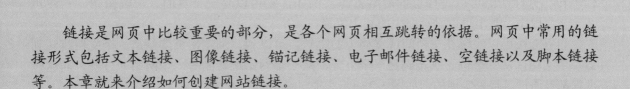

5.1　链接与路径

链接是网页中极为重要的部分，单击文档中的链接，即可跳转至相应位置。网站中正是有了链接，才可以在网站中相互跳转而方便查阅各种各样的知识，享受网络带来的无穷乐趣。

5.1.1　链接的概念

链接也叫超链接。超链接根据链接源端点的不同，分为超文本和超链接两种。超文本就是利用文本创建的超链接。在浏览器中，超文本一般显示为下方带蓝色下划线的文字。超链接是利用除了文本之外的其他对象所构建的链接。如图 5-1 所示为网站首页。

通俗地讲，链接由两个端点(也称锚)和一个方向构成，通常将开始位置的端点称为源端点(或源锚)，而将目标位置的端点称为目标端点(或目标锚)，链接就是由源端点到目标端点的一种跳转。目标端点可以是任意的网络资源，例如，它可以是一个页面、一幅图像、一段声音、一段程序，甚至可以是页面中的某个位置。

利用链接可以实现在文档间或文档中的跳转。可以说，浏览网页就是从一个文档跳转到另一个文档，从一个位置跳转到另一个位置，从一个网站跳转到另一个网站的过程，而这些过程都是通过链接来实现的。如图 5-2 所示为通过链接进行跳转。

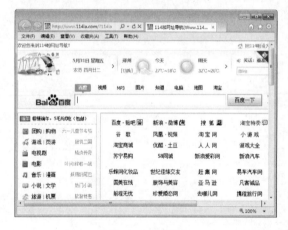

图 5-1　网站首页

图 5-2　通过链接进行跳转

5.1.2　链接的路径

一般来说，Dreamweaver 允许使用的链接路径有绝对路径、文档相对路径和根相对路径 3 种。

1．绝对路径

如果在链接中使用完整的 URL 地址，这种链接路径就称为绝对路径。绝对路径的特点是路径同链接的源端点无关。例如，要创建"白雪皑皑"文件夹中的 index.html 文档的链接，则可使用绝对路径"D:\我的站点\index.html"，如图 5-3 所示。

2. 文档相对路径

文档相对路径是指以当前文档所在的位置为起点到被链接文档经由的路径。文档相对路径可以表述源端点同目标端点之间的相互位置，它同源端点的位置密切相关。

使用文档相对路径有以下 3 种情况。

(1) 如果链接中源端点和目标端点在同一目录下，那么在链接路径中只需提供目标端点的文件名即可，如图 5-4 所示。

图 5-3　绝对路径

图 5-4　相对路径

(2) 如果链接中源端点和目标端点不在同一目录下，则需要提供目录名、前斜杠和文件名，如图 5-5 所示。

(3) 如果链接指向的文档没有位于当前目录的子级目录中，则可利用"../"符号来表示当前位置的上级目录，如图 5-6 所示。

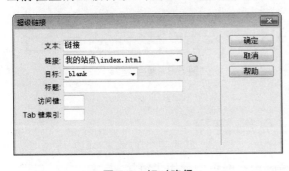

图 5-5　相对路径

图 5-6　相对路径

采用相对路径的特点是只要站点的结构和文档的位置不变，那么链接就不会出错，否则链接就会失效。在把当前文档与处在同一文件夹中的另一文档链接，或把同一网站下不同文件夹中的文档相互链接时，就可以使用相对路径。

3. 根相对路径

可以将根相对路径看作绝对路径和相对路径之间的一种折中，是指从站点根文件夹到被链接文档经由的路径。在这种路径表达式中，所有的路径都是从站点的根目录开始的，同源端点的位置无关，通常用一个斜线"/"来表示根目录。

> **提示** 根相对路径同绝对路径非常相似，只是它省去了绝对路径中带有协议地址的部分。

5.1.3 链接的类型

根据链接的范围，链接可分为内部链接和外部链接两种。内部链接是指同一个文档之间的链接；外部链接是指不同网站文档之间的链接。

根据建立链接的不同对象，链接又可分为文本链接和图像链接两种。浏览网页时，会看到一些带下划线的文字，将鼠标移到文字上时，鼠标指针将变成手形，单击鼠标会打开一个网页，这样的链接就是文本链接，如图 5-7 所示。

在网页中浏览内容时，若将鼠标移到图像上，鼠标指针将变成手形，单击鼠标会打开一个网页，这样的链接就是图像链接，如图 5-8 所示。

图 5-7　文本链接

图 5-8　图像链接

5.2　添加网页超链接

Internet 之所以越来越受欢迎，很大程度上是因为在网页中使用了链接。

5.2.1　添加文本链接

通过 Dreamweaver 可以使用多种方法来创建内部链接。使用【属性】面板创建网站内文本链接的具体操作步骤如下。

step 01 启动 Dreamweaver 软件，打开随书光盘中的"ch05\index.htm"文件，选定"关于我们"这几个字，将其作为建立链接的文本，如图 5-9 所示。

step 02 单击【属性】面板中的【浏览文件】按钮，弹出【选择文件】对话框，选择
网页文件"关于我们.html"，单击【确定】按钮，如图 5-10 所示。

图 5-9 选定文本 　　　　　　　　　　图 5-10 【选择文件】对话框

提示　　　在【属性】面板中直接输入链接地址也可以创建链接。选定文本后，选择【窗
口】→【属性】命令，打开【属性】面板，然后在【链接】文本框中直接输入链接文
件名"关于我们.html"即可。

step 03 保存文档，按 F12 键在浏览器中预览效果，如图 5-11 所示。

图 5-11 预览网页

5.2.2 添加图像链接

使用【属性】面板创建图像链接的具体操作步骤如下。

step 01 打开随书光盘中的 "ch05\index.html" 文件，选定要创建链接的图像，然后单击
【属性】面板中的【浏览文件】按钮，如图 5-12 所示。

step 02 弹出【选择文件】对话框，浏览并选择一个文件，在【相对于】下拉列表中选
择【文档】选项，然后单击【确定】按钮，如图 5-13 所示。

图 5-12　选定图像

图 5-13　【选择文件】对话框

step 03　在【属性】面板的【目标】下拉列表中选择链接文档打开的方式，然后在【替换】文本框中输入图像的替换文本"美丽风光"，如图 5-14 所示。

图 5-14　【属性】面板

　与文本链接一样，也可以通过直接输入链接地址的方法来创建图像链接。

5.2.3　创建外部链接

创建外部链接是指将网页中的文字或图像与站点外的文档相连，也可以是 Internet 上的网站。

　创建外部链接(从一个网站的网页链接到另一个网站的网页)时，必须使用绝对路径，即被链接文档的完整 URL 包括所使用的传输协议(对于网页通常是 http://)。

例如，在主页上添加网易、搜狐等网站的图标，将它们与相应的网站链接起来。

step 01　打开随书光盘中的"ch05\index_1.html"文件，选定百度网站图标，在【属性】面板的【链接】文本框中输入百度的网址"http://www.baidu.com"，如图 5-15 所示。

step 02　保存网页后按 F12 键，在浏览器中将网页打开。单击创建的图像链接，即可打开百度网站首页，如图 5-16 所示。

图 5-15　【属性】面板

图 5-16　预览网页

5.2.4　创建锚记链接

创建命名锚记(简称锚点)就是在文档的指定位置设置标签，给该标签一个名称以便引用。通过创建锚点，可以使链接指向当前文档或不同文档中的指定位置。

step 01　打开随书光盘中的"ch05\index.html"文件。将光标放置到要命名锚记的位置，或选中要为其命名锚记的文本，如图 5-17 所示。

step 02　在【插入】面板的【常用】选项卡中单击【命名锚记】按钮，如图 5-18 所示。

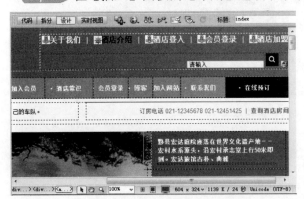

图 5-17　定位命名锚记的位置

图 5-18　【命名锚记】按钮

提示　也可以选择【插入】→【命名锚记】命令，或者按 Ctrl+Alt+A 快捷键。

step 03　在弹出的【命名锚记】对话框中输入【锚记名称】为 Top，然后单击【确定】按钮，如图 5-19 所示。

step 04　此时即可在文档窗口中看到锚记，如图 5-20 所示。

提示　在一篇文档中，锚记名称是唯一的，不允许在同一篇文档中出现相同的锚记名称。锚记名称中不能含有空格，而且不应置于层内。锚记名称区分大小写。

图 5-19　【命名锚记】对话框　　　　　　图 5-20　添加命名锚记

在文档中定义了锚记后，只做好了链接的一半任务，要链接到文档中锚记所在的位置，还必须创建锚记链接。具体的操作步骤如下。

step 01　在文档的底部输入文本"返回顶部"并将其选定，作为链接的文字，如图 5-21 所示。

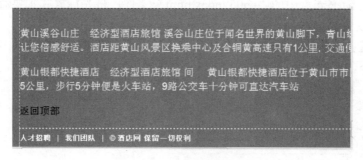

图 5-21　选定链接的文字

step 02　在【属性】面板的【链接】文本框中输入一个字符符号"#"和锚记名称。例如，要链接到当前文档中名为"Top"的锚记，则输入"#Top"，如图 5-22 所示。

图 5-22　【属性】面板

 若要链接到同一文件夹内其他文档(如 main.html)中名为"top"的锚记，则应输入"main.html#top"。同样，也可以使用【属性】面板中的【指向文件】图标来创建锚记链接。单击【属性】面板中的【指向文件】图标，然后将其拖至要链接到的锚记(可以是同一文档中的锚记，也可以是其他打开文档中的锚记)上即可。

step 03　保存文档，按 F12 键在浏览器中将网页打开，然后单击网页底部的"返回顶部"4 个字，如图 5-23 所示。

step 04 在浏览器的网页中，正文的第 1 行就会出现在页面顶部，如图 5-24 所示。

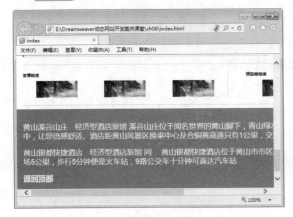

图 5-23　预览网页

图 5-24　返回页面顶部

5.2.5　创建图像热点链接

在网页中，不但可以单击整幅图像跳转到链接文档，也可以单击图像中的不同区域而跳转到不同的链接文档。通常将处于一幅图像上的多个链接区域称为热点。热点工具有【矩形热点工具】、【椭圆形热点工具】和【多边形热点工具】3 种。

下面通过一个实例介绍创建图像热点链接的方法。

step 01 打开随书光盘中的"ch05\index.html"文件，选中其中的图像。如图 5-25 所示。

step 02 单击【属性】面板中相应的热点工具，这里选择【矩形热点工具】□，然后在图像上需要创建热点的位置拖动鼠标，创建热点，如图 5-26 所示。

图 5-25　选定图像

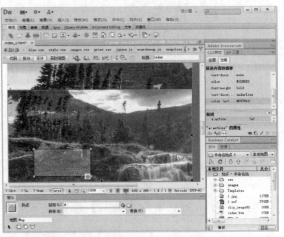

图 5-26　绘制图像热点

step 03 在【属性】面板的【链接】文本框中输入链接的文件，即可创建一个图像热点链接，如图 5-27 所示。

图 5-27　【属性】面板

step 04 再使用步骤 1~3 的方法创建其他的热点链接，单击【属性】面板上的指针热点
工具 ，将鼠标指针恢复为标准箭头状态，在图像上选取热点。

 被选中的热点边框上会出现控点，拖动控点可以改变热点的形状。选中热点后，
按 Delete 键可以删除热点。也可以在【属性】面板中设置热点相对应的 URL 链接
地址。

5.2.6　创建电子邮件链接

电子邮件链接是一种特殊的链接，单击这种链接，会启动计算机中相应的 E-mail 程序，
允许书写电子邮件，然后发往链接中指定的邮箱地址。

step 01 打开需要创建电子邮件链接的文档。将光标置于文档窗口中要显示电子邮件链
接的地方(这里选择页面底部)，选定即将显示为电子邮件链接的文本或图像，然后选
择【插入】→【电子邮件链接】命令，如图 5-28 所示。

 也可以在【插入】面板的【常用】选项卡中单击【电子邮件链接】按钮，如图 5-29
所示。

图 5-28　选择【电子邮件链接】命令

图 5-29　【常用】选项卡

step 02 在弹出的【电子邮件链接】对话框的【文本】文本框中，输入或编辑作为电子
邮件链接显示在文档中的文本；在【电子邮件】文本框中输入邮件送达的 E-mail 地
址，然后单击【确定】按钮，如图 5-30 所示。

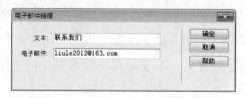

图 5-30　【电子邮件链接】对话框

提示　同样，也可以利用【属性】面板创建电子邮件链接。选定即将显示为电子邮件链接的文本或图像，在【属性】面板的【链接】文本框中输入"mailto:liule2012@163.com"，如图 5-31 所示。

图 5-31　【属性】面板

提示　电子邮件地址的格式为"用户名@主机名(服务器提供商)"。在【属性】面板的【链接】文本框中，"mailto:"与电子邮件地址之间不能有空格(如"mailto:liule2012@163.com")。

step 03　保存文档，按 F12 键在浏览器中预览，可以看到电子邮件链接的效果，如图 5-32 所示。

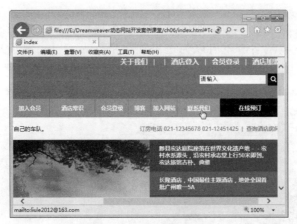

图 5-32　预览效果

5.2.7　创建下载文件的链接

下载文件的链接在软件下载网站或源代码下载网站中应用得较多。其创建的方法与一般的链接的创建方法相同，只是所链接的内容不是文字或网页，而是一个软件。

step 01　打开需要创建下载文件的文档，选中要设置为下载文件的链接的文本，然后单击【属性】面板中【链接】文本框右边的【浏览文件】按钮 □，如图 5-33 所示。

step 02　打开【选择文件】对话框，选择要链接的下载文件，例如"酒店常识.txt"文件，然后单击【确定】按钮，即可创建下载文件的链接，如图 5-34 所示。

图 5-33　选择文本　　　　　　　　图 5-34　【选择文件】对话框

5.2.8　创建空链接

所谓空链接，就是没有目标端点的链接。利用空链接可以激活文档中链接对应的对象和文本。一旦对象或文本被激活，就可以为之添加一个行为，以实现当光标移动到链接上时，进行切换图像或显示分层等动作。创建空链接的具体操作步骤如下。

step 01　在文档窗口中，选中要设置为空链接的文本或图像，如图 5-35 所示。

图 5-35　选择图像

step 02　打开【属性】面板，然后在【链接】文本框中输入一个"#"，即可创建空链接，如图 5-36 所示。

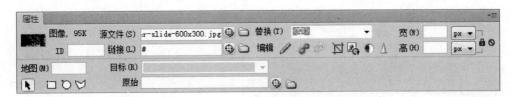

图 5-36 【属性】面板

5.2.9 创建脚本链接

脚本链接是另一种特殊类型的链接，通过单击带有脚本链接的文本或对象，可以运行相应的脚本及函数(JavaScript、VBScript 等)，从而为浏览者提供许多附加的信息。脚本链接还可以被用来确认表单。创建脚本链接的具体操作步骤如下。

step 01 打开需要创建脚本链接的文档，选择要创建脚本链接的文本、图像或其他对象，这里选中文本"酒店加盟"，如图 5-37 所示。

step 02 在【属性】面板的【链接】文本框中输入"JavaScript："，接着输入相应的 JavaScript 代码或函数，例如输入"window.close()"，表示关闭当前窗口，如图 5-38 所示。

图 5-37 选择文本

图 5-38 输入代码

 在代码"javascript:window.close ()"中，括号内不能有空格。

step 03 保存网页，按 F12 键在浏览器中将网页打开，如图 5-39 所示。单击创建的脚本链接文本，会弹出一个信息提示框，单击【是】按钮，将关闭当前窗口，如图 5-40 所示。

 JPG 格式的图片不支持脚本链接，如要为图像添加脚本链接，则应将图像转换为 GIF 格式。

图 5-39 预览网页   图 5-40 信息提示框

5.2.10 链接的检查

当创建好一个站点之后，由于一个网站中的链接数量很多，因此在上传服务器之前，必须先检查站点中所有的链接。在 Dreamweaver 中，可以快速检查站点中网页的链接，以免出现链接错误。检查网页链接的具体操作步骤如下。

step 01 在 Dreamweaver 中，选择【站点】→【检查站点范围的链接】命令，此时会激活链接检查器，如图 5-41 所示。

step 02 从【属性】面板左上角的【显示】下拉列表中可以选择【断掉的链接】、【外部链接】或【孤立的文件】等选项。例如选取【孤立的文件】选项，Dreamweaver 将对当前链接情况进行检查，并且将孤立的文件列表显示出来，如图 5-42 所示。

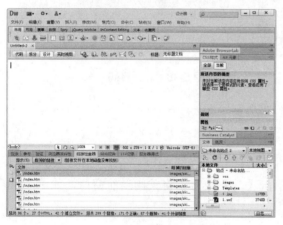

图 5-41 检查站点范围的链接   图 5-42 链接检查器

step 03 对于有问题的文件，直接双击鼠标左键，即可将其打开进行修改。

为网页建立链接时要经常检查，因为一个网站都是由多个页面组成的，一旦出现空链接或链接错误的情况，就会对网站的形象造成不好的影响。

5.3 实战演练——为企业网站添加友情链接

使用链接功能可以为企业网站添加友情链接，具体的操作步骤如下。

step 01 打开随书光盘中的"ch05\index.html"文件。在页面底部输入需要添加的友情链接名称，如图 5-43 所示。

step 02 选中"百度"文件，在【属性】的【链接】文本框中输入"www.baidu.com"，如图 5-44 所示。

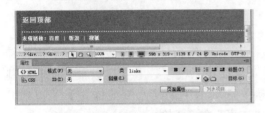

图 5-43　输入友情链接文本

图 5-44　添加链接地址

step 03 重复步骤 2 的操作，选中其他文字，并为这些文件添加链接，如图 5-45 所示。

step 04 保存文档，按 F12 键在浏览器中预览效果，单击其中的链接，即可打开相应的网页，如图 5-46 所示。

图 5-45　添加其他文本的链接地址

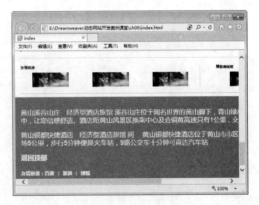

图 5-46　预览网页

5.4 跟我练练手

5.4.1 练习目标

能够熟练掌握本章所讲解的内容。

网站开发案例课堂

5.4.2 上机练习

练习 1：在网页中添加超链接。

练习 2：链接的检查。

练习 3：为企业网站添加超链接。

5.5 高手甜点

甜点 1：如何在 Dreamweaver 中去除网页链接文字下的下划线

在完成网页中的链接制作后，链接文字内容往往会自动在下面添加一条下划线，用来标示该内容包含超链接。当一个网页中链接比较多时，就显得杂乱了，其实可以很方便地将其去除。具体操作方法是：在设置页面属性中【链接】选项卡下的【水平线样式】下拉列表中，选择【始终无下划线】选项，即可去除网页链接文字下的下划线。

甜点 2：在为图像设置热点链接时，为什么之前为图像设置的普通链接无法使用

一张图像只能创建普通链接或热点链接之一，如果同一张图像在创建了普通链接后又创建热点链接，则普通链接无效，而热点链接有效。

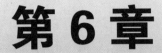

第6章

让网页互动起来——
使用网页表单
和行为

很多网站都存在有申请注册称为会员，或申请邮箱的模块，这些模块都是通过添加网页表单来完成。另外，设计人员在设计网页时，需要使用编程语言实现一些动作，如打开浏览器窗口、验证表单等，这就是网页行为。本章就来介绍如何使用网页表单和行为。

本章要点(已掌握的在方框中打钩)

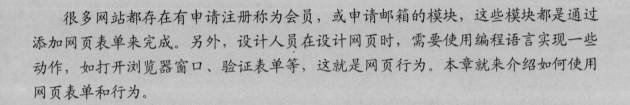

- ☐ 掌握在网页中插入表单的方法
- ☐ 掌握在网页中插入复选框与单选按钮的方法
- ☐ 掌握在网页中制作列表与菜单的方法
- ☐ 掌握在网页中插入按钮的方法
- ☐ 掌握在网页中添加行为的方法
- ☐ 掌握常用网页行为的应用方法

6.1　在网页中插入表单元素

表单用于把来自用户的信息提交给服务器，是网站管理者与浏览者之间进行沟通的桥梁。利用表单处理程序，可以收集、分析用户的反馈意见，以做出科学、合理的决策。因此它是一个网站成功的重要因素。

6.1.1　插入表单域

每一个表单中都包括表单域和若干个表单元素，而所有的表单元素都要放在表单域中才会生效。因此，制作表单时要先插入表单域。

在文档中插入表单域的具体操作步骤如下。

step 01 将光标放置在要插入表单的位置，选择【插入】→【表单】→【表单】命令，如图 6-1 所示。

 提示　要插入表单域，也可以在【插入】面板的【表单】选项卡中单击【表单】按钮。

step 02 插入表单域后，页面上会出现一条红色的虚线，如图 6-2 所示。

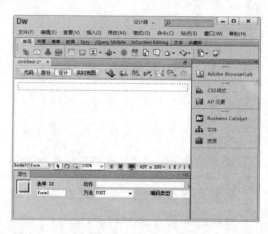

图 6-1　选择【表单】命令　　　　　　　　图 6-2　插入表单

step 03 选中表单，或在标签选择器中选择 `form#form1` 标签，即可在表单的【属性】面板中设置属性，如图 6-3 所示。

图 6-3　【属性】面板

6.1.2　插入文本域

根据不同的 TYPE 属性，文本域可分为单行文本域、多行文本域和密码域 3 种。

选择【插入】→【表单】→【文本域】命令，或在【插入】面板的【表单】选项卡中单击【文本字段】按钮和【文本区域】按钮，都可以在表单域中插入文本域，如图 6-4 所示。

图 6-4　在网页中插入文本域

6.1.3　插入单行文本域

单行文本域通常提供单字或短语响应，如姓名或地址等。

选择【插入】→【表单】→【文本域】命令，或在【插入】面板的【表单】选项卡中单击【文本字段】按钮，即可插入单行文本域，如图 6-5 所示。

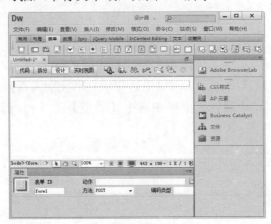

图 6-5　插入单行文本域

　插入文本域后，只要在【属性】面板中将【类型】选择为【单行】类型，即为单行文本域。

6.1.4　插入多行文本域

选择【插入】→【表单】→【文本区域】命令，或在【插入】面板的【表单】选项卡中单击【文本区域】按钮，即可插入多行文本域，如图6-6所示。

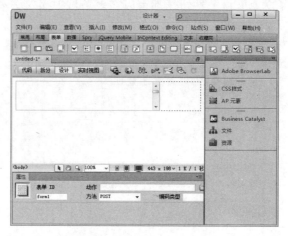

图6-6　插入多行文本域

　插入文本域后，只要在【属性】面板中将【类型】选择为【多行】类型，即为多行文本域。多行文本域可为访问者提供一个较大的区域，供其输入响应，还可以指定访问者最多可输入的行数以及对象的字符宽度。如果输入的文本超过了这些设置，该域将按照换行属性中指定的设置进行滚动。

6.1.5　插入密码域

密码域是特殊类型的文本域。当用户在密码域中输入文本信息时，所输入的文本会被替换为星号或项目符号以隐藏该文本，从而保护这些信息不被别人看到，如图6-7所示。

当插入文本域之后，在【属性】面板中选中【类型】为【密码】单选按钮，即可插入密码域，如图6-8所示。

图6-7　密码显示方式

图6-8　文本域属性设置

6.2 在网页中插入复选框和单选按钮

复选框允许在一组选项中选择多个选项，用户可以选择任意多个适用的选项。单选按钮代表互相排斥的选择。在某个单选按钮组(由两个或多个共享同一名称的按钮组成)中选择一个选项，就会取消对该组中其他所有选项的选择。

6.2.1 插入复选框

如果要从一组选项中选择多个选项，则可使用复选框。可以使用以下两种方法插入复选框。

(1) 选择【插入】→【表单】→【复选框】命令，如图 6-9 所示。

(2) 单击【插入】面板的【表单】选项卡中的【复选框】按钮，如图 6-10 所示。

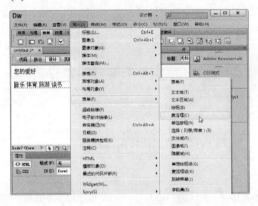

图 6-9 选择【复选框】命令

图 6-10 【复选框】按钮

若要为复选框添加标签，可在该复选框的旁边单击，然后输入标签文字即可，如图 6-11 所示。另外，选中复选框，在【属性】面板中可以设置其属性，如图 6-12 所示。

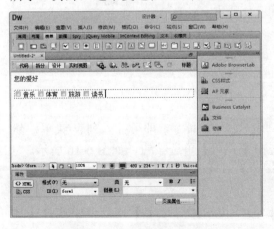

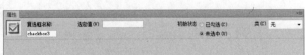

图 6-11 输入复选框标签文字   图 6-12 复选框属性设置

6.2.2 插入单选按钮

如果从一组选项中只能选择一个选项，则需要使用单选按钮。选择【插入】→【表单】→【单选按钮】命令，即可插入单选按钮。

> 提示　　还可以通过单击【插入】面板的【表单】选项卡中的【单选按钮】按钮，插入单选按钮。

若要为单选按钮添加标签，可在该单选按钮的旁边单击，然后输入标签文字即可，如图6-13所示。选中单选按钮 ⬚，在【属性】面板中可以设置其属性，如图6-14所示。

图6-13　输入单选按钮标签文字

图6-14　单选按钮属性设置

6.3　制作网页列表和菜单

表单中有两种类型的菜单：一种是单击时下拉的菜单，称为下拉菜单；另一种则显示为一个列有项目的可滚动列表，用户可从该列表中选择项目，被称为滚动列表。如图 6-15 所示分别为下拉菜单域和滚动列表。

图6-15　列表与菜单

6.3.1 插入下拉菜单

创建下拉菜单的具体操作步骤如下。

step 01　选择【插入】→【表单】→【选择(列表/菜单)】命令，即可插入列表/菜单。然后在【属性】面板的【类型】选项组中选中【菜单】单选按钮，如图6-16所示。

step 02　单击【列表值】按钮，在弹出的【列表值】对话框中进行相应的设置，如图6-17所示。

step 03　单击【确定】按钮，在【属性】面板的【初始化时选定】列表框中选择【体育】选项，如图6-18所示。

step 04　保存文档，按F12键在浏览器中预览效果，如图6-19所示。

图 6-16 【属性】面板   图 6-17 【列表值】对话框

图 6-18 选择初始化时选定的菜单   图 6-19 预览效果

6.3.2 插入滚动列表

创建滚动列表的具体操作步骤如下。

step 01 选择【插入】→【表单】→【选择(列表/菜单)】命令，插入列表/菜单。然后在
【属性】面板的【类型】选项组中选中【列表】单选按钮，并将【高度】设置为
3，如图 6-20 所示。

图 6-20 【属性】面板

step 02 单击【列表值】按钮，在弹出的【列表值】对话框中进行相应的设置，如图 6-21
所示。

step 03 单击【确定】按钮保存文档，按 F12 键在浏览器中预览效果，如图 6-22 所示。

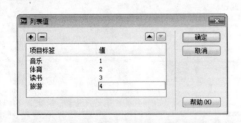

图 6-21 【列表值】对话框   图 6-22 预览效果

6.4　在网页中插入按钮

按钮对于表单来说是必不可少的，无论用户对表单进行了什么操作，只要不单击【提交】按钮，服务器与客户之间就不会有任何交互操作。

6.4.1　插入按钮

将光标放在表单内，选择【插入】→【表单】→【按钮】命令，即可插入按钮，如图 6-23 所示。

选中表单按钮，即可在打开的【属性】面板中设置【按钮名称】、【值】、【动作】、【类】等属性，如图 6-24 所示。

图 6-23　插入按钮　　　　　　　　　　图 6-24　设置按钮的属性

6.4.2　插入图像按钮

可以使用图像作为按钮图标。如果要使用图像来执行任务而不是提交数据，则需要将某种行为附加到表单对象上。

step 01 打开一个网页文件，如图 6-25 所示。

step 02 将光标置于第 4 行单元格中，选择【插入】→【表单】→【图像域】命令，或单击【插入】面板的【表单】选项卡中的【图像域】按钮，弹出【选择图像源文件】对话框，如图 6-26 所示。

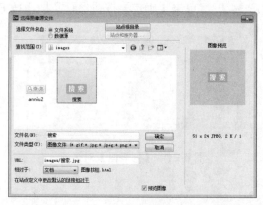

图 6-25　打开素材文件　　　　　　　　图 6-26　【选择图像源文件】对话框

step 03 在【选择图像源文件】对话框中选定图像，然后单击【确定】按钮，插入图像域，如图 6-27 所示。

step 04 选中该图像域，打开【属性】面板，设置图像域的属性，这里采用默认设置，如图 6-28 所示。

图 6-27　插入图像域

图 6-28　图像区域属性设置

step 05 完成设置保存文档，按 F12 键在浏览器中预览效果，如图 6-29 所示。

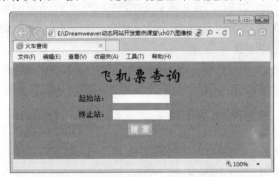

图 6-29　预览效果

6.5　添加网页行为

行为是由对象、事件和动作构成的。对象是产生行为的主体；事件是触发动态效果的原因；动作是指最终需要完成的动态效果。本节就来介绍如何为网页添加行为。

6.5.1　打开【行为】面板

在 Dreamweaver 中，对行为的添加和控制主要是通过【行为】面板来实现的。【行为】面板主要用于设置和编辑行为，选择【窗口】→【行为】命令，即可打开【行为】面板，如图 6-30 所示。

使用【行为】面板可以将行为附加到页面元素，并且可以修改以前所附加的行为的参数。

图 6-30　【行为】面板

【行为】面板中包含以下一些选项。

- 单击 + 按钮,可弹出动作菜单,从中可以添加行为。添加行为时,从动作菜单中选择一个行为项即可。当从该动作菜单中选择一个动作时,将出现一个对话框,可以在此对话框中指定该动作的参数。如果动作菜单上的所有动作都处于灰显状态,则表示选定的元素无法生成任何事件。
- 单击 — 按钮,可从行为列表中删除所选的事件和动作。
- 单击 ▲ 按钮或 ▼ 按钮,可将动作项向前移或向后移,从而改变动作执行的顺序。对于不能在列表中上下移动的动作,箭头按钮则处于禁用状态。

 提示　　在为选定对象添加了行为后,就可以利用行为的事件列表选择触发该行为的事件。使用 Shift+F4 快捷键也可以打开【行为】面板。

6.5.2　添加行为

在 Dreamweaver 中,可以为文档、图像、链接、表单等任何网页元素添加行为。在给对象添加行为时,可以一次为每个事件添加多个动作,并按【行为】面板中动作列表的顺序来执行动作。添加行为的具体操作步骤如下。

step 01　在网页中选定一个对象,也可以单击文档窗口左下角的<body>标签选中整个页面,然后选择【窗口】→【行为】命令,打开【行为】面板,单击 + 按钮,弹出动作菜单,如图 6-31 所示。

step 02　从弹出的动作菜单中选择一种动作,会弹出相应的参数设置对话框(此处选择"弹出信息"命令),在其中进行设置后单击【确定】按钮;接着在事件列表中会显示动作的默认事件,单击该事件,会出现一个 ▼ 按钮;单击 ▼ 按钮,即可弹出包含全部事件的事件列表,如图 6-32 所示。

图 6-31　动作菜单

图 6-32　动作事件

6.6　常用行为的应用

Dreamweaver 内置有许多行为，每一种行为都可以实现一个动态效果，或用户与网页之间的交互。

6.6.1　交换图像

【交换图像】动作通过更改图像标签的 src 属性，将一个图像和另一个图像交换。使用此动作可以创建【鼠标经过图像】和其他的图像效果(包括一次交换多个图像)。

创建【交换图像】动作的具体操作步骤如下。

step 01　打开随书光盘中的"ch06\应用行为\index.html"文件，如图 6-33 所示。

step 02　选择【窗口】→【行为】命令，打开【行为】面板。选中图像，单击 **+** 按钮，在弹出的动作菜单中选择【交换图像】命令，如图 6-34 所示。

图 6-33　打开素材文件

图 6-34　选择【交换图像】命令

step 03　弹出【交换图像】对话框，如图 6-35 所示。

step 04　单击 浏览 按钮，弹出【选择图像源文件】对话框，从中选择一幅图像，如图 6-36 所示。

图 6-35　【交换图像】对话框

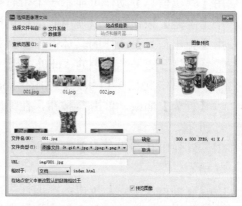

图 6-36　【选择图像源文件】对话框

step 05 单击【确定】按钮，返回到【交换图像】对话框，如图 6-37 所示。

step 06 单击【确定】按钮，添加交换图像行为，如图 6-38 所示。

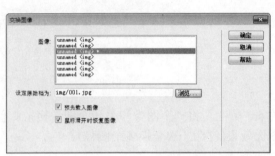

图 6-37 设置原始图像

图 6-38 添加交换图像行为

step 07 保存文档，按 F12 键在浏览器中预览效果，如图 6-39 所示。

图 6-39 预览效果

6.6.2 弹出信息

使用【弹出信息】动作可显示一个带有指定信息的 JavaScript 警告。因为 JavaScript 警告只有一个【确定】按钮，所以使用此动作可以提供信息，而不能为用户提供选择。

使用【弹出信息】动作的具体操作步骤如下。

step 01 打开随书光盘中的"ch06\应用行为\index.html"文件，如图 6-40 所示。

step 02 单击文档窗口状态栏中的<body>标签，选择【窗口】→【行为】命令，打开【行为】面板，单击 ✛. 按钮，在弹出的动作菜单中选择【弹出信息】命令，如图 6-41 所示。

step 03 弹出【弹出信息】对话框，在【消息】文本框中输入要显示的信息，如图 6-42 所示。

step 04 单击【确定】按钮，添加行为，并设置相应的事件，如图 6-43 所示。

step 05 保存文档，按 F12 键在浏览器中预览效果，如图 6-44 所示。

图 6-40　打开素材文件

图 6-41　选择弹出信息行为

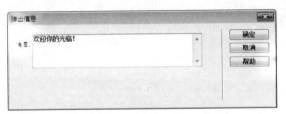

图 6-42　【弹出信息】对话框

图 6-43　添加行为事件

图 6-44　信息提示框

6.6.3　打开浏览器窗口

使用【打开浏览器窗口】动作可以在一个新的窗口中打开 URL，可以指定新窗口的属性(包括其大小)、特性(是否可以调整大小、是否具有菜单栏等)和名称。

使用【打开浏览器窗口】动作的具体操作步骤如下。

step 01　打开随书光盘中的"ch06\应用行为\index.html"文件，如图 6-45 所示。

step 02　选择【窗口】→【行为】命令，打开【行为】面板，单击 **+.** 按钮，在弹出的动作菜单中选择【打开浏览器窗口】命令，如图 6-46 所示。

step 03　弹出【打开浏览器窗口】对话框，在【要显示的 URL】文本框中输入在新窗口中载入的目标 URL 地址(可以是网页，也可以是图像)；或单击【要显示的 URL】文本框右侧的【浏览】按钮，弹出【选择文件】对话框，如图 6-47 所示。

step 04　在【选择文件】对话框中选择文件，单击【确定】按钮，将其添加到文本框中，然后将【窗口宽度】和【窗口高度】分别设置为 380 和 350，在【窗口名称】文本框中输入"弹出窗口"，如图 6-48 所示。

图 6-45 打开素材文件

图 6-46 选择要添加的行为

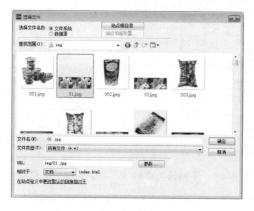

图 6-47 【选择文件】对话框

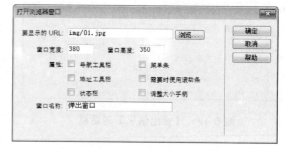

图 6-48 【打开浏览器窗口】对话框

在【打开浏览器窗口】对话框中，各选项的含义介绍如下。

- 【窗口宽度】和【窗口高度】文本框：指定窗口的宽度和高度(以像素为单位)。
- 【导航工具栏】复选框：浏览器窗口的组成部分，包括【后退】、【前进】、【主页】、【重新载入】等按钮。
- 【地址工具栏】复选框：浏览器窗口的组成部分，包括【地址】文本框等。
- 【状态栏】复选框：位于浏览器窗口的底部，在该区域中显示消息(例如剩余的载入时间以及与链接关联的 URL)。
- 【菜单条】复选框：浏览器窗口上显示菜单(例如【文件】、【编辑】、【查看】、【转到】、【帮助】等菜单)的区域。如果要让访问者能够从新窗口导航，用户应该选中此复选框。如果取消勾选此复选框，在新窗口中用户只能关闭或最小化窗口。
- 【需要时使用滚动条】复选框：指定如果内容超出可视区域时显示滚动条。如果取消勾选此复选框，则不显示滚动条。如果【调整大小手柄】复选框也被选中，访问者将很难看到超出窗口大小以外的内容(虽然他们可以拖动窗口的边缘使窗口滚动)。
- 【调整大小手柄】复选框：指定应该能够调整窗口的大小，方法是拖动窗口的右下角或单击右上角的最大化按钮。如果取消勾选此复选框，调整大小控件将不可用，右下角也不能拖动。

- 【窗口名称】文本框：新窗口的名称。如果用户要通过 JavaScript 使用链接指向新窗口或控制新窗口，则应该对新窗口命名。此名称不能包含空格或特殊字符。

step 05 单击【确定】按钮，添加行为，并设置相应的事件，如图 6-49 所示。

step 06 保存文档，按 F12 键在浏览器中预览效果，如图 6-50 所示。

图 6-49 设置行为事件

图 6-50 预览效果

6.6.4 检查表单行为

在包含表单的页面中填写相关信息时，当信息填写出错，会自动显示出错信息，这是通过检查表单来实现的。在 Dreamweaver 中，可以使用【检查表单】行为来为文本域设置有效性规则，检查文本域中的内容是否有效，以确保输入数据正确。

使用【检查表单】行为的具体操作步骤如下。

step 01 打开随书光盘中的"ch06\检查表单行为.htm"文件，如图 6-51 所示。

step 02 按 Shift+F4 快捷键，打开【行为】面板，如图 6-52 所示。

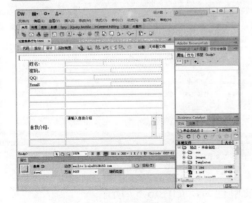

图 6-51 打开素材文件

图 6-52 【行为】面板

step 03　单击【行为】面板上的 ＋▾ 按钮，在弹出的动作菜单中选择【检查表单】命令，如图6-53所示。

step 04　弹出【检查表单】对话框，【域】列表框中显示了文档中插入的文本域，如图6-54所示。

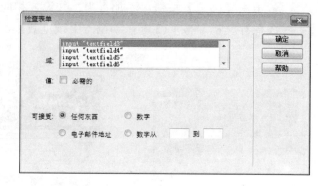

图6-53　选择检查表单行为　　　　　　　　图6-54　【检查表单】对话框

在【检查表单】对话框中主要选项的具体作用如下。

● 【域】列表框：用于选择要检查数据有效性的表单对象。

● 【值】复选框：用于设置该文本域中是否使用必填文本域。

● 【可接受】选项组：用于设置文本域中可填数据的类型，可以选择 4 种类型。选择【任何东西】选项表明文本域中可以输入任意类型的数据；选择【数字】选项表明文本域中只能输入数字数据；选择【电子邮件地址】选项表明文本域中只能输入电子邮件地址；【数字从】选项可以设置可输入数字值的范围，可在右边的文本框中从左至右分别输入最小数值和最大数值。

step 05　选中 textfield3 文本域，选中【必需的】复选框，选中【任何东西】单选按钮，设置该文本域是必需填写项，可以输入任何文本内容，如图6-55所示。

step 06　参照相同的方法，设置 textfield2 和 textfield3 文本域为必需填写项，其中textfield2 文本域的【可接受】类型为【数字】，textfield3 文本域的【可接受】类型为【任何东西】，如图6-56所示。

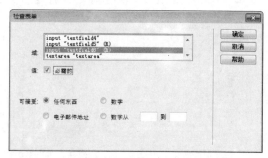

图6-55　设置检查表单属性　　　　　　　　图6-56　设置其他检查信息

step 07　单击【确定】按钮，即可添加检查表单行为，如图6-57所示。

step 08　保存文档，按 F12 键在浏览器中预览效果。当在文档的文本域中未填写或填写

有误时，会打开一个信息提示框，提示出错信息，如图 6-58 所示。

图 6-57　添加检查表单行为

图 6-58　预览网页提示信息

6.6.5　设置状态栏文本

使用【设置状态栏文本】动作可在浏览器窗口底部左侧的状态栏中显示消息。例如，可以使用此动作在状态栏中显示链接的目标而不是显示与之关联的 URL。

设置状态栏文本的操作步骤如下。

step 01　打开随书光盘中的 "ch06\设置状态栏\index.html" 文件，如图 6-59 所示。

step 02　按 Shift+F4 快捷键，打开【行为】面板，如图 6-60 所示。

图 6-59　素材文件

图 6-60　【行为】面板

step 03　单击【行为】面板上的 ➕ 按钮，在弹出的动作菜单中选择【设置文本】→【设置状态栏文本】命令，如图 6-61 所示。

step 04　弹出【设置状态栏文本】对话框，在【消息】文本框中输入 "欢迎光临！"，也可以输入相应的 JavaScript 代码，如图 6-62 所示。

step 05　单击【确定】按钮，添加行为，如图 6-63 所示。

step 06　保存文档，按 F12 键在浏览器中预览效果，如图 6-64 所示。

图 6-61　选择检查状态栏文本行为

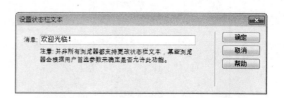

图 6-62　【设置状态栏文本】对话框

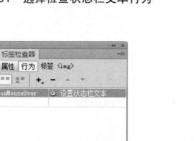

图 6-63　添加行为

图 6-64　预览效果

6.7　实战演练——使用表单制作留言本

一个好的网站，总是在不断地完善和改进，在改进的过程中，总是要经常听取别人的意见，为此可以通过留言本来获取浏览者浏览网站的反馈信息。具体的操作步骤如下。

step 01　打开随书光盘中的"ch06\制作留言本.html"文件，如图 6-65 所示。

step 02　将光标移到下一行，单击【插入】面板的【表单】选项卡中的【表单】按钮□，插入一个表单，如图 6-66 所示。

step 03　将光标放置在红色的虚线内，选择【插入】→【表格】命令，打开【表格】对话框将【行数】设置为 9，【列】设置为 2，【表格宽度】设置为 470 像素，【边框粗细】设置为 1 像素，【单元格边距】设置为 2，【单元格间距】设置为 3，如图 6-67 所示。

step 04　单击【确定】按钮，在表单中插入表格，并调整表格的宽度，如图 6-68 所示。

step 05　在第 1 列单元格中输入相应的文字，然后选定文字。在【属性】面板中，设置文字的【大小】为 12 像素，将【水平】设置为【右对齐】，【垂直】设置为【居中】，如图 6-69 所示。

图 6-65　素材文件

图 6-66　插入表单

图 6-67　【表格】对话框

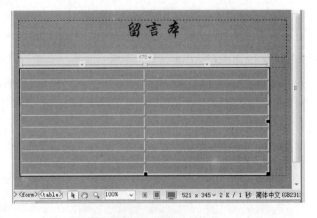

图 6-68　添加表格

step 06 将光标放置在第 1 行的第 2 列单元格中，选择【插入】→【表单】→【文本域】命令，插入文本域。在【属性】面板中，设置文本域的【字符宽度】为 12、【最多字符数】为12、【类型】为【单行】，如图 6-70 所示。

图 6-69　在表格中输入文字

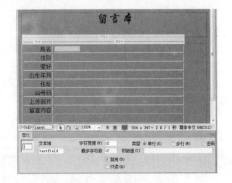

图 6-70　添加文本域

step 07 重复以上步骤，在第 3 行、第 4 行和第 5 行的第 2 列单元格中插入文本域，并设置相应的属性，如图 6-71 所示。

step 08 将光标放置在第 2 行的第 2 列单元格中，单击【插入】面板的【表单】选项卡中的【单选按钮】按钮 ，插入单选按钮。在单选按钮的右侧输入"男"，按照同样的方法再插入一个单选按钮，输入"女"。在【属性】面板中，将【初始状态】分别设置为【已勾选】和【未选中】，如图 6-72 所示。

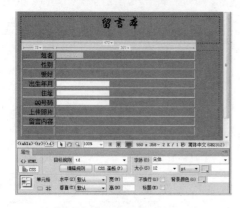

图 6-71 添加其他文本域

图 6-72 添加单选按钮

step 09 将光标放置在第 3 行的第 2 列单元格中，单击【插入】面板的【表单】选项卡中的【复选框】按钮 ，插入复选框。在【属性】面板中，将【初始状态】设置为【未选中】，在其后输入文本"音乐"，如图 6-73 所示。

step 10 按照同样的方法，插入其他复选框，设置属性并输入文字，如图 6-74 所示。

图 6-73 添加复选框

图 6-74 添加其他复选框

step 11 将光标放置在第 8 行的第 2 列单元格中，选择【插入】→【表单】→【文本区域】命令，插入多行文本域。然后在【属性】面板中的选项为默认设置，如图 6-75 所示。

step 12 将光标放置在第 7 行的第 2 列单元格中，选择【插入】→【表单】→【文件域】命令，插入文件域。然后在【属性】面板中设置相应的属性，如图 6-76 所示。

step 13 选定第 9 行的两个单元格，选择【修改】→【表格】→【合并单元格】命令，合并单元格。将光标放置在合并后的单元格中，在【属性】面板中将【水平】设置为【居中对齐】，如图 6-77 所示。

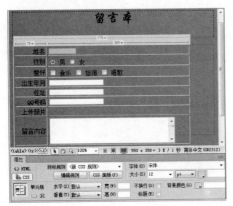

图 6-75　插入多行文本域

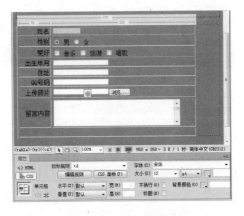

图 6-76　插入文本域

step 14　选择【插入】→【表单】→【按钮】命令，插入 提交 按钮和 重置 按钮。在【属性】面板中分别设置相应的属性，如图 6-78 所示。

图 6-77　合并单元格

图 6-78　插入提交与重置按钮

step 15　保存文档，按 F12 键在浏览器中预览效果，如图 6-79 所示。

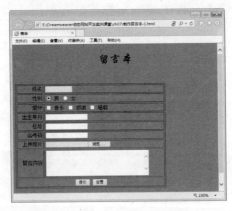

图 6-79　预览网页效果

6.8　跟我练练手

6.8.1　练习目标

能够熟练掌握本章所讲解的内容。

6.8.2　上机练习

练习1：在网页中插入表单元素。

练习2：在网页中插入单选按钮与复选框。

练习3：制作网页列表和菜单。

练习4：在网页中插入按钮。

练习5：常用行为的应用。

6.9　高手甜点

甜点1：如何保证表单在浏览器中正常显示

在 Dreamweaver 中插入表单并调整到合适的大小后，在浏览器中预览时可能会出现表单大小失真的情况。为了保证表单在浏览器中能正常显示，建议使用 CSS 样式表调整表单的大小。

甜点2：下载并使用更多的行为

Dreamweaver 包含了 100 多个事件、行为，如果认为这些行为还不足以满足需求，Dreamweaver 同时也提供有扩展行为的功能，可以下载第三方的行为，下载之后解压到 Dreamweaver 的安装目录 "Adobe Dreamweaver CC\configuration\Behaviors\Actions" 下。重新启动 Dreamweaver，在【行为】面板中单击➕▾按钮，在弹出的动作菜单中即可看到新添加的动作选项。

第 2 篇

Photoshop 图像设计篇

- 第 7 章 网页图像说变就变——选取并调整网页图像
- 第 8 章 有情有义的文字——制作网页特效文字
- 第 9 章 网页设计基础——制作特效网页元素
- 第 10 章 网页的标志——制作网站 Logo 与 Banner
- 第 11 章 制作网页导航条
- 第 12 章 网页中迷人的蓝海——制作网页按钮与特效边线

第 7 章

网页图像说变就变——选取并调整网页图像

网页中存在着大量的图像信息，这些图片有的是网页制作者拍摄的，有的是从网上搜索的素材图像。但是，有时这些图像并不能满足网站的需要，这就需要对这些图像进行处理。本章就来介绍如何使用 Photoshop 对网页图像进行选取并调整修饰图像。

本章要点(已掌握的在方框中打钩)

☐ 掌握选取图像的方式与方法

☐ 掌握调整网页图像色彩的方法

☐ 掌握修饰图像瑕疵的方法

7.1　选取网页图像

在 Photoshop 的工具箱中存在着大量的操作工具。通过这些工具，可以进行选择、绘画、绘制、取样、编辑、移动、注释、查看图像等操作，还可以更改前景色/背景色以及在不同的模式下工作。

7.1.1　【缩放工具】的使用

使用【缩放工具】可以实现对图像的缩放查看。使用【缩放工具】拖曳出想要放大的区域即可对局部区域进行放大，也可以利用快捷键来实现：Ctrl++快捷键，以画布的中心为中心放大图像；Ctrl+-快捷键，以画布为中心缩小图像；Ctrl+0 快捷键，以满画布显示图像，即图像窗口充满整个工作区域。如图 7-1 所示为使用【缩放工具】放大图像。

7.1.2　【抓手工具】的使用

当图像放大到在窗口中只能显示局部图像时，如果需要查看未显示在窗口中的部分图像，方法有以下 3 种。

(1)　使用【抓手工具】拖曳图像。

(2)　在使用【抓手工具】以外的工具时，按住空格键的同时拖曳鼠标可以将所要显示的部分图像在图像窗口中显示出来。

(3)　可以拖曳水平滚动条和垂直滚动条来查看图像。

如图 7-2 所示为使用【抓手工具】查看图像。

图 7-1　缩放工具　　　　　　　　　　图 7-2　抓手工具

7.1.3 选框工具的使用

选框工具有 4 个，分别是【矩形选框工具】、【椭圆选框工具】、【单行选框工具】和【单列选框工具】。

- 【矩形选框工具】 ⬚：主要用于选择矩形的图像，是 Photoshop 中比较常用的工具。使用该工具仅限于选择规则的矩形，不能选取其他形状，如图 7-3 所示。
- 【椭圆选框工具】 ⬭：用于选取圆形或椭圆的图像，如图 7-4 所示。

图 7-3　矩形选框工具

图 7-4　椭圆选框工具

- 【单行选框工具】 ▭：用于选取一个像素大小的单行图像，如图 7-5 所示。
- 【单列选框工具】 ▯：用于选取一个像素大小的单列图像，如图 7-6 所示。

图 7-5　单行选框工具

图 7-6　单列选框工具

7.1.4　【钢笔工具】的使用

使用【钢笔工具】可以载入选区，从而创建选区。具体的操作步骤如下。

step 01 打开随书光盘中的素材文件，如图 7-7 所示。

step 02 单击工具箱中的【钢笔工具】按钮，再单击属性栏中的【排除重叠形状】按钮，使用【钢笔工具】给图像锚点，如图 7-8 所示。

图 7-7　素材文件　　　　　　　　　　　　图 7-8　继续确定锚点

step 03 由于下一个节点在转角位置，因此需要将上一个点的方向线手柄去掉，按住 Alt 键单击上一个锚点，方向线手柄清除，如图 7-9 所示。

step 04 依照上述步骤继续锚点，如果锚点错误可以使用 Ctrl+Z 快捷键撤销操作，或者在【历史记录】模板中选择恢复到的历史记录位置。终点和起点重合时，鼠标指针右下角会出现一个圆圈，单击即可闭合路径，如图 7-10 所示。

图 7-9　清除方向线　　　　　　　　　　　图 7-10　闭合路径

step 05 打开【路径】面板，然后单击该面板底部的【将路径作为选区载入】按钮，如图 7-11 所示。

step 06 路径变成蚂蚁线，选区生成，如图 7-12 所示。

图 7-11 【路径】面板

图 7-12 生成选区

7.1.5 【套索工具】的使用

使用【套索工具】可以以手绘形式随意创建选区。使用【套索工具】创建选区的操作步骤如下。

step 01 打开随书光盘中的素材文件，如图 7-13 所示。

step 02 选择工具箱中的【套索工具】，如图 7-14 所示。

step 03 单击图像上的任意一点作为起始点，按住鼠标左键拖出需要选择的区域，到达合适的位置后松开鼠标，选区将自动闭合，如图 7-15 所示。

图 7-13 素材文件

图 7-14 选择工具

图 7-15 生成选区

7.1.6 【多边形套索工具】的使用

使用【多边形套索工具】可以绘制选框的直线边框，适合选择多边形选区。使用【多边形套索工具】创建选区的具体操作步骤如下。

step 01 打开随书光盘中的素材文件，如图 7-16 所示。

step 02 选择工具箱中的【多边形套索工具】，如图 7-17 所示。

step 03 单击长方体上的一点作为起始点，然后依次在长方体的边缘单击选择不同的点，最后汇合到起始点或者双击鼠标就可以自动闭合选区，如图 7-18 所示。

图 7-16　素材文件　　　　图 7-17　选择工具　　　　图 7-18　生成选区

7.1.7　【磁性套索工具】的使用

【磁性套索工具】可以智能地自动选取，特别适用于快速选择与背景对比强烈而且边缘复杂的对象。使用【磁性套索工具】创建选区的具体操作步骤如下。

step 01 打开随书光盘中的素材文件，如图 7-19 所示。

step 02 选择工具箱中的【磁性套索工具】，如图 7-20 所示。

图 7-19　素材文件　　　　　　　　图 7-20　选择工具

提示　　　　需要选择的图像如果与边缘的其他色彩接近，自动吸附会出现偏差，这时可单击鼠标手动添加一个紧固点。如果要抹除刚绘制的线段和紧固点，可按 Delete 键；连续按 Delete 键可以倒序依次删除紧固点。

step 03 在图像上单击以确定第一个紧固点。如果想取消使用【磁性套索工具】，可按 Esc 键。将鼠标指针沿着要选择图像的边缘慢慢移动，选取的点会自动吸附到有色彩差异的边沿，如图 7-21 所示。

step 04 拖曳鼠标使线条移动至起点，鼠标指针会变为 ⬚ 形状，单击即可闭合选框，如图 7-22 所示。

图 7-21　开始选取图像

图 7-22　生成选区

7.1.8　【魔棒工具】的使用

使用【魔棒工具】可以自动选择颜色一致的区域，不必跟踪其轮廓，特别适用于选择颜色相近的区域。使用【魔棒工具】选取图像的操作步骤如下。

step 01　打开随书光盘中的素材文件，如图 7-23 所示。

step 02　选择工具箱中的【魔棒工具】，如图 7-24 所示。

step 03　在图像中单击想要选取的颜色，即可选取相近颜色的区域，如图 7-25 所示。

图 7-23　素材文件

图 7-24　选择工具

图 7-25　生成选区

不能在位图模式的图像中使用【魔棒工具】。

7.1.9　【快速选择工具】的使用

使用【快速选择工具】可以更加方便快捷的进行选取操作。使用【快速选择工具】创建选区的具体操作步骤如下。

step 01　打开随书光盘中的素材文件，如图 7-26 所示。

step 02　选择工具箱中的【快速选择工具】，如图7-27所示。

step 03　为【快速选择工具】设置合适的画笔大小，在图像中单击想要选取的颜色，即可选取相近颜色的区域。如果需要继续加选，单击 按钮后继续单击或者双击进行选取，如图7-28所示。

图7-26　素材文件　　　　图7-27　选择工具　　　　图7-28　生成选区

7.1.10　【渐变工具】的使用

渐变是由一种颜色向另一种颜色实现的过渡，以形成一种柔和的或者特殊规律的色彩区域，可以在整个文档或选区内填充渐变颜色。使用【渐变工具】绘制彩色圆柱的操作步骤如下。

step 01　新建一个大小为800×600像素、分辨率为72像素/英寸的文件，如图7-29所示。

step 02　在【图层】面板的底部单击【创建新图层】按钮 ，新建【图层1】图层，如图7-30所示。

图7-29　【新建】对话框　　　　　　图7-30　新建图层

step 03　选择工具箱中的【矩形选框工具】 ，然后在画布中建立一个矩形选框，如图7-31所示。

step 04　在属性栏中单击【添加到选区】按钮 ，然后使用【椭圆选框工具】 在矩形选框的底部绘制一个椭圆，如图7-32所示。

step 05　最终的选区效果如图7-33所示。

图 7-31　绘制矩形

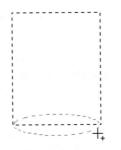

图 7-32　椭圆选框工具

图 7-33　生成选区

step 06　选择【渐变工具】 ，在其属性栏中单击【点按可编辑渐变】按钮 ，在弹出的【渐变编辑器】对话框中，选择【预设】对话框中的【色谱】，如图 7-34 所示。

step 07　在属性栏中选择【线性渐变】 ，然后在选区中水平拖曳填充渐变颜色，如图 7-35 所示。

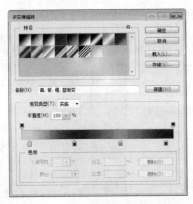

图 7-34　【渐变编辑器】对话框

图 7-35　填充选区

step 08　按 Ctrl+D 快捷键取消选区，在【图层】面板的底部单击【创建新图层】按钮，新建【图层 2】图层。选择【图层 2】图层，然后使用【椭圆选框工具】在矩形的上方创建一个椭圆选区，如图 7-36 所示。

step 09　将选区填充为灰色(C：0、M：0、Y：0、K：10)，然后取消选区，效果如图 7-37 所示。

图 7-36　创建选区

图 7-37　最终效果

7.2 调整网页图像色彩

在拍摄网页素材图像的过程中，有些图像是不能直接作为素材添加到网页中的。因为拍摄出来的图像色彩有时会发暗，或颜色不适合网站的整体色调等，这就需要对这些图像的色彩进行调整了。

7.2.1 使用【亮度/对比度】命令调整图像

使用【亮度/对比度】命令可以对图像的色调范围进行简单的调整。使用【亮度/对比度】命令调整图像的具体操作步骤如下。

step 01 打开随书光盘中的图像，如图 7-38 所示。

step 02 选择【图像】→【调整】→【亮度/对比度】命令，弹出【亮度/对比度】对话框，设置【亮度】为 103、【对比度】为 16，如图 7-39 所示。

step 03 单击【确定】按钮，得到的最终图像效果如图 7-40 所示。

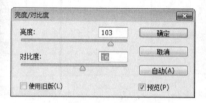

图 7-38　素材文件　　　　图 7-39　【亮度/对比度】对话框　　　　图 7-40　最终效果

7.2.2 使用【色阶】命令调整图像

【色阶】命令通过调整图像暗调、灰色调和高光的亮度级别来校正图像的色调，包括反差、明暗和图像层次，以及平衡图像的色彩。

下面通过调整图像的对比度来学习【色阶】命令的使用方法。

step 01 打开随书光盘中的图像，如图 7-41 所示。

step 02 选择【图像】→【调整】→【色阶】命令，弹出【色阶】对话框，如图 7-42 所示。

step 03 调整中间调滑块，使图像的整体色调的亮度有所提高，最终效果如图 7-43 所示。

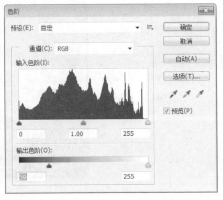

图 7-41　素材文件　　　图 7-42　【色阶】对话框　　　图 7-43　最终效果

7.2.3　使用【曲线】命令调整图像

Photoshop 可以调整图像的整个色调范围及色彩平衡。同时，也可以使用【曲线】命令对个别颜色通道的色调进行调节以平衡图像色彩。使用【曲线】命令调整图像的操作步骤如下。

step 01　打开随书光盘中的图像，如图 7-44 所示。

step 02　选择【图像】→【调整】→【曲线】命令，在弹出的【曲线】对话框中调整曲线(或者设置【输入】为 156、【输出】为 177)，增强图像的亮度，如图 7-45 所示。

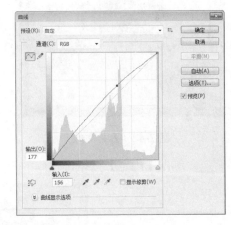

图 7-44　素材文件　　　　　　图 7-45　【曲线】对话框

step 03　在【通道】下拉列表中选择【红】选项，调整曲线(或者设置【输入】为 139、【输出】为 206)，为图像添加相应的颜色，如图 7-46 所示。

step 04　单击【确定】按钮，得到的最终图像效果如图 7-47 所示。

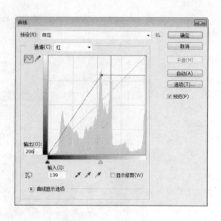

图 7-46　设置参数

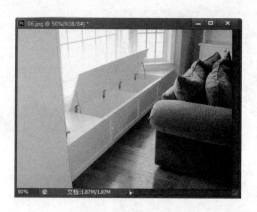

图 7-47　最终效果

7.2.4　使用【色彩平衡】命令调整图像

使用【色彩平衡】命令可以调节图像的色调，可分别在暗调区、灰色调区和高光区通过控制各个单色的成分来平衡图像的色彩，操作起来简单直观。

使用【色彩平衡】命令调整图像的操作步骤如下。

step 01　打开随书光盘中的图像，如图 7-48 所示。

step 02　选择【图像】→【调整】→【色彩平衡】命令，在弹出的【色彩平衡】对话框的【色阶】参数框中依次输入-24、-11 和 20，如图 7-49 所示。

图 7-48　素材文件

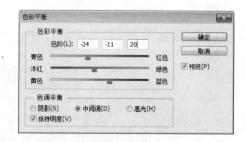

图 7-49　【色彩平衡】对话框

step 03　单击【确定】按钮，得到的最终图像效果如图 7-50 所示。

图 7-50　最终效果

7.2.5 使用【色相/饱和度】命令调整图像

使用【色相/饱和度】命令可以调节整个图像或图像中单个颜色成分的色相、饱和度以及亮度。使用【色相/饱和度】命令调整图像的操作步骤如下。

step 01 打开随书光盘中的图像，如图 7-51 所示。

step 02 选择【图像】→【调整】→【色相/饱和度】命令，在弹出的【色相/饱和度】对话框中设置【色相】为 180、【饱和度】为 21、【明度】为-3，如图 7-52 所示。

图 7-51 素材文件

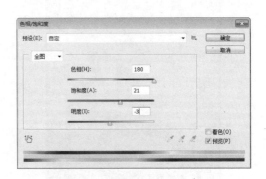

图 7-52 【色相/饱和度】对话框

step 03 单击【确定】按钮，得到的最终图像效果如图 7-53 所示。

图 7-53 最终效果

7.3 修饰网页图像内容

在制作网页的过程中，需要大量的图像素材，这些素材可以是自己拍摄的，也可以是从网上下载的，但是有些素材需要修饰后才能使用。本节就来介绍如何修饰网页图像内容。

7.3.1 使用【污点修复画笔工具】修复图像

使用【污点修复画笔工具】 可以快速除去图像中的污点、划痕和其他不理想的部分，具体的操作步骤如下。

step 01 打开随书光盘中的素材文件，如图 7-54 所示。

step 02 选择【污点修复画笔工具】 ，在属性栏中设定各项参数保持不变(画笔大小可根据需要进行调整)，如图 7-55 所示。

图 7-54 素材文件

图 7-55 设置修复画笔工具的大小

step 03 将鼠标指针移动到污点上，单击鼠标即可修复污点，如图 7-56 所示。

step 04 修复其他污点区域，直至图像修饰完毕，最终效果如图 7-57 所示。

图 7-56 修复图像中的污点

图 7-57 最终效果

7.3.2 使用【修复画笔工具】修饰图像

【修复画笔工具】可用于消除并修复瑕疵，使图像完好如初。该工具可以将样本像素的纹理、光照、透明度、阴影等与源像素进行匹配，从而使修复后的像素不留痕迹地融入图像的其他部分。

使用【修复画笔工具】修复图像的操作步骤如下。

step 01 打开随书光盘中的素材文件，如图 7-58 所示。

step 02 选择【修复画笔工具】 并设置各项参数，如图 7-59 所示。

图 7-58 素材文件　　　　　　图 7-59 设置修复画笔工具的大小

step 03 按住 Alt 键并单击鼠标，以复制图像的起点，在需要修饰的地方单击并拖曳鼠标，如图 7-60 所示。

step 04 多次改变取样点并进行修饰，图片修饰完毕，效果如图 7-61 所示。

图 7-60 修复图像中的污点　　　　　　图 7-61 最终效果

7.3.3 使用【仿制图章工具】修饰图像

图章工具包括【仿制图章工具】和【图案图章工具】。它们的基本功能都是复制图像，但复制的方式不同。【仿制图章工具】 是一种复制图像的工具，利用它可以做一些图像的修复工作。

下面通过复制图像来学习【仿制图章工具】的使用方法，具体的操作步骤如下。

step 01 打开随书光盘中的素材文件，如图 7-62 所示。

step 02 选择【仿制图章工具】，把鼠标指针移动到想要复制的图像上，按住 Alt 键，这时指针会变为 ⊕ 形状，单击鼠标即可把鼠标指针落点处的像素定义为取样点，如图 7-63 所示。

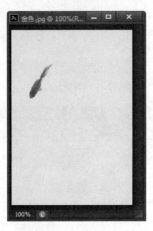

图 7-62　素材文件

图 7-63　定义取样点

step 03 在要复制的位置单击或拖曳鼠标，如图 7-64 所示。

step 04 多次取样并多次复制，直至画面饱满，效果如图 7-65 所示。

图 7-64　复制图片

图 7-65　最终效果

7.3.4　使用【模糊工具】修饰图像

使用【模糊工具】可以柔化图像中的硬边缘或区域，从而减少细节。它的主要作用是进行像素之间的对比，使主题鲜明。使用【模糊工具】模糊图像背景的操作步骤如下。

step 01 打开随书光盘中的素材文件，如图 7-66 所示。

step 02 选择【模糊工具】，在属性栏中设置【模式】为【正常】、【强度】为 100%，如图 7-67 所示。

图 7-66　素材文件

图 7-67　设置【模糊工具】的参数

step 03　按住鼠标左键在需要模糊的背景上拖曳，效果如图 7-68 所示。

7.3.5　使用【锐化工具】修饰图像

使用【锐化工具】可以聚焦软边缘以提高清晰度或聚焦的程度，也就是增大像素之间的对比度。下面通过将模糊图像变为清晰图像来学习【锐化工具】的使用方法。具体的操作步骤如下。

step 01　打开随书光盘中的素材文件，如图 7-69 所示。

step 02　选择【锐化工具】，在属性栏中设置【模式】为【正常】、【强度】为 50%，如图 7-70 所示。

图 7-68　最终效果

图 7-69　素材文件

图 7-70　设置【锐化工具】的参数

step 03　按住鼠标左键在叶子上进行拖曳，效果如图 7-71 所示。

网站开发案例课堂

图 7-71　最终效果

7.3.6　使用【涂抹工具】修饰图像

使用【涂抹工具】 ✍ 产生的效果类似于用干画笔在未干的油墨上擦过，也就是说画笔周围的像素将随着笔触一起移动。

下面详细介绍使用【涂抹工具】制作图像火焰特效的方法，具体的操作步骤如下。

step 01　新建一个大小为 600×800 像素、分辨率为 72 像素/英寸的文件，如图 7-72 所示。

step 02　将新建的文件填充为黑色背景，并新建一个图层，如图 7-73 所示。

step 03　在新图层中使用【画笔工具】绘制一条白色的竖线，如图 7-74 所示。

图 7-72　【新建】对话框

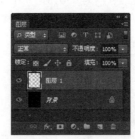

图 7-73　【图层】面板

图 7-74　绘制白色竖线

step 04　选择【涂抹工具】 ✍ ，在白线上进行上、下、左、右、旋、挑等涂抹操作，直到图形达到满意效果为止。如果不满意可以在【历史记录】面板中恢复操作，重新涂抹，如图 7-75 所示。

提示　　可以先使用大尺寸笔刷涂抹，当形状差不多时再使用小一些的笔刷涂抹。

step 05　单击【图层】面板底部的【创建新的填充或调整图层】按钮，在弹出的下拉菜单中选择【色相/饱和度】命令，如图 7-76 所示。

图 7-75 涂抹后的效果

图 7-76 【色相/饱和度】命令

step 06 打开【色相/保和度】面板，选中【着色】复选框，适当调整【色相】、【饱和度】和【明度】参数值，如图 7-77 所示。

step 07 单击【图层】面板底部的【创建新的填充或调整图层】按钮，在弹出的下拉菜单中选择【色彩平衡】命令，打开【色彩平衡】调整面板，在【色调】列表框中分别选择【阴影】、【中间调】和【高光】选项，并对应调整颜色，如图 7-78 所示。

step 08 最终得到的火焰效果如图 7-79 所示。

图 7-77 【色相/饱和度】调整面板

图 7-78 【色彩平衡】调整面板

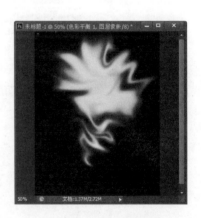

图 7-79 最终火焰效果

step 09 按 Ctrl+Shift+Alt+E 快捷键，盖印所有可见图层，得到新图层。再使用【涂抹工具】涂抹图层中不满意的部位，也可以使用【橡皮擦工具】擦除多余的部位，使图像更逼真，如图 7-80 所示。

step 10 使用【魔棒工具】选择图像中的高亮部位，生成选区，并新建图层。使用填充工具在选区中填充淡黄色，如图 7-81 所示。

step 11 为淡黄色选区增加图层样式，即【外发光】和【内发光】效果，使火焰的中心变得模糊、光亮，如图 7-82 所示。

step 12 图层样式设置完成后，图像效果如图 7-83 所示。

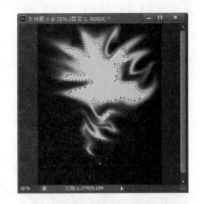

图 7-80　盖印图层　　　　　　　　　　　　　　图 7-81　填充颜色

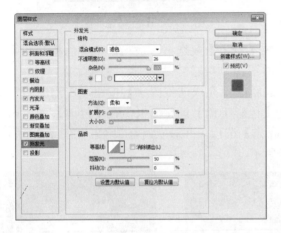

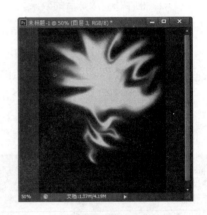

图 7-82　添加图层样式　　　　　　　　　　　　图 7-83　预览效果

step 13　选择【滤镜】→【扭曲】→【极坐标】命令，弹出【极坐标】对话框，勾选
　　　　　【平面坐标到极坐标】单选按钮，单击【确定】按钮，如图 7-84 所示。

step 14　调整图层的【不透明度】，出现火焰光影，如图 7-85 所示。

step 15　使用【涂抹工具】和【橡皮擦工具】继续调整火焰光影，使其更加逼真，如
　　　　　图 7-86 所示。

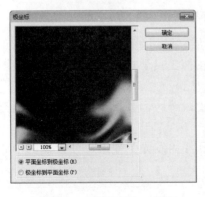

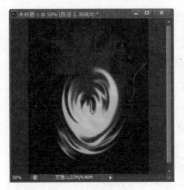

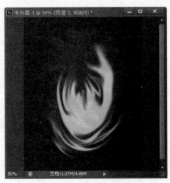

图 7-84　【极坐标】对话框　　　　图 7-85　火焰效果　　　　图 7-86　最终效果

7.3.7 使用【海绵工具】修饰图像

使用【海绵工具】█可以精确地更改区域的色彩饱和度。在灰度模式下，该工具通过使灰阶远离或靠近中间灰色来增加或降低对比度。

使用【海绵工具】使彩色照片变成黑白照片的操作步骤如下。

step 01 打开随书光盘中的素材文件，如图 7-87 所示。

图 7-87 素材文件

step 02 选择【海绵工具】█，在属性栏中设置【模式】为【降低饱和度】，其他参数保持不变，可根据需要更改画笔的大小，如图 7-88 所示。

图 7-88 设置【海绵工具】的参数

step 03 按住鼠标左键在图像上进行涂抹，效果如图 7-89 所示。

图 7-89 最终效果

7.4 实战演练——为照片更换背景

本实例将使用图像调整命令中的【替换颜色】命令为照片更换背景，具体的操作步骤如下。

step 01　选择【文件】→【打开】命令，打开随书光盘中的素材图像，如图7-90所示。

图7-90　打开素材文件

step 02　选择【图像】→【调整】→【替换颜色】命令，在弹出的【替换颜色】对话框中设置【颜色容差】为151，如图7-91所示。

step 03　使用吸管工具吸取背景的颜色，如图7-92所示。

step 04　在【替换】选项组中设置【色相】为+78、【饱和度】为+36、【明度】为-4，如图7-93所示。

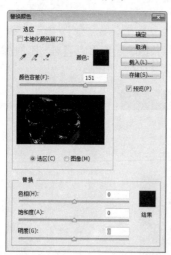　　

图7-91　【替换颜色】对话框　　图7-92　吸取背景色　　图7-93　调整色相值

step 05　单击【确定】按钮，最终的图像效果如图7-94所示。

图7-94　最终效果

7.5 跟我练练手

7.5.1 练习目标

能够熟练掌握本章所讲解的内容。

7.5.2 上机练习

练习 1：选取网页图像。

练习 2：调整网页图像的色彩。

练习 3：修饰网页图像的内容。

7.6 高 手 甜 点

甜点 1：【仿制图章工具】和【修补画笔工具】有何异同

在 Photoshop 中，【仿制图章工具】和【修补画笔工具】都是从图像中的某一部分取样之后，再将取样绘制到其他位置或其他图像中。不同之处在于，【仿制图章工具】是将取样部分全部照搬，而【修补画笔工具】会对目标点的纹理、阴影、光照等因素进行自动分析并匹配，从而使修复后的像素不留痕迹地融入图像的其余部分。

甜点 2：如何使一个图像和另一个图像很好地融合在一起

可以通过以下两种方法来解决。

(1) 先选中图像，进行羽化，然后进行反选，再按 Delete 键，这样就可以把图像边缘羽化。为了达到好的融合效果，可以把羽化的像素值设定得大一些，同时还可以多次按 Delete 键。

(2) 在图像上添加蒙版，然后对图像进行羽化，同样能达到融合的效果。最后把图层的不透明度降低，效果会更好。

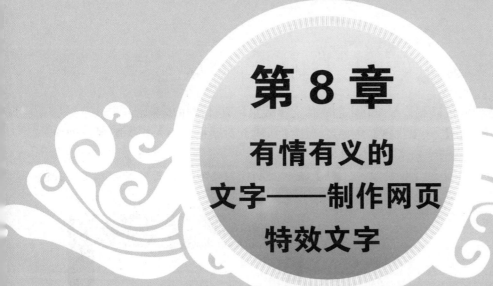

第 8 章

有情有义的
文字——制作网页
特效文字

Photoshop 在文字特效制作方面很突出，可以制作立体文字、火焰文字及各种材质效果的文字等。在排版印刷、广告设计行业，有特色的文字效果对整体作品的影响非常突出。本章将详细介绍几种文字特效的制作方法。

本章要点(已掌握的在方框中打钩)

☐ 掌握制作立体文字的方法

☐ 掌握制作水晶字的方法

☐ 掌握制作燃烧字的方法

☐ 掌握制作特效艺术字的方法

☐ 掌握制作金属字的方法

☐ 掌握制作闪烁字的方法

网站开发案例课堂

8.1 案例1——制作立体文字

使用 Photoshop CS6 可以制作绚丽真实的立体文字效果，具体操作步骤如下。

step 01 选择【文件】→【新建】命令，弹出【新建】对话框，输入相关配置，创建一个 600×300 像素的空白文档，如图 8-1 所示。

step 02 使用工具箱中的【横排文字工具】输入要制作立体效果的文字内容，文字颜色和字体可自行定义，本实例选用黑色，如图 8-2 所示。

图 8-1 【新建】对话框   图 8-2 输入文字

step 03 右击文字图层，在弹出的快捷菜单中选择【栅格化文字】命令，将矢量文字变成像素图像，如图 8-3 所示。

step 04 选择【编辑】→【自由变换】命令，对文字执行变形操作，调整到合适的角度，如图 8-4 所示。

图 8-3 选择【栅格化文字】命令   图 8-4 对文字进行变换

step 05 复制文字图层，生成文字副本图层，如图 8-5 所示。

step 06 选择副本图层并双击，弹出【图层样式】对话框，选中【斜面和浮雕】复选框，设置【深度】为 350%、【大小】为 2 像素；选中【颜色叠加】复选框，设置叠加颜色为红色，单击【确定】按钮，如图8-6所示。

图 8-5 复制图层

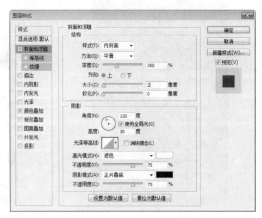

图 8-6 【图层样式】对话框

step 07 新建一个图层，并将其拖到文字副本图层的下面，如图8-7所示。

step 08 右击文字副本图层，在弹出的快捷菜单中选择【向下合并】命令，将文字副本图层合并到【图层1】图层上，得到新的图层，如图8-8所示。

step 09 选择【图层1】图层，按 Ctrl+Alt+T 快捷键执行复制变形，在属性栏中输入纵横拉伸的百分比分别为 101%，然后使用小键盘上的方向键向右移动两个像素(按一次方向键可移动一个像素)，如图8-9所示。

图 8-7 【图层】面板

图 8-8 合并图层

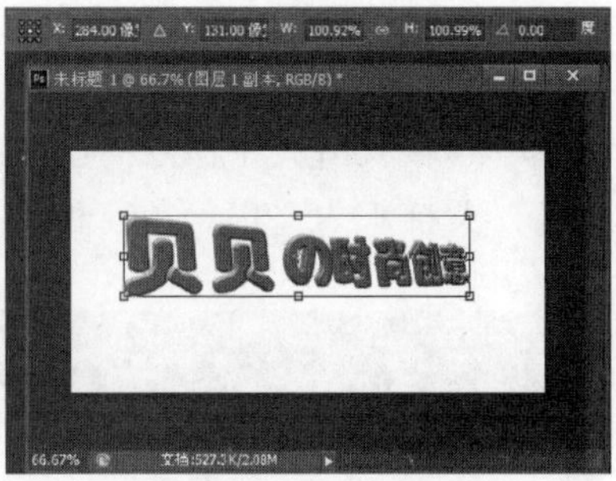

图 8-9 变形文字

step 10 按 Ctrl+Alt+Shift+T 快捷键复制【图层1】图层，并使用方向键向右移动一个像素。使用相同方法继续复制图层，并向右移动一个像素，如图8-10所示。

step 11 经过多次重复操作，得到如图8-11所示的立体效果。

step 12 合并除了背景层和原始文字图层外的其他所有图层，如图8-12所示。

step 13 将合并后的图层拖放到文字图层的下方，如图8-13所示。

step 14 选择文字图层，按 Ctrl+T 快捷键对图形执行拉伸变形操作，使其刚好能够盖住制作的立体效果的表面，按 Enter 键使其生效，如图8-14所示。

图 8-10　复制图层

图 8-11　立体文字效果

图 8-12　合并图层

图 8-13　移动文字

step 15 　双击文字图层，弹出【图层样式】对话框，选中【渐变叠加】复选框，设置渐变样式为"橙—黄—橙渐变"，单击【确定】按钮，如图 8-15 所示。

图 8-14　变换文字

图 8-15　【图层样式】对话框

step 16 　立体文字效果制作完成，如图 8-16 所示。

图 8-16　立体文字

8.2　案例 2——制作水晶文字

本实例将学习使用文字工具及图层样式命令等制作水晶文字效果，具体操作步骤如下。

`step 01` 选择【文件】→【新建】命令，弹出【新建】对话框，设置【宽度】为 500 像素、【高度】为 500 像素、【分辨率】为 72 像素/英寸、【颜色模式】为【RGB 颜色】，单击【确定】按钮，新建一个空白文档，如图 8-17 所示。

`step 02` 选择工具栏中的【横排文字工具】，在【字符】面板中设置各项参数，颜色设置为蓝色，在文档中单击鼠标，输入标题文字，如图 8-18 所示。

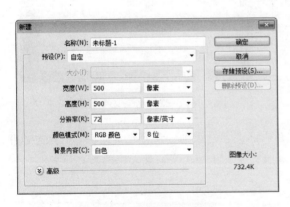

图 8-17　【新建】对话框

图 8-18　输入文字

`step 03` 单击【添加图层样式】按钮 _fx_，为图案添加【描边】效果，设置其参数，其中描边颜色值为 26、153、38，单击【确定】按钮，如图 8-19 所示。

`step 04` 设置完成后，效果如图 8-20 所示。

`step 05` 双击文字图层，弹出【图层样式】对话框，选中【投影】复选框，单击【等高线】右侧的向下按钮，在弹出的列表框中选择第 2 行第 3 个预设选项，单击【确定】按钮，如图 8-21 所示。

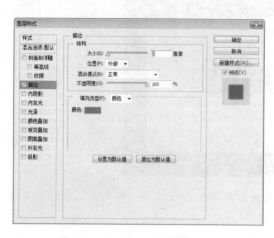

图 8-19　【图层样式】对话框

图 8-20　预览效果

step 06　设置完成后，效果如图 8-22 所示。

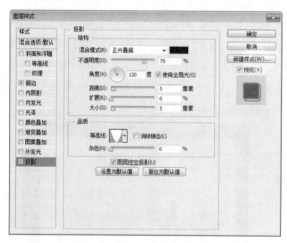

图 8-21　【图层样式】对话框

图 8-22　水晶文字效果

　　　本例主要利用图层样式命令来制作水晶文字的效果，用户在实际操作时也可以根据需要通过调整文字的界定框来适当加长文字或压缩文字，使文字效果更加突出。

8.3　案例 3——制作燃烧的文字

　　本实例将学习使用文字工具、滤镜和图层样式命令来制作燃烧的文字，具体操作步骤如下。

step 01　选择【文件】→【新建】命令，弹出【新建】对话框，设置【名称】为"燃烧的文字"、【宽度】为 600 像素、【高度】为 600 像素、【分辨率】为 200 像素/英寸、【颜色模式】为【RGB 颜色】，单击【确定】按钮，如图 8-23 所示。

step 02 将背景色设置为黑色，前景色设置为白色，然后输入文字"火"，如图 8-24 所示。

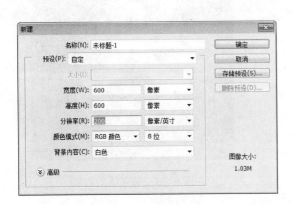

图 8-23 【新建】对话框

图 8-24 输入文字

step 03 在文字图层上右击，在弹出的快捷菜单中选择【栅格化字体】命令，如图 8-25 所示。

step 04 将栅格化的文字复制一层，选择副本图层，如图 8-26 所示。

step 05 选择【编辑】→【变换】→【旋转 90 度(顺时针)】命令，旋转文字图层副本，如图 8-27 所示。

图 8-25 选择【栅格化文字】命令

图 8-26 【图层】面板

图 8-27 旋转文字

step 06 选择【滤镜】→【风格化】→【风】命令，弹出【风】对话框，参数设置如图 8-28 所示。

step 07 再按 Ctrl+F 快捷键两次，加强风的效果，如图 8-29 所示。

step 08 选择【编辑】→【变换】→【旋转 90 度(逆时针)】命令，旋转文字图层副本，如图 8-30 所示。

step 09 选择【火 副本】图层，然后将其复制一层为【火 副本 2】图层，如图 8-31 所示。

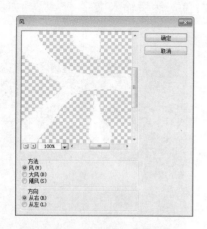

图 8-28　【风】对话框

图 8-29　加强风的效果

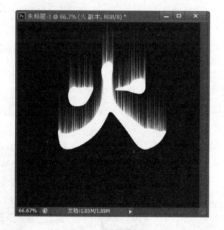

图 8-30　旋转文字图层

图 8-31　复制图层

step 10　选择【滤镜】→【模糊】→【高斯模糊】命令，弹出【高斯模糊】对话框，将
【半径】设置为 2 像素，如图 8-32 所示。

step 11　在【火 副本 2】图层下新建一个图层，然后用黑色填充背景，将【图层 1】图
层与【火 副本 2】图层合并为一个图层，如图 8-33 所示。

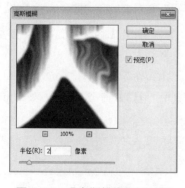

图 8-32　【高斯模糊】对话框

图 8-33　合并图层

step 12 选择合并后的图层，然后选择【滤镜】→【液化】命令，在弹出的对话框中先用粗画笔涂出大体走向，再用细画笔突出小火苗，如图 8-34 所示。

step 13 按 Ctrl+B 快捷键，为液化好的图层调整色彩平衡，将其调成橙红色，参数设置如图 8-35 所示。

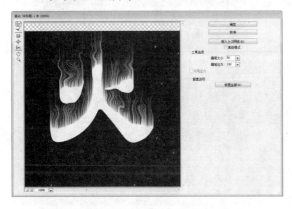

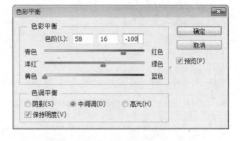

图 8-34 【液化】对话框 　　　　　　　　　　　　图 8-35 【色彩平衡】对话框

step 14 单击【确定】按钮，效果如图 8-36 所示。

step 15 选择【图层 1】图层，并将其复制为【图层 1 副本】图层，然后将【图层 1 副本】图层的混合模式设置为【叠加】，从而加强火焰的效果。【图层】面板如图 8-37 所示。

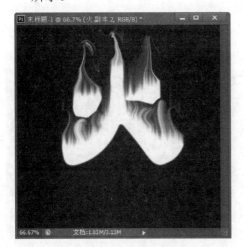

图 8-36 添加颜色 　　　　　　　　　　　　　图 8-37 复制图层并设置混合模式

step 16 选择【火 副本】图层，选择【滤镜】→【模糊】→【高斯模糊】命令，弹出【高斯模糊】对话框，将【半径】设置为 2.5 像素，如图 8-38 所示。

step 17 单击【确定】按钮，效果如图 8-39 所示。

提示　　在制作火焰文字时，火焰的颜色很重要，用户在操作时一定要注意颜色的设置和滤镜的效果添加。

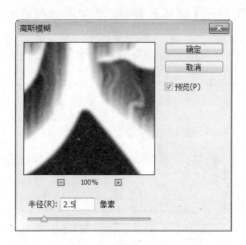

图 8-38 【高斯模糊】对话框

图 8-39 燃烧字效果

8.4 案例 4——制作特效艺术文字

使用 Photoshop 可以制作各种特效文字，下面给出一个简单的制作特效艺术字的方法，具体操作步骤如下。

step 01 选择【文件】→【新建】命令，弹出【新建】对话框，设置如图 8-40 所示的参数，单击【确定】按钮。

step 02 使用工具箱中的【横排文字工具】添加文字"2012 梦幻生活"，如图 8-41 所示。

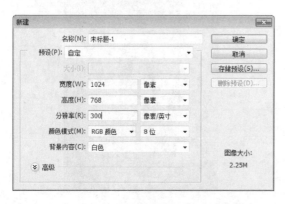

图 8-40 【新建】对话框

图 8-41 输入文字

step 03 单击【图层】面板底部的【添加图层蒙版】按钮，为文字图层添加蒙版，并使用工具箱中的【画笔工具】涂抹蒙版，设置属性栏中的画笔大小为 28、【不透明度】为 78%，得到如图 8-42 所示的效果。

step 04 右击文字图层，在弹出的快捷菜单中选择【复制图层】命令，得到图层副本，如图 8-43 所示。

step 05 选择图层副本，然后选择【滤镜】→【模糊】→【高斯模糊】命令，弹出【高斯模糊】对话框，设置【半径】为 8 像素，如图 8-44 所示。

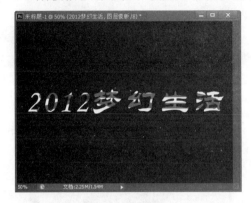

图 8-42 蒙版效果

图 8-43 复制图层

step 06 单击【确定】按钮，产生如图 8-45 所示的文字效果。

图 8-44 【高斯模糊】对话框

图 8-45 文字效果

step 07 选择工具箱中的【画笔工具】，在属性栏中设置画笔样式为纹理样式，画笔大小可自行调整，如图 8-46 所示。

step 08 新建一个图层，拖放到文字图层的下方，使用【画笔工具】绘制纹理效果，如图 8-47 所示。

图 8-46 设置画笔大小

图 8-47 纹理效果

step 09 ▶ 选择【滤镜】→【液化】命令，打开【液化】对话框，为绘制的纹理添加液化效果，如图 8-48 所示。

step 10 ▶ 新建一个文件，背景色设置为透明，前景色设置为黑色，并使用【钢笔工具】绘制一个菱形，绘制完成后按 Enter 键，如图 8-49 所示。

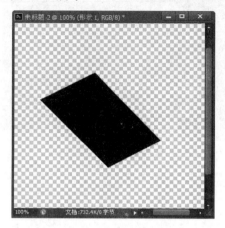

图 8-48　添加液化效果　　　　　　　图 8-49　绘制菱形

step 11 ▶ 在【图层】面板中右击形状图层，在弹出的快捷菜单中选择【栅格化图层】命令，将形状图层转换为普通图层，如图 8-50 所示。

step 12 ▶ 选择【编辑】→【定义画笔预设】命令，弹出【画笔名称】对话框，在【名称】文本框中输入自定义的名称，单击【确定】按钮，如图 8-51 所示。

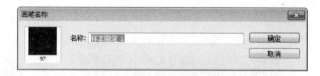

图 8-50　选择【栅格化图层】命令　　　图 8-51　【画笔名称】对话框

step 13 ▶ 选择工具箱中的【画笔工具】，选择【窗口】→【画笔预设】命令，打开【画笔预设】面板，选择上一步中添加的新画笔，如图 8-52 所示。

step 14 ▶ 打开【画笔】面板，选中【形状动态】复选框，设置右侧参数如图 8-53 所示。

step 15 ▶ 勾选【散布】复选框，扩大散布值，并调整其他参数，如图 8-54 所示。

图 8-52 【画笔预设】面板

图 8-53 设置画笔形状

图 8-54 设置散步参数

`step 16` 选中【传递】复选框，设置右侧参数如图 8-55 所示。

`step 17` 返回图形界面，新建一个图层，如图 8-56 所示。

`step 18` 选择工具箱中的【画笔工具】，使用之前创建的画笔，如图 8-57 所示。

图 8-55 设置传递参数

图 8-56 新建图层

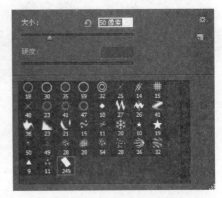

图 8-57 设置画笔参数大小

`step 19` 在新建图层中绘制散布粒子，绘制时可以多次调整颜色，使粒子效果缤纷多彩，如图 8-58 所示。

`step 20` 复制粒子图层，然后选择【滤镜】→【模糊】→【动感模糊】命令，弹出【动感模糊】对话框，调整【角度】为 50 度，设置【距离】为 100 像素，单击【确定】按钮，如图 8-59 所示。

`step 21` 调整后的图像效果如图 8-60 所示。

图 8-58　绘制散布粒子　　　　　　　　图 8-59　【动感模糊】对话框

step 22　合并文字图层及文字图层副本，双击合并后的新图层，弹出【图层样式】对话框，设置【斜面和浮雕】和【颜色叠加】图层样式，调整至满意为止，其他样式也可结合需要调整，如图 8-61 所示。

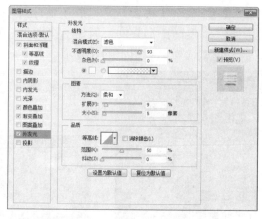

图 8-60　文字效果　　　　　　　　　　图 8-61　【图层样式】对话框

step 23　按 Ctrl+Alt+T 快捷键，对调整后的文字图层进行复制变形，如图 8-62 所示。

step 24　复制后的新图层向右移动一个像素，多次复制移动后可以产生厚重的立体效果，如图 8-63 所示。

step 25　新建一个图层，选择工具箱中的【画笔工具】，在属性栏中选择画笔样式为"柔边圆"，画笔大小可自行调整，颜色设置为白色，在新图层上绘制白色扩散光源效果，如图 8-64 所示。

step 26　按 Ctrl+T 快捷键对图层执行变形操作，调整到如图 8-65 所示位置，按 Enter 键完成操作。

step 27　选择工具箱中的【涂抹工具】 ，将白色区域涂抹成云海的波浪效果，如图 8-66 所示。

图 8-62　复制图层

图 8-63　立体效果文字

图 8-64　绘制光源

图 8-65　变形图层

step 28　黑色背景会略显单调，可以使用星空画笔工具将背景点缀为星空效果，如图 8-67 所示。

图 8-66　涂抹效果

图 8-67　绘制星空效果

8.5 案例5——制作金属字效果

Alpha 通道是用来保存选区的，而且可以将选区存储为灰度图像。用户可以通过添加 Alpha 通道来创建和存储蒙版，这些蒙版用于处理或保护图像的某些部分。Alpha 通道与颜色通道不同，它不会直接影响图像的颜色。在 Alpha 通道中，默认情况下，白色代表选区，黑色代表非选区，灰色代表被部分选择的区域状态，即羽化的区域。

本实例将介绍利用 Alpha 通道制作金属字效果的方法，具体操作步骤如下。

step 01 选择【文件】→【新建】命令，弹出【新建】对话框，设置文件大小为 1200× 600 像素，【分辨率】为 300 像素/英寸，单击【确定】按钮，如图 8-68 所示。

step 02 单击工具箱中的前景色，弹出【拾色器】对话框，设置颜色为灰色，R、G 和 B 值均设置为 150，单击【确定】按钮，如图 8-69 所示。

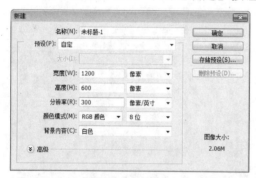

图 8-68 【新建】对话框

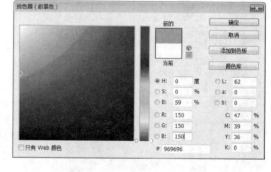

图 8-69 【拾色器】对话框

step 03 选择工具箱中的【横排文字工具】，添加文字图层，文本内容为"贝贝の时尚创意"，如图 8-70 所示。

step 04 右击新建的文字图层，在弹出的快捷菜单中选择【栅格化文字】命令，栅格化文字如图 8-71 所示。

图 8-70 输入文字

图 8-71 栅格化文字

step 05 按住 Ctrl 键，单击文字图层，选择文字为选区。选择【选择】→【存储选区】命令，弹出【存储选区】对话框，可在【文档】文本框中输入选区名称(本实例不设置名称)，单击【确定】按钮，如图 8-72 所示。

step 06 返回到【通道】面板，因未设置存储选区的名称，因此自动生成名为 Alpha 1 的新通道，如图 8-73 所示。

图 8-72 【存储选区】对话框　　　　　　图 8-73 【通道】面板

step 07 选中 Alpha 1 通道，选择【滤镜】→【模糊】→【高斯模糊】命令，弹出【高斯模糊】对话框，设置【半径】为 5 像素，单击【确定】按钮，如图 8-74 所示。

step 08 返回到【图层】面板，选择文字图层并双击，弹出【图层样式】对话框，选中【斜面和浮雕】复选框，设置相关参数，如图 8-75 所示。

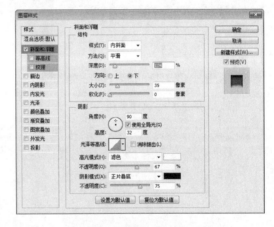

图 8-74 【高斯模糊】对话框　　　　　　图 8-75 【图层样式】对话框

step 09 按 Ctrl+D 快捷键，取消选区，效果如图 8-76 所示。

step 10 选择【编辑】→【调整】→【曲线】命令，弹出【曲线】对话框，适当调整曲线如图 8-77 所示，单击【确定】按钮。

step 11 此时文字的金属立体效果更加明显、有质感，如图 8-78 所示。

step 12 单击工具箱中的前景色，弹出【拾色器】对话框，设置前景色为金黄色，单击【确定】按钮，如图 8-79 所示。

step 13 在文字图层上方新建一个图层，按住 Ctrl 键，单击文字图层，在新建图层中生成文字选区，使用工具箱中的【油漆桶工具】为选区填充前景色，效果如图 8-80 所示。

图 8-76　取消选区后的效果

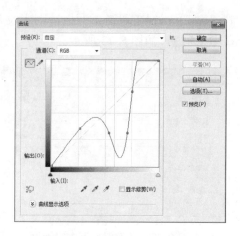

图 8-77　【曲线】对话框

图 8-78　文字效果

图 8-79　【拾色器】对话框

step 14　双击新建图层，弹出【图层样式】对话框，设置【混合模式】为【亮光】、【不透明度】为 65%，单击【确定】按钮，如图 8-81 所示。

图 8-80　填充选区

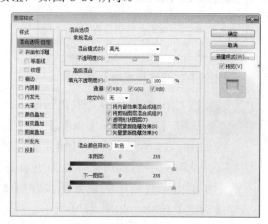

图 8-81　【图层样式】对话框

step 15　此时，文字带有金色金属质感，如图 8-82 所示。

step 16　按住 Ctrl 键，分别单击【图层】面板中的文字图层和新建图层，选中两个图层。选择【编辑】→【变换】→【扭曲】命令，调整图像使文字产生近大远小的透视效果，然后按下 Enter 键使变换生效，如图 8-83 所示。

图 8-82　文字效果　　　　　　　　　　　　图 8-83　扭曲文字

step 17　选中文字图层，按 Ctrl+J 快捷键，复制图层，生成文字图层副本；按 Ctrl+T 快
捷键对副本图层进行自由变换，并设置图层【不透明度】为 35%，效果如图 8-84
所示。

step 18　选择工具箱中的【渐变工具】，并在属性栏中选择【径向渐变】按钮，然后
单击【点按可编辑渐变】按钮，弹出【渐变编辑器】对话框，设置渐变颜色为"灰
色—黑色"，单击【确定】按钮，如图 8-85 所示。

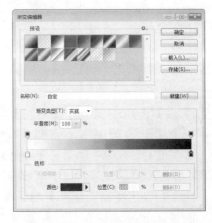

图 8-84　复制图层　　　　　　　　　　图 8-85　【渐变编辑器】对话框

step 19　在文字图层下方创建一个新图层，并使用【渐变工具】填充渐变效果，如图 8-86
所示。

图 8-86　最终文字效果

8.6　案例6——制作闪烁字效果

本实例将学习使用【动画】面板制作一个霓虹灯闪烁字效果，具体操作步骤如下。

step 01　选择【文件】→【新建】命令，在弹出的【新建】对话框中设置【名称】为"闪烁字"、【宽度】为 500 像素、【高度】为 400 像素，单击【确定】按钮，如图 8-87 所示。

step 02　将背景色填充为黑色。选择工具箱中的【横排文字工具】，并在属性栏中将【字体】设置为【华文行楷】、【大小】为 60 点，输入文字"龙腾虎跃"，如图 8-88 所示。

图 8-87　【新建】对话框

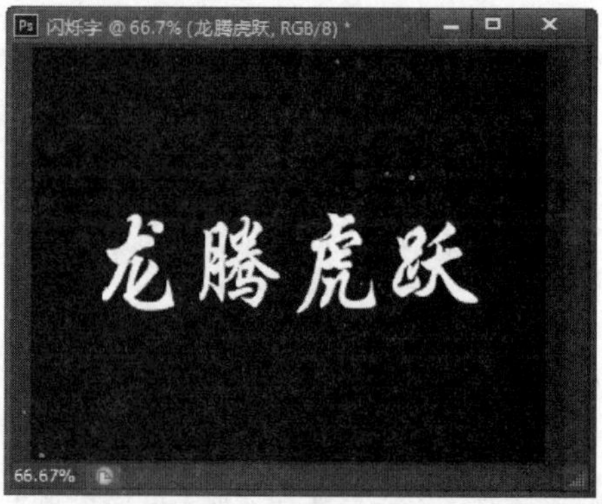

图 8-88　输入文字

step 03　按住 Ctrl 键，在【图层】面板中单击文字图层缩略图将其载入选区，然后新建一个【图层 1】图层。选择【编辑】→【描边】命令，在弹出的【描边】对话框中将【宽度】设置为 4 像素，【颜色】设置为红色，单击【确定】按钮，如图 8-89 所示。

step 04　删除文字图层。选择【图层 1】图层，选择【滤镜】→【模糊】→【高斯模糊】命令，弹出【高斯模糊】对话框，设置【半径】为 2 像素，单击【确定】按钮，如图 8-90 所示。

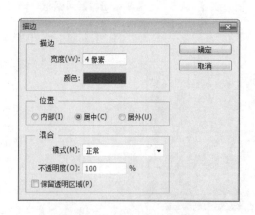

图 8-89　【描边】对话框

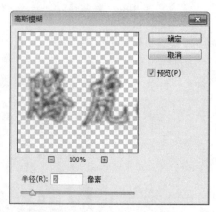

图 8-90　【高斯模糊】对话框

step 05　新建一个【图层 2】图层，并将其调整到【图层 1】图层的下面。设置背景色为黑色，选择【圆角矩形工具】，在属性栏中将工具模式设置为【路径】，设置【半径】为 10px，绘制一个圆角矩形。按 Ctrl+Enter 快捷键将路径转换为选区，如图 8-91 所示。

step 06　新建一个图层，选择【编辑】→【描边】命令，在弹出的【描边】对话框中将【宽度】设置为 3px，将【颜色】设置为红色，单击【确定】按钮。在【图层】面板中将【背景】图层以外的所有图层进行合并，如图 8-92 所示。

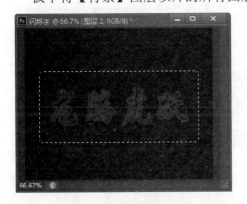

图 8-91　绘制圆角矩形选区

图 8-92　合并文字图层

step 07　复制【图层 1】图层并命名为【图层 1 副本】图层，选择【图像】→【调整】→【色相/饱和度】命令，在弹出的【色相/饱和度】对话框中将【色相】设置为 100，单击【确定】按钮，如图 8-93 所示。

step 08　调整后的效果如图 8-94 所示。

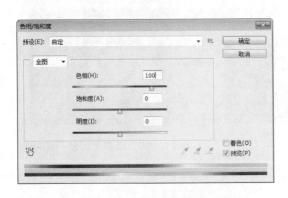

图 8-93　【色相/饱和度】对话框

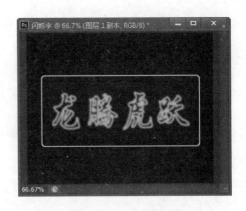

图 8-94　调整后的效果

step 09　选择【窗口】→【时间轴】命令，在【时间轴】面板中单击【创建视频时间轴】按钮，创建视频文件，如图 8-95 所示。

step 10　单击【时间轴】面板右上角的下三角按钮，在弹出的下拉菜单中选择【转换帧】→【转换为帧动画】命令，将面板设置为帧模式状态，如图 8-96 所示。

step 11　在帧延迟时间的下拉列表中选择【0.5 秒】，如图 8-97 所示。

step 12　在【图层】面板中隐藏【图层 1 副本】图层，如图 8-98 所示。

图 8-95 【时间轴】面板

图 8-96 时间轴的帧模式状态

图 8-97 选择播放时间

图 8-98 隐藏图层

step 13 单击【时间轴】面板中的【复制所选帧】按钮，添加一个动画帧，如图 8-99 所示。

step 14 在【图层】面板中将【图层 1】图层的【不透明度】设置为 50%，如图 8-100 所示。

图 8-99 添加动画帧

图 8-100 设置图层的不透明度

step 15 单击【时间轴】面板中的【复制所选帧】按钮，添加一个动画帧，如图 8-101 所示。

step 16 在【图层】面板中隐藏【图层 1】图层并显示【图层 1 副本】图层，将该图层的【不透明度】设置为 100%，如图 8-102 所示。

step 17 单击【播放动画】按钮可以播放动画，再次单击可停止播放。效果如图 8-103 所示。

提示 制作时要求内容精炼，颜色效果可以自由设定，根据需要添加多个帧之后可以使用闪烁字的内容更为丰富。

图 8-101　添加动画帧　　　　　　图 8-102　设置图层的不透明度

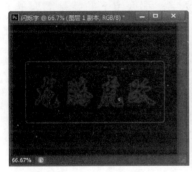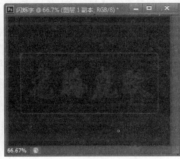

图 8-103　闪烁文字效果

8.7　跟我练练手

8.7.1　练习目标

能够熟练掌握本章所讲解的内容。

8.7.2　上机练习

练习 1：制作立体文字。
练习 2：制作水晶字。
练习 3：制作燃烧字。
练习 4：制作特效艺术字。
练习 5：制作金属字。
练习 6：制作闪烁字。

8.8 高手甜点

甜点1：如何在去掉背景色的情况下显示文字

新建一个透明层，在透明层上建立文字，并完成其特效效果，然后输出为 GIF 格式的图像，就能实现背景透明的效果。

甜点2：在 Photoshop 中输入文字后，如何选取文字的一部分

首先将文字图层栅格化后转换为普通图层，然后在【图层】面板上按住 Ctrl 键，用鼠标单击转换为普通图层的缩览图选中全部文字。接着选择工具箱中的【矩形选框工具】，按住 Alt 键，就会出现【从选区减去】的符号，然后单击不需要的文字，那么留下的就是需要的文字了。

第 9 章

网页设计基础——
制作特效网页元素

在网页设计中，传达视觉信息的 3 个基本要素分别是图形、文字和色彩。色彩决定网页的风格，而图形与文字的应用编排组合、版式布局直接影响信息传达的准确性，决定网页设计的成败。

本章要点(已掌握的在方框中打钩)

☐ 熟悉 Photoshop 的图层

☐ 掌握图层样式的使用方法

☐ 掌握 Photoshop 蒙版的使用方法

☐ 掌握 Photoshop 通道的使用方法

☐ 掌握 Photoshop 滤镜的使用方法

9.1 网页图像的图层

图层是 Photoshop 最为核心的功能之一，它承载了几乎所有的编辑操作。如果没有图层，所有的图像将处在同一个平面上，这对于图像的编辑，简直是无法想象，正是因为有了图层功能，Photoshop 才变得如此强大。

9.1.1 认识【图层】面板

Photoshop 中的所有图层都被保存在【图层】面板中，对图层的各种操作基本上都可以在【图层】面板中完成。使用【图层】面板可以创建、编辑和管理图层以及为图层添加样式，还可以显示当前编辑的图层信息，使用户清楚地掌握当前图层操作的状态。

选择【窗口】→【图层】命令或按 F7 键可以打开【图层】面板，如图 9-1 所示。

图 9-1 【图层】面板

9.1.2 图层的分类

Photoshop 的图层类型有多种，可以将图层分为普通图层、背景图层、文字图层、形状图层等。

1. 普通图层

普通图层是一种常用的图层。在普通图层上用户可以进行各种图像编辑操作，如图 9-2 所示。

2. 背景图层

使用 Photoshop 新建文件时，如果【背景内容】选择为白色或背景色，在新文件中就会被自动创建一个背景图层。并且该图层还有一个锁定的标志 🔒。背景图层始终在最底层，就像一栋楼房的地基一样，不能与其他图层调整叠放顺序。

一个图像中可以没有背景图层，但最多只能有一个背景图层，如图 9-3 所示。

图 9-2 普通图层

图 9-3 背景图层

　　背景图层的不透明度不能更改，不能为背景图层添加图层蒙版，也不可以使用图层样式。如果要改变背景图层的不透明度、为其添加图层蒙版或者使用图层样式，可以先将背景图层转换为普通图层。

　　把背景图层转换为普通图层的具体操作步骤如下。

step 01 打开随书光盘中的素材文件，如图9-4所示。

step 02 选择【窗口】→【图层】命令，打开【图层】面板。在【图层】面板中选择
　　　　　　【背景】图层，如图9-5所示。

图9-4　打开素材文件

图9-5　选择【背景】图层

step 03 选择【图层】→【新建】→【背景图层】命令，如图9-6所示。

step 04 弹出【新建图层】对话框，如图9-7所示。

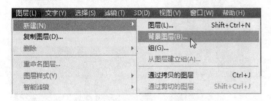

图9-6　【背景图层】命令

图9-7　【新建图层】对话框

step 05 单击【确定】按钮，背景图层即转换为普通图层，如图9-8所示。

图9-8　【图层】面板

> **提示** 　　使用【背景橡皮擦工具】和【魔术橡皮擦工具】擦除背景图层时，背景图层便自动变成普通图层。另外，直接在【背景】图层上双击，可以快速将背景图层转换为普通图层。

3. 文字图层

文字图层是一种特殊的图层，用于存放文字信息。它在【图层】面板中的缩览图与普通图层不同。如图 9-9 所示第一个图层为文字图层，第二个图层为普通图层。

文字图层主要用于编辑图像中的文本内容，用户可以对文字图层进行移动、复制等操作。但是不能使用绘画和修饰工具来绘制和编辑文字图层中的文字，不能使用【滤镜】菜单命令。如果需要编辑文字，则必须栅格化文字图层，被栅格化后的文字将变为位图图像，不能再修改其文字内容。

栅格化文字图层就是将文字图层转换为普通图层。可以执行下列操作之一。

1） 普通方法

选中文字图层，选择【图层】→【栅格化】→【文字】命令，如图 9-10 所示。文字图层即转换为普通图层，如图 9-11 所示。

图 9-9　【图层】面板　　　　图 9-10　栅格化文字　　　　图 9-11　转换为普通图层

2） 快捷方法

在【图层】面板中的文字图层上右击，从弹出的快捷菜单中选择【栅格化文字】命令，可以将文字图层转换为普通图层，如图 9-12 所示。

4. 形状图层

形状是矢量对象，与分辨率无关。形状图层一般是使用工具箱中的形状工具(【矩形工具】、【圆角矩形工具】、【椭圆工具】、【多边形工具】、【直线工具】、【自定义形状工具】或【钢笔工具】)绘制图形后而自动创建的图层。

　　要创建形状图层，一定要先在属性栏中选择【形状图层】按钮 。形状图层包含定义形状颜色的填充图层和定义形状轮廓的矢量蒙版。形状轮廓是路径，显示在【路径】面板中。如果当前图层为形状图层，在【路径】面板中可以看到矢量蒙版的内容，如图9-13所示。

图9-12　栅格化文字

图9-13　【路径】面板

　　用户可以对形状图层进行修改和编辑，具体操作步骤如下。

step 01　打开随书光盘中的素材文件，如图9-14所示。

step 02　创建一个形状图层，然后在【图层】面板中双击图层的缩览图，如图9-15所示。

图9-14　打开素材文件

图9-15　形状图层

step 03　打开【拾色器】对话框，如图9-16所示。

step 04　选择相应的颜色后单击【确定】按钮，即可重新设置填充颜色，如图9-17所示。

step 05　选择工具箱中的【直接选择工具】 ，即可修改或编辑形状中的路径，如图9-18所示。

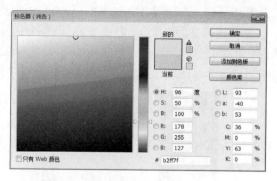

图 9-16　【拾色器】对话框

图 9-17　选择颜色

图 9-18　编辑形状

如果要将形状图层转换为普通图层，需要栅格化形状图层，有以下 3 种方法。

1)　完全栅格化法

选中形状图层，选择【图层】→【栅格化】→【形状】命令，如图 9-19 所示。即可将形状图层转换为普通图层，同时不保留蒙版和路径，如图 9-20 所示。

图 9-19　栅格化形状

图 9-20　转换为普通图层

2)　路径栅格化法

选择【图层】→【栅格化】→【填充内容】命令，将栅格化形状图层填充，同时保留矢量蒙版，如图 9-21 所示。

3)　蒙版栅格化法

选择【图层】→【栅格化】→【矢量蒙版】命令，将栅格化形状图层矢量蒙版，但同时转换为图层蒙版，丢失路径，如图 9-22 所示。

图 9-21　路径栅格化法

图 9-22　蒙版栅格化法

9.1.3　创建图层

需要使用新图层时，可以执行图层创建操作。创建图层的方法有以下几种。

● 方法一：打开【图层】面板，单击【新建图层】按钮，可创建新图层，如图 9-23 所示。

● 方法二：选择【图层】→【新建】→【图层】命令，弹出【新建图层】对话框，可创建新图层，如图 9-24 所示。

图 9-23　创建新图层

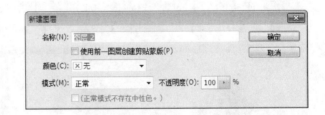

图 9-24　【新建图层】对话框

● 方法三：按 Ctrl+Shift+N 快捷键也可以弹出【新建图层】对话框，进而创建新图层。

9.1.4　隐藏与显示图层

在进行图像编辑时，为了避免在部分图层中误操作，可以先将其隐藏，需要对其操作时再将其显示。隐藏与显示图层的方法有两种。

● 方法一：打开【图层】面板，选择需要隐藏或显示的图层，图层前面有一个可见性指示框，显示眼睛图标时，该图层可见；单击眼睛图标，眼睛会消失，图层变为不可见；再次单击眼睛图标，图层会再次显示为可见，如图 9-25 所示。

- 方法二：选择需要隐藏的图层后，选择【图层】→【隐藏图层】命令，即可将图层隐藏，如图 9-26 所示。选择需要显示的图层后，选择【图层】→【显示图层】命令，即可将图层设为可见，如图 9-27 所示。

图 9-25　【图层】面板

图 9-26　隐藏图层

图 9-27　显示图层

9.1.5　对齐图层

依据当前图层和链接图层的内容，可以进行图层之间的对齐操作。对齐图层的操作步骤如下。

step 01 ▶ 打开随书光盘中的素材文件，如图 9-28 所示。

step 02 ▶ 在【图层】面板中按住 Ctrl 键的同时单击【图层 1】、【图层 2】、【图层 3】、【图层 4】和【图层 5】图层，如图 9-29 所示。

图 9-28　素材文件

图 9-29　选中多个图层

step 03　选择【图层】→【对齐】→【顶边】命令，如图 9-30 所示。

step 04　最终效果如图 9-31 所示。

图 9-30　顶边对齐命令

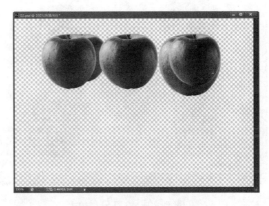

图 9-31　顶边对齐效果

Photoshop 提供了 6 种排列方式，如图 9-32 所示。各命令的具体含义如下。

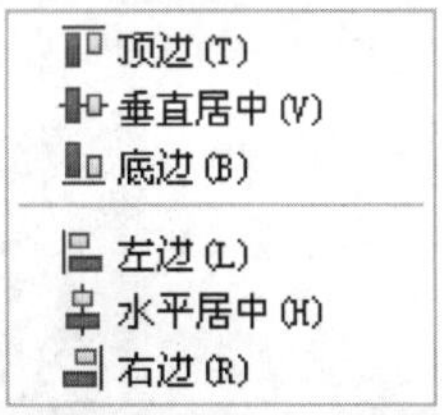

- 【顶边】：将链接图层顶端的像素对齐到当前工作图层顶端的像素或者选区边框的顶端，以此方式来排列链接图层的效果。

- 【垂直居中】：将链接图层的垂直中心像素对齐到当前工作图层垂直中心的像素或者选区的垂直中心，以此方式来排列链接图层的效果。

图 9-32　排列方式

- 【底边】：将链接图层最下端的像素对齐到当前工作图层的最下端像素或者选区边框的最下端，以此方式来排列链接图层的效果。

- 【左边】：将链接图层最左边的像素对齐到当前工作图层最左端的像素或者选区边框的最左端，以此方式来排列链接图层的效果。

- 【水平居中】：将链接图层水平中心的像素对齐到当前工作图层水平中心的像素或者选区的水平中心，以此方式来排列链接图层的效果。

- 【右边】：将链接图层最右端的像素对齐到当前工作图层最右端的像素或者选区边框的最右端，以此方式来排列链接图层的效果。

9.1.6　合并图层

合并图层即是将多个有联系的图层合并为一个图层，以便于进行整体操作。首先选择要合并的多个图层，然后选择【图层】→【合并图层】命令即可。也可以通过 Ctrl+E 快捷键来完成。合并图层的操作步骤如下。

step 01 打开随书光盘中的素材文件，如图 9-33 所示。

step 02 在【图层】面板中，按住 Ctrl 键的同时单击并选中所有图层，然后单击【图层】面板右上角的下三角按钮 ，在弹出的快捷菜单中选择【合并图层】命令，如图 9-34 所示。

图 9-33 打开素材文件

图 9-34 合并图层

step 03 图层合并后的结果如图 9-35 所示。

Photoshop 提供了 3 种合并方式，如图 9-36 所示。各命令的具体含义如下。

图 9-35 【图层】面板

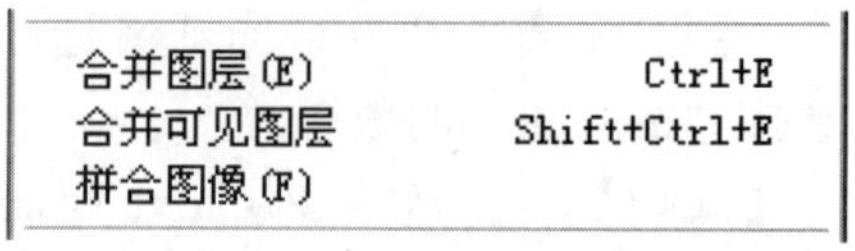

合并图层 (E)	Ctrl+E
合并可见图层	Shift+Ctrl+E
拼合图像 (F)	

图 9-36 合并图层的方式

- 【合并图层】：在没有选择多个图层的状态下，可以将当前图层与其下面的图层合并为一个图层。也可以通过 Ctrl+E 快捷键来完成。
- 【合并可见图层】：将所有的显示图层合并到背景图层中，隐藏图层被保留。也可以通过 Shift+Ctrl+E 快捷键来完成。
- 【拼合图像】：可以将图像中的所有可见图层都合并到背景图层中，隐藏图层则被删除。这样可以大大降低文件的大小。

9.1.7 设置不透明度和填充

打开【图层】面板，选择图层，可以对图层设置不透明度和填充。两者功能效果相似，但又有差异。

设置不透明度和填充的操作步骤如下。

step 01 打开随书光盘中的素材文件，如图 9-37 所示。

图 9-37 打开素材文件

step 02 在【图层】面板中选中【图层 4】图层，设置【不透明度】为 70%，图像效果如图 9-38 所示。

图 9-38 设置图层不透明度效果

step 03 如果将图像的【填充】设置为 50%，图像效果如图 9-39 所示。

图 9-39 设置填充效果

> 【提示】 【不透明度】可以对图像及其混合效果都生效，而【填充】只对图像本身有用，对混合效果无效。

9.2 设置图像的图层样式

图层样式是多种图层效果的组合，Photoshop 提供了多种图像效果，如阴影、发光、浮雕、颜色叠加等。将效果应用于图层的同时，也创建了相应的图层样式。在【图层样式】对话框中可以对创建的图层样式进行修改、保存、删除等编辑操作。

9.2.1 案例 1——光影效果

图层样式中的光影效果主要包括投影、内阴影、外发光、内发光、光泽等。下面就来介绍这些图层样式的使用方法和使用后的效果。

1. 制作投影效果

应用【投影】命令可以在图层内容的背后添加阴影效果。具体的操作步骤如下。

step 01 打开随书光盘中的素材文件，如图 9-40 所示。

step 02 输入文字"美好时光"，字体为【华文行楷】，字号为 200 点，颜色为深绿色（C：58、M：29、Y：100、K：10)，效果如图 9-41 所示。

图 9-40 打开素材文件

图 9-41 文字效果

step 03 单击【图层】面板底部的【添加图层样式】按钮 _fx._，在弹出的下拉菜单中选择【投影】命令，接着在弹出的【图层样式】对话框中进行参数设置，如图 9-42 所示。

step 04 单击【确定】按钮，最终效果如图 9-43 所示。

2. 制作内阴影效果

应用【内阴影】命令可以围绕图层内容的边缘添加内阴影效果。具体的操作步骤如下。

step 01 新建一个【高度】为 400 像素、【宽度】为 300 像素的空白文件，如图 9-44 所示。

step 02 单击【确定】按钮，然后输入文字"HAPPY"，如图9-45所示。

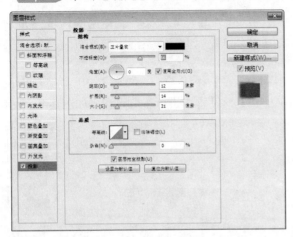

图9-42 【图层样式】对话框

图9-43 文字效果

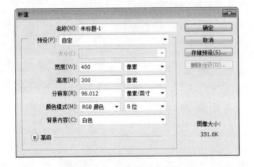

图9-44 【新建】对话框

图9-45 输入文字

step 03 单击【图层】面板底部的【添加图层样式】按钮 $fx.$ ，在弹出的下拉菜单中选择【内阴影】命令，接着在弹出的【图层样式】对话框中进行参数设置，如图9-46所示。

step 04 单击【确定】按钮后会产生一种立体化的文字效果，如图9-47所示。

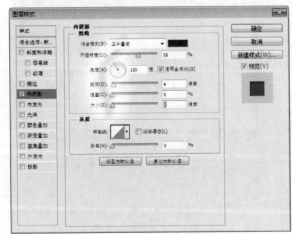

图9-46 【图层样式】对话框

图9-47 文字效果

3. 制作外发光效果

应用【外发光】命令可以围绕图层内容的边缘创建外部发光效果。具体的操作步骤如下。

step 01 新建一个【高度】为 400 像素、【宽度】为 300 像素的空白文件，并输入文字 Photoshop，如图 9-48 所示。

step 02 单击【图层】面板底部的【添加图层样式】按钮 *fx.*，在弹出的下拉菜单中选择 【外发光】命令，接着在弹出的【图层样式】对话框中进行参数设置，如图 9-49 所示。

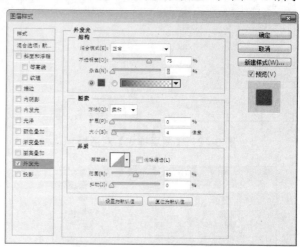

图 9-48　输入文字

图 9-49　【图层样式】对话框

step 03 单击【确定】按钮，最终效果如图 9-50 所示。

4. 制作内发光效果

应用【内发光】命令可以围绕图层内容的边缘创建内部发光效果。具体的操作步骤如下。

step 01 新建一个【高度】为 400 像素、【宽度】为 300 像素的空白文件，并输入文字 Photoshop，如图 9-51 所示。

图 9-50　文字外发光效果

图 9-51　输入文字

step 02 单击【图层】面板底部的【添加图层样式】按钮 *fx.*，在弹出的下拉菜单中选择 【内发光】命令，接着在弹出的【图层样式】对话框中进行参数设置，如图 9-52 所示。

step 03 单击【确定】按钮，最终效果如图 9-53 所示。

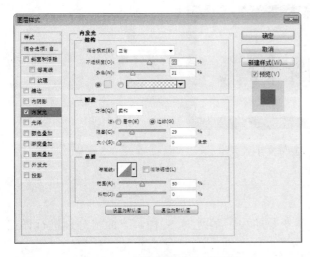

图 9-52 【图层样式】对话框

图 9-53 文字内发光效果

 提示　　【内发光】选项面板和【外发光】选项面板几乎是一样的。只是【外发光】选项面板中的【扩展】设置项变成了【内发光】选项面板中的【阻塞】设置项。外发光得到的阴影是在图层的边缘，在图层之间看不到效果的影响；而内发光得到的效果只在图层内部，即得到的阴影只出现在图层的不透明区域。

9.2.2　案例2——浮雕效果

应用【斜面和浮雕】命令可以为图层内容添加暗调和高光效果，使图层内容呈现凸起的立体效果。具体的操作步骤如下。

step 01　新建一个大小为 400×200 像素的文件，并输入文字，如图 9-54 所示。

step 02　单击【图层】面板底部的【添加图层样式】按钮 $fx.$ ，在弹出的下拉菜单中选择【斜面和浮雕】命令，接着在弹出的【图层样式】对话框中进行参数设置，如图 9-55 所示。

step 03　最终形成的立体文字效果如图 9-56 所示。

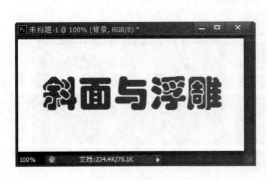

图 9-54　输入文字

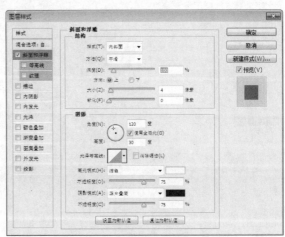

图 9-55　【图层样式】对话框

图 9-56　立体文字效果

9.2.3　案例 3——叠加效果

图层样式中的叠加效果包括颜色叠加、渐变叠加和图案叠加 3 种，下面将分别进行详细介绍。

1. 为图层内容套印颜色

应用【颜色叠加】命令可以为图层内容套印颜色。具体的操作步骤如下。

step 01　打开随书光盘中的素材文件，如图 9-57 所示。

step 02　将背景图层转换为普通图层。然后单击【图层】面板底部的【添加图层样式】按钮 *fx*，，在弹出的下拉菜单中选择【颜色叠加】命令，接着在弹出的【图层样式】对话框中为图像叠加橘红色(C：0、M：53、Y：100、K：0)，并设置其他参数，如图 9-58 所示。

step 03　单击【确定】按钮，最终效果如图 9-59 所示。

图 9-57　打开素材文件

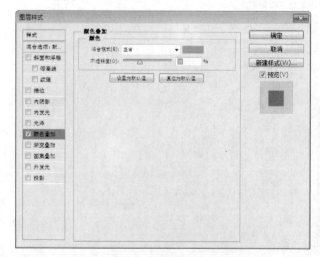

图 9-58　【图层样式】对话框

图 9-59　颜色叠加效果

2. 实现图层内容套印渐变效果

应用【渐变叠加】命令可以为图层内容套印渐变效果。具体的操作步骤如下。

step 01　打开随书光盘中的素材文件，如图 9-60 所示。

step 02　将背景图层转换为普通图层。然后单击【图层】面板底部的【添加图层样式】
按钮 fx.，在弹出的下拉菜单中选择【渐变叠加】命令，接着在弹出的【图层样式】
对话框中为图像添加渐变效果，并设置其他参数，如图 9-61 所示。

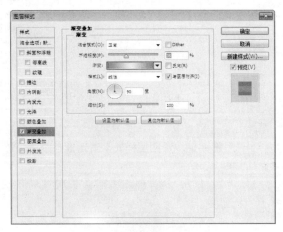

图 9-60　素材文件　　　　　　　　　　　　图 9-61　【图层样式】对话框

step 03　单击【确定】按钮，最终效果如图 9-62 所示。

3. 为图层内容套印图案混合效果

应用【图案叠加】命令可以为图层内容套印图案混合效果。在原来的图像上加上一个图层图案的效果，根据图案颜色的深浅在图像上表现为雕刻效果的深浅。为图像叠加图案的具体操作步骤如下。

step 01　打开随书光盘中的素材文件，如图 9-63 所示。

图 9-62　颜色渐变效果　　　　　　　　　　图 9-63　素材文件

step 02　将背景图层转换为普通图层。然后单击【图层】面板底部的【添加图层样式】
按钮 fx.，在弹出的下拉菜单中选择【图案叠加】命令，接着在弹出的【图层样式】
对话框中为图像添加图案，并设置其他参数，如图 9-64 所示。

step 03 单击【确定】按钮，最终效果如图 9-65 所示。

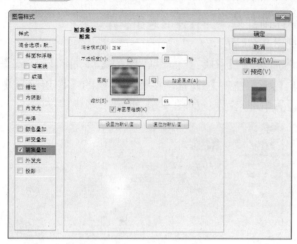

图 9-64 【图层样式】对话框

图 9-65 图案叠加效果

 注意

使用过程中要注意调整图案的不透明度，否则得到的图像可能只是一个放大的图案。

9.3 设置图像的蒙版效果

在 Photoshop 中有一些具有特殊功能的图层，使用这些图层可以在不改变图层中原有图像的基础上制作出多种特殊的效果，这就是蒙版。

9.3.1 案例 4——剪贴蒙版

剪贴蒙版是一种非常灵活的蒙版，它可以使用下层图层中图像的形状来限制上层图像的显示范围，因此可以通过一个图层来控制多个图层的显示区域。剪贴蒙版的创建和修改方法都非常简单。

下面就来使用【自定义形状工具】剪贴蒙版特效，具体操作步骤如下。

step 01 打开随书光盘中的素材文件，如图 9-66 所示。

step 02 设置前景色为黑色，新建一个【图层 1】图层，选择工具箱中的【自定形状工具】 ，然后在属性栏上单击【点按可打开"自定形状"拾色器】按钮，在弹出的下拉列表中选择第 3 排第 5 个"红心形卡"，如图 9-67 所示。

step 03 将新建的图层放到最上方，然后在画面中拖动鼠标绘制该形状，如图 9-68 所示。

step 04 选择工具箱中的【直排文字蒙版工具】 ，在画面中输入文字，设置字体为【华文琥珀】、字号为 50 点。设置完成后右击文字图层，在弹出的快捷菜单中选择【栅格化文字】命令，结果如图 9-69 所示。

step 05 将添加的文字图层和【图层 1】图层合并，并将合并后的图层放到【图层 0】图层下方，如图 9-70 所示。

图 9-66　素材文件

图 9-67　选择形状

图 9-68　绘制形状

图 9-69　输入文字

step 06 选中【图层 0】图层，然后选择【图层】→【创建剪贴蒙版】命令，为其创建一个剪贴蒙版，如图 9-71 所示。

图 9-70　合并图层

图 9-71　创建剪贴蒙版

step 07 为剪贴蒙版制作一个背景。新建一个图层，并放置到最底层，将图层颜色设置为深灰色，效果如图 9-72 所示。

图 9-72　为蒙版添加背景色

9.3.2　案例 5——快速蒙版

应用快速蒙版，会在图像上创建一个临时的屏蔽，可以保护所选区域免于被操作，而处于蒙版范围外的地方则可以进行编辑与处理。

使用快速蒙版为图像制作简易边框的具体操作步骤如下。

step 01　打开随书光盘中的素材文件，如图 9-73 所示。

step 02　新建一个图层，选择工具箱中的【矩形选框工具】 ，在图像中创建一个矩形选区，如图 9-74 所示。

图 9-73　素材文件　　　　　　　　　　　图 9-74　绘制矩形选区

step 03　单击工具箱下方的【以快速蒙版模式编辑】按钮，或按 Q 键进入快速蒙版编辑模式，效果如图 9-75 所示。

step 04　选择【滤镜】→【扭曲】→【波浪】命令，弹出【波浪】对话框，按照如图 9-76 所示进行参数设置。

图 9-75 快速蒙版编辑模式

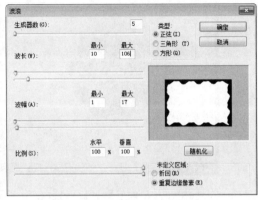

图 9-76 【波浪】对话框

提示　参数可以自由调整，变化参数后可得到不同效果的边框。

step 05　单击【确定】按钮返回到图像窗口，图像四周已经有简易的边框模型，如图 9-77 所示。

step 06　按 Q 键，退出快速蒙版编辑模式，得到一个新的选区，如图 9-78 所示。

图 9-77 添加波浪效果　　　　　　　　图 9-78 得到新选区

step 07　选择【选择】→【反选】命令，对选区进行反选。按 Delete 键将反选后的选区删除，如图 9-79 所示。

step 08　新建一个图层并置于底部，然后填充为粉色，如图 9-80 所示。

step 09　按 Ctrl+D 快捷键，取消选择。这样图像简易边框制作完成，边框呈均匀分布的不规则形状，效果如图 9-81 所示。

step 10　选择【文件】→【存储为】命令，将图像保存为 JPG 格式即可，如图 9-82 所示。

图 9-79　删除选区

图 9-80　填充颜色

图 9-81　画框效果

图 9-82　保存图片

9.3.3　案例 6——图层蒙版

图层蒙版是加在图层上的一个遮盖，通过创建图层蒙版来隐藏或显示图像中的部分或全部。如果要隐藏当前图层中的图像，可以使用黑色涂抹蒙版；如果要显示当前图层中的图像，可以使用白色涂抹蒙版；如果要使当前图层中图像呈现半透明效果，则可以使用灰色涂抹蒙版。

使用图层蒙版制作水中倒影的具体操作步骤如下。

step 01　打开随书光盘中的素材文件，如图 9-83 所示。

step 02　按 Ctrl+J 快捷键复制当前图层，生成新图层，如图 9-84 所示。

step 03　选择【图像】→【画布大小】命令，弹出【画布大小】对话框，将画布高度加大一倍，如图 9-85 所示。

step 04　选中【图层 1】图层，选择【编辑】→【变换】→【垂直翻转】命令，并将翻转后的图像垂直移动到下方，和已有的背景图像对接，效果如图 9-86 所示。

图 9-83 素材文件

图 9-84 新建图层

图 9-85 【画布大小】对话框

图 9-86 翻转图像

 提示   按 Shift 键可以使图像垂直或水平移动。

step 05   选中【图层 1】图层，选择工具箱中的【魔棒工具】，在属性栏中设置【容差】
为 255，将翻转后的图像作为选区，使用【渐变工具】绘制垂直方向的黑白渐变，
效果如图 9-87 所示。

step 06   新建一个图层并填充为白色，再按 D 键将前景色和背景色恢复到默认的黑白
色，选择【滤镜】→【滤镜库】命令，弹出【滤镜库】对话框，然后选择【素描】
卷展栏下的【半调图案】选项，打开【半调图案】选项面板，在【图案类型】下拉
列表中选择【直线】选项，【大小】设置为 7，【对比度】设置为 50，单击【确
定】按钮，如图 9-88 所示。

step 07   选择【滤镜】→【模糊】→【高斯模糊】命令，在弹出的【高斯模糊】对话框

中设置【半径】为 4.0 像素，单击【确定】按钮，如图 9-89 所示。

图 9-87　添加渐变效果

图 9-88　【半调图案】对话框

step 08　按 Ctrl+S 快捷键，保存文件为 PSD 格式，名称可自行定义。保存后把上一步中制作的黑白线条图层隐藏，新建一个图层，按 Ctrl+Shift+Alt+E 快捷键盖印图层，如图 9-90 所示。

图 9-89　【高斯模糊】对话框

图 9-90　盖印图层

提示　　　盖印图层是将所有可见图层合并，然后再进行复制。

step 09　选择【滤镜】→【扭曲】→【置换】命令，在弹出的【置换】对话框中将【水平比例】设置为 4，其他参数默认，单击【确定】按钮，接着在弹出的【选取一个置换图】对话框中，选择上一步保存的 PSD 文件为置换文件。如图 9-91 所示。

step 10　图层蒙版制作结束，已经可以看到 3 朵花的水中倒影，而且还呈现了波纹的效果，如图 9-92 所示。

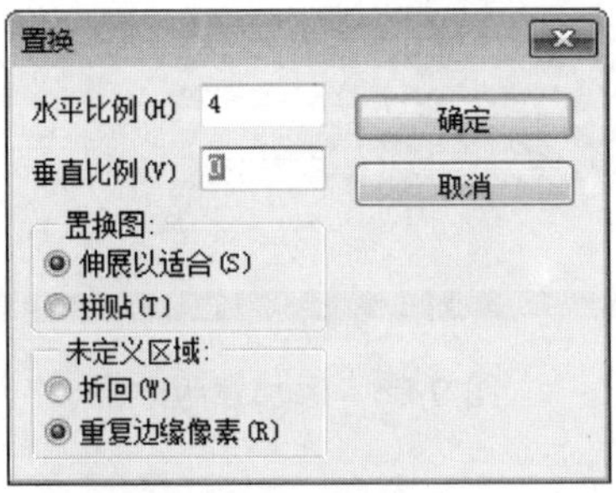

图 9-91　【置换】对话框

图 9-92　最终效果

9.3.4　案例7——矢量蒙版

矢量蒙版是由钢笔工具或者是形状工具创建的，与分辨率无关的蒙版，它通过路径和矢量形状来控制图像显示区域，常用来创建 Logo、按钮、面板或其他的 Web 设计元素。

下面就来讲解使用矢量蒙版为图像添加心形的方法。具体的操作步骤如下。

step 01　打开随书光盘中的素材文件，如图 9-93 所示。

step 02　打开随书光盘中的另一个素材文件。使用【移动工具】将其移动到上一步打开的文件中，生成【图层 1】图层。选择【编辑】→【自由变换】命令，对【图层 1】图层中的图像进行缩放并移动操作，移动到合适的位置，如图 9-94 所示。

图 9-93　打开素材文件

图 9-94　移动素材

step 03　隐藏【图层 1】图层，设置前景色为黑色。选择工具箱中的【自定形状工具】，并在属性栏中将工具模式设置为【路径】，再单击【点按可打开"自定形状"拾色器】按钮，在弹出的下拉列表中选择第 3 排第 5 个"红心形卡"。在图像中合适的位置绘制红心，并使用 Ctrl+T 快捷键对形状进行变形，如图 9-95 所示。

step 04　红心路径调整到合适位置后，按 Enter 键完成。设置【图层 1】图层为可见，选

217

择【图层】→【矢量蒙版】→【当前路径】命令，蒙版效果生成，如图 9-96 所示。

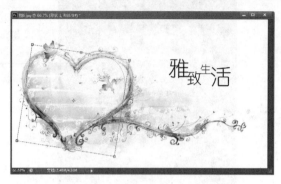

图 9-95　绘制形状

图 9-96　添加蒙版效果

9.4　设置图像的通道

Photoshop 中的通道有多种用途，它可以显示图像的分色信息、存储图像的选取范围和记录图像的特殊色信息。

9.4.1　案例 8——复合通道

使用复合通道的方法可以制作出积雪和飘雪的效果。具体的操作步骤如下。

step 01　打开随书光盘中的素材文件，如图 9-97 所示。

step 02　切换到【图层】面板，右击【背景】图层，在弹出的快捷菜单中选择【复制图层】命令，为新图层命名为【图层 1】，如图 9-98 所示。

图 9-97　打开素材文件

图 9-98　新建图层

提示　　　按 Ctrl+J 快捷键可以快速复制图层。

step 03　选中【图层 1】图层后，进入【通道】面板，选择比较清晰的通道，本实例选择【绿】通道。拖动【绿】通道到【通道】面板底部的【创建新通道】按钮　上，生

成新通道【绿 副本】，如图 9-99 所示。

step 04　选中【绿 副本】通道，选择【滤镜】→【滤镜库】命令，弹出【滤镜库】对话框，然后选择【艺术效果】卷展栏下的【胶片颗粒】选项，打开【胶片颗粒】选项面板，根据需求调整【颗粒】、【高光区域】和【强度】的参数，单击【确定】按钮，如图 9-100 所示。

图 9-99　【通道】面板

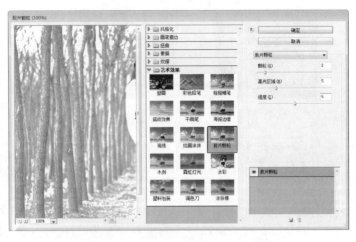

图 9-100　【胶片颗粒】对话框

step 05　返回到【通道】面板，选中【绿 副本】通道，单击该面板底部的【将通道作为选区载入】按钮，生成选区，使用 Ctrl+C 快捷键复制选区。如图 9-101 所示。

step 06　切换到【图层】面板，新建一个图层，选中新图层，使用 Ctrl+V 快捷键粘贴复制的选区，图像中已经基本呈现出被积雪覆盖的感觉，但是女孩的身体和脸也被复制的选区覆盖，呈现白色，如图 9-102 所示。

图 9-101　复制选区

图 9-102　预览效果

step 07　选择工具箱中的【橡皮擦工具】，在属性栏中适当调整【大小】、【硬度】、【不透明度】、【流度】等参数，然后将女孩脸部和身体上过多的白色擦除，如图 9-103 所示。

step 08　将已有的 3 个图层合并，然后新建一个图层，命名为【图层 1】，如图 9-104 所示。

图 9-103　擦除多余部分

图 9-104　新建图层

step 09　选择【编辑】→【填充】命令，弹出【填充】对话框，选择【内容】选项组的【使用】下拉列表中的【50%灰色】选项，其他采用默认设置，单击【确定】按钮，如图 9-105 所示。

step 10　选中【图层 1】图层，选择【滤镜】→【杂色】→【添加杂色】命令，弹出【添加杂色】对话框，将【数量】设置为 230%，选中【平均分布】单选按钮，选中【单色】复选框，单击【确定】按钮，如图 9-106 所示。

图 9-105　【填充】对话框

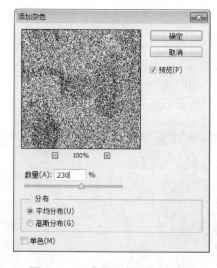

图 9-106　【添加杂色】对话框

step 11　选择【滤镜】→【模糊】→【高斯模糊】命令，弹出【高斯模糊】对话框，将【半径】设置为 2 像素，单击【确定】按钮，如图 9-107 所示。

注意　　　半径确定了后面生成雪花的密度及大小，用户可自行调整几种半径数值，来比较后面生成雪花的密度及大小。

step 12　选择【图像】→【调整】→【色阶】命令，弹出【色阶】对话框，将输入色阶区域的 3 个滑条向中间移动，当图像中出现大量清晰白点为止，单击【确定】按钮，如图 9-108 所示。

图 9-107 【高斯模糊】对话框

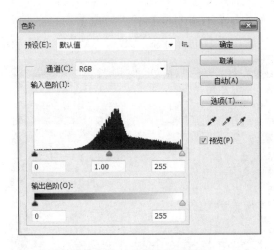

图 9-108 【色阶】对话框

 **step 13** 选择【滤镜】→【模糊】→【动感模糊】命令，在弹出的【动感模糊】对话框中调整【角度】为 65 度、【距离】为 10 像素，单击【确定】按钮，如图 9-109 所示。

说明　角度用于确定雪花飘落的方向，距离用于确定雪花飘落的速度，距离值越大，雪花飘落速度越快。

step 14 选择【图层】→【图层样式】→【混合选项】命令，在弹出的【图层样式】对话框中设置【混合模式】为【变亮】、【不透明度】为 60%，单击【确定】按钮，如图 9-110 所示。

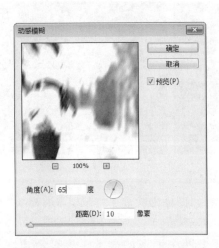

图 9-109 【动感模糊】对话框

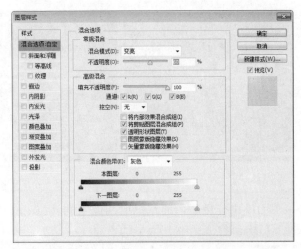

图 9-110 【图层样式】对话框

step 15 返回到图形窗口，此时已经基本呈现雪花效果，但是人物在雪花中显得不够清晰，如图 9-111 所示。

step 16 选择工具箱中的【橡皮擦工具】，在属性栏中适当调整【大小】、【硬度】、【不透明度】、【流度】等参数，然后将遮挡女孩脸部的雪花抹除一部分，使女孩清秀的样貌显现出来，如图 9-112 所示。

图 9-111　制作出雪花效果　　　　　　　　图 9-112　擦除图像中多余的部分

9.4.2　案例 9——颜色通道

颜色通道是在打开新图像时自动创建的通道，它们记录了图像的颜色信息。图像的颜色模式不同，颜色通道的数量也不相同。RGB 图像中包含红、绿、蓝通道和一个用于编辑图像的复合通道；CMYK 图像包含青色、洋红、黄色、黑色通道和一个复合通道；Lab 图像包含明度、a、b 通道和一个复合通道。位图、灰度、双色调和索引颜色图像都只有一个通道。如图 9-113 所示分别为不同的颜色通道。

图 9-113　不同的颜色通道

下面就来使用颜色通道抠取图像中的文字 Logo。具体操作步骤如下。

step 01 打开随书光盘中的素材文件，如图 9-114 所示。

step 02 打开【通道】面板，取消【绿】和【蓝】两个通道的显示，只显示【红】通道，可以看出图像中文字 Logo 和周围图像的颜色差别最明显，如图 9-115 所示。

step 03 按住 Ctrl 键，拖动【红】通道到【通道】面板底部的【新建通道】按钮 上，产生【红 副本】通道，如图 9-116 所示。

图 9-114 素材文件

图 9-115 【通道】面板

step 04 选择【编辑】→【调整】→【色阶】命令，弹出【色阶】对话框，调整色阶滑块，将黑色和白色滑块向中间滑动，使文字更黑，文字周边颜色更淡，然后单击【确定】按钮，如图 9-117 所示。

图 9-116 复制通道

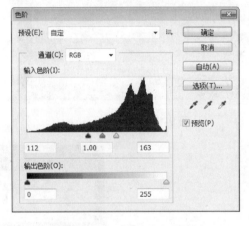

图 9-117 【色阶】对话框

step 05 将前景色设置为白色，选择工具箱中的【橡皮擦工具】，先使用值较大的橡皮擦擦除多余的黑色区域，再使用较小尺寸的橡皮擦将文字 Logo 周围的多余颜色擦除，如图 9-118 所示。

step 06 擦除后，得到黑色的文字以及白色的背景，由于调整色阶的问题，文字可能出现锯齿边。使用工具箱中的【加深工具】多次单击文字 Logo，如图 9-119 所示。

step 07 按住 Ctrl 键，单击【通道】面板中的【红 副本】通道，将白色区域生成为选区，然后选择图像图层，除了文字 Logo 外，所有图像都在选区中，如图 9-120 所示。

step 08 按 Delete 键，删除选区内容，再按 Ctrl+D 快捷键取消选区，得到完整的文字 Logo，如图 9-121 所示。

step 09 选择工具箱中的【裁剪工具】，拖动鼠标选中图像中除了文字 Logo 以外的部分，按 Enter 键执行裁剪，这样可以去掉多余的空白区域，如图 9-122 所示。

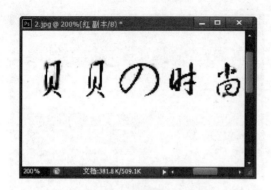

图 9-118　擦除多余颜色

图 9-119　加深文字

图 9-120　选择选区

图 9-121　删除选区

图 9-122　文字 Logo

 提示　　做好的文字 Logo 应该保存为 PNG 格式，因为 PNG 格式的文件可以使用透明背景。

9.4.3　案例 10——专色通道

专色通道是一种特殊的混合油墨，一般用来替代或者附加到图像颜色油墨中。一个专色通道都有属于自己的印版，在对一张含有专色通道的图像进行印刷输出时，专色通道会作为一个单独的页被打印出来。

要新建专色通道，可从【通道】面板的下拉菜单中选择【新专色通道】命令或者按住

Ctrl 键并单击【通道】面板底部的【创建新通道】按钮，即可弹出【新建专色通道】对话框，设定后单击【确定】按钮，如图 9-123 所示。

图 9-123　　【新建专色通道】对话框

- 【名称】：可以给新建的专色通道命名。默认的情况下将自动命名专色 1、专色 2 等，依此类推。在【油墨特性】选项组中可以设定颜色和密度。
- 【颜色】：用于设定专色通道的颜色。
- 【密度】：可以设定专色通道的密度，其取值范围为 0%～100%。这个选项的功能对实际的打印效果没有影响，只是在编辑图像时可以模拟打印的效果。这个选项类似于蒙版颜色的【不透明度】。

建立专色通道的具体操作步骤如下。

step 01　打开随书光盘中的"人物剪影.psd"素材文件，如图 9-124 所示。

step 02　打开【通道】面板，按住 Ctrl 键并单击 Alpha 1 通道，在图像中选中人物选区，如图 9-125 所示。

图 9-124　素材文件

图 9-125　选中人物选区

step 03　按住 Ctrl 键，单击【通道】面板底部的【创建新通道】按钮，弹出【新建专色通道】对话框，单击【颜色】色块，如图 9-126 所示。

step 04　接着弹出【拾色器(专色)】对话框，设置颜色为黑色，R、G 和 B 3 个文本框中分别设置为 0，单击【确定】按钮，如图 9-127 所示。

step 05　返回到【新建专色通道】对话框，单击【确定】按钮，如图 9-128 所示。

step 06　人物剪影制作成功，如图 9-129 所示。

图 9-126　【新建专色通道】对话框

图 9-127　【拾色器(专色)】对话框

图 9-128　【新建专色通道】对话框

图 9-129　人物剪影

9.4.4　案例 11——计算法通道

计算用于混合两个来自一个或多个源图像的单个通道，然后将结果应用到新图像或新通道中。下面将使用【计算】功能来制作灰色图像效果，具体操作步骤如下。

step 01　打开随书光盘中的素材文件，如图 9-130 所示。

step 02　打开【图层】面板，选中【背景】图层，然后按 Ctrl+J 快捷键，复制【背景】图层，得到【背景 副本】图层，如图 9-131 所示。

step 03　选中【背景】图层，选择【图像】→【计算】命令，弹出【计算】对话框，把【源 1】和【源 2】选项组中的【图层】和【通道】分别设置为【背景】和【灰色】，选中【源 2】选项组中的【反相】复选框，在【混合】下拉列表中选择【正片叠底】，【不透明度】设置为 100%，单击【确定】按钮，如图 9-132 所示。

step 04　打开【通道】面板，产生 Alpha 1 通道，然后单击该面板底部的【将通道作为选区载入】按钮，如图 9-133 所示。

step 05　返回到【图层】面板，单击该面板底部的【创建新的填充或调整图层】按钮，在弹出的下拉菜单中选择【色阶】命令，打开【色阶】调整面板，在 RGB 通道下将输入色阶设置为 0、3.65、255，输出色阶设置为 0、252，如图 9-134 所示。

图 9-130　素材文件

图 9-131　复制背景图层

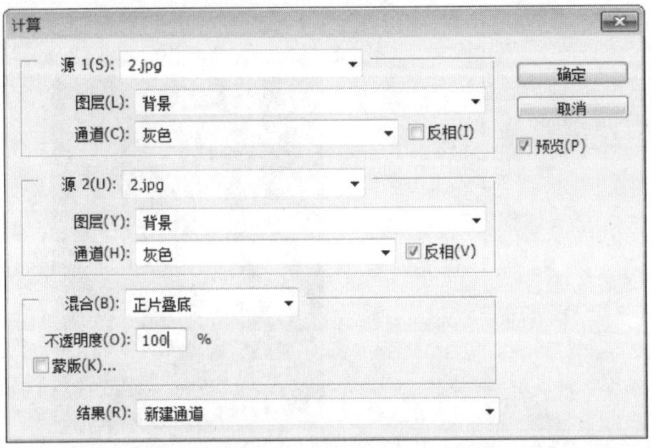

图 9-132　【计算】对话框

图 9-133　【通道】面板

step 06　单击【图层】面板底部的【创建新的填充或调整图层】按钮，在弹出的下拉菜单中选择【通道混合器】命令，打开【通道混合器】调整面板，在【输出通道】下拉列表中选择【灰色】，选中【单色】复选框，拖动颜色滑块，调整满意为止，如图 9-135 所示。

step 07　选中【背景 副本】图层，选择【滤镜】→【模糊】→【高斯模糊】菜单命令，弹出【高斯模糊】对话框，设置【半径】为 10 像素，单击【确定】按钮，如图 9-136 所示。

step 08　选择【图层】→【图层样式】→【混合选项】命令，弹出【图层样式】对话框，将【混合模式】设置为【柔光】，按住 Alt 键调节混合颜色带，至满意为止，单击【确定】按钮，如图 9-137 所示。

step 09　返回到【图层】面板，新建一个图层，按 Ctrl+Alt+Shift+E 快捷键盖印可见图层，如图 9-138 所示。

step 10　打开【通道】面板，将 Alpha 1 通道设置为不可见，灰色图像效果生成，如图 9-139 所示。

图 9-134　调整色阶

图 9-135　通道混合器

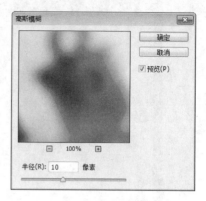

图 9-136　【高斯模糊】对话框

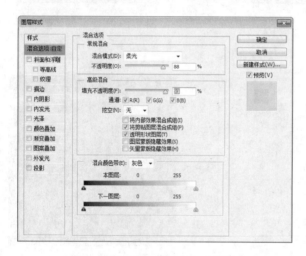

图 9-137　【图层样式】对话框

图 9-138　盖印图层

图 9-139　【通道】面板及最终图像效果

9.5 设置图像的滤镜效果

在 Photoshop 中，有图像处理传统滤镜和一些新滤镜，每一种滤镜又提供了多种细分的滤镜效果，为用户处理图像提供了极大的方便。

9.5.1 案例 12——【镜头校正】滤镜

使用【镜头校正】滤镜可以调整图像角度，使因拍摄角度不好造成的倾斜瞬间校正。具体的操作步骤如下。

step 01 打开随书光盘中的素材文件，如图 9-140 所示。

step 02 选择【滤镜】→【镜头校正】命令，弹出【镜头校正】对话框，选择左侧【拉直工具】 📷，在倾斜的图像中绘制一条直线，该直线用于定位调整后图像正确的垂直轴线，可以选择图像中的参照物拉直线，如图 9-141 所示。

图 9-140 打开素材文件

图 9-141 【镜头矫正】对话框

step 03 拉好直线后松开鼠标，图像自动调整角度，一次没有调整好，可以重复多次操作，本来倾斜的图像变垂直了，如图 9-142 所示。

step 04 调整完成后，单击【确定】按钮，返回到图像窗口，图像校正完成，效果如图 9-143 所示。

图 9-142 多次矫正

图 9-143 矫正后的效果

校正后倾斜的四边将会被自动裁剪掉。

9.5.2 案例13——【消失点】滤镜

利用【消失点】滤镜可以在包含透视平面的图像中进行透视校正编辑。使用【消失点】滤镜可以在图像中指定平面，然后对平面中的图像做绘画、仿制、复制或粘贴以及变换等编辑操作。所有编辑操作都将采用用户所处理平面的透视。

利用【消失点】滤镜，不再只仅仅将图像作为一个单一平面进行编辑操作，可以以立体方式在图像中的透视平面上操作。使用【消失点】滤镜来修饰、添加或移去图像中的内容时，结果将更加逼真，因为系统可正确确定这些编辑操作的方向，并且将它们缩放到透视平面。

下面将使用【消失点】滤镜去除照片中多余人物，具体的操作步骤如下。

step 01 打开随书光盘中的素材文件，在照片中的右侧后方有一个小女孩可以将其去除，如图9-144所示。

step 02 选择【滤镜】→【消失点】命令，弹出【消失点】对话框，选择左侧【创建平面工具】 🔲，如图9-145所示。

图9-144 打开素材文件　　　　　　图9-145 【消失点】对话框

step 03 通过单击的方式在女孩所在的区域创建平面，平面创建成功，平面由边点构成，线条呈现蓝色，表示4个顶点在同一个平面上，可以拖曳平面的顶点调整平面。如图9-146所示。

step 04 选择【编辑平面工具】 🔲，拖动平面的四边可以拉伸平面，扩大平面范围，调整【网格大小】参数，可以变换网格密度，如图9-147所示。

step 05 选择【选框工具】，在平面内绘制一个选区，该选区用作填充女孩。设置【羽化】为0、【不透明度】为100%，在【修复】下拉列表中选择【开】，如图9-148所示。

step 06 按住Alt键，拖动选区，覆盖女孩图像区域，尽量使覆盖后的图像与原图像吻合，可以重复以上操作，执行多次选区覆盖，如图9-149所示。

图 9-146　绘制平面

图 9-147　变换网格密度

图 9-148　绘制选区

图 9-149　覆盖多余部分

step 07　此时，女孩阴影还留在图像中，在女孩阴影区域创建平面。注意，平面中不能
　　　　　包含必须保留的图像内容，如前面的人物图像，所以在构建阴影平面时，不易过
　　　　　大，如图 9-150 所示。

step 08　依照上述方式，将女孩的阴影去掉，效果如图 9-151 所示。

图 9-150　在女孩阴影区域创建平面

图 9-151　去除阴影部分

step 09 单击【确定】按钮后，返回到图像窗口，女孩已经从图像中去除了，如图 9-152 所示。

图 9-152　图像的最终效果

9.5.3　案例 14——【风】滤镜

通过【风】滤镜可以在图像中放置细小的水平线条来获得风吹的效果。方法包括【风】、【大风】(用于获得更生动的风效果)和【飓风】(使图像中的线条发生偏移)。

step 01 打开随书光盘中的素材文件，如图 9-153 所示。

step 02 选择【滤镜】→【风格化】→【风】命令，在弹出的【风】对话框中进行设置，如图 9-154 所示。

step 03 单击【确定】按钮，即可为图像添加风效果，如图 9-155 所示。

图 9-153　素材文件

图 9-154　【风】对话框

图 9-155　添加风效果

9.5.4　案例 15——【马赛克】滤镜

【马赛克拼贴】渲染图像，使它看起来是由小的碎片或拼贴组成，然后在拼贴之间灌浆。具体的操作步骤如下。

step 01 打开随书光盘中的素材文件，如图 9-156 所示。

step 02 选择【滤镜】→【滤镜库】命令，弹出【马赛克拼贴】对话框，然后选择【纹理】卷展栏下的【马赛克拼贴】选项，打开【马赛克拼贴】选项面板，进行参数设置，如图 9-157 所示。

图 9-156 素材文件

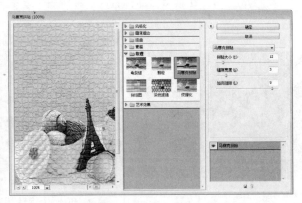

图 9-157 【马赛克拼贴】对话框

【马赛克拼贴】对话框中的各个选项含义介绍如下。

● 【拼贴大小】：用来设置图像中生成的块状图形的大小。

● 【缝隙宽度】：用来设置块状图形单元间的裂缝宽度。

● 【加亮缝隙】：用来设置块状图形缝隙的亮度。

step 03 单击【确定】按钮，即可为图像添加马赛克拼贴效果，如图 9-158 所示。

图 9-158 马赛克拼贴效果

9.5.5 案例 16——【旋转扭曲】滤镜

使用【旋转扭曲】滤镜可以使图像围绕轴心扭曲，可以生成漩涡的效果。具体的操作步骤如下。

step 01 打开随书光盘中的素材文件，如图 9-159 所示。

step 02 选择【滤镜】→【扭曲】→【旋转扭曲】命令，弹出【旋转扭曲】对话框，调整【角度】值，向左滑动滑块呈现逆时针漩涡效果，向右滑动呈现顺时针漩涡效果，如图 9-160 所示。

step 03 单击【确定】按钮，返回到图像窗口，生成图像效果如图 9-161 所示。

图 9-159　素材文件

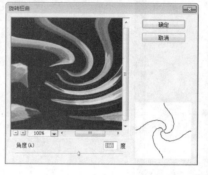
图 9-160　【旋转扭曲】对话框

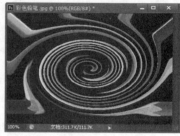
图 9-161　旋转扭曲后的效果

提示　　【旋转扭曲】滤镜产生的漩涡是以整个图像中心为圆心的，如果要对图像中的某一个区域执行旋转扭曲，可以先将该区域选为选区，再执行旋转扭曲操作。

9.5.6　案例 17——【模糊】滤镜

使用【模糊】滤镜，可以让清晰的图像变成各种模糊效果，可以做快速跟拍、车轮滚动等效果。

下面将制作出模拟高速跟拍的效果，具体操作步骤如下。

step 01 打开随书光盘中的素材文件。图像中的汽车像是静止或缓慢行驶的，如图 9-162 所示。

step 02 使用 Ctrl+J 快捷键复制【背景】图层，得到【图层 1】图层，如图 9-163 所示。

图 9-162　素材文件

图 9-163　复制图层

step 03 选中【图层 1】图层，选择【滤镜】→【模糊】→【动感模糊】命令，弹出【动

感模糊】对话框，设置【角度】为 9 度(接近水平)，设置【距离】为 12 像素，单击
【确定】按钮，如图 9-164 所示。

step 04 返回到图像窗口，整个图像已经有模糊的效果，汽车呈现动感，但是在高速跟
拍时应该是背景模糊，汽车清晰，如图 9-165 所示。

图 9-164 【动感模糊】对话框

图 9-165 应用模糊后的效果

step 05 选择工具箱中的【橡皮擦工具】，在属性栏中选择【柔边圆】橡皮擦样式，
【大小】和【硬度】可自行调整，如图 9-166 所示。

step 06 使用设置好的【橡皮擦工具】在车身部位擦除，最终可以得到相对清晰的车身
和较模糊的背景，使汽车有快速飞驰的效果，如图 9-167 所示。

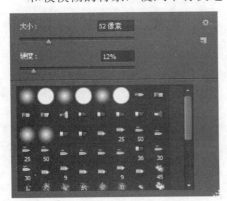

图 9-166 设置【橡皮擦工具】

图 9-167 擦除图像多余部分

9.5.7 案例 18——【渲染】滤镜

大部分的滤镜都需要有源图像做依托，在源图像基础上进行滤镜变换，但是【渲染】滤
镜其自身就可以产生图形，比如典型的【云彩】滤镜，它利用前景色和背景色来生成随机云
雾效果。由于是随机，所以每次生成的图像都不相同。

下面使用【云彩】滤镜制作一个简单的云彩特效，具体操作步骤如下。

step 01 选择【文件】→【新建】菜单命令，弹出【新建】对话框，创建一个 500×500 像素、白色背景的文件，单击【确定】按钮，如图 9-168 所示。

step 02 采用默认的黑色前景色和白色背景色，选择【滤镜】→【渲染】→【分层云彩】命令，然后多次按 Ctrl+F 快捷键重复使用分层云彩 5～10 次，得到如图 9-169 所示的灰度图像。

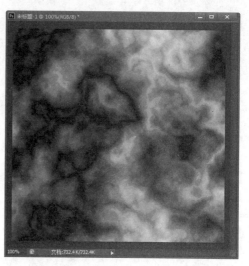

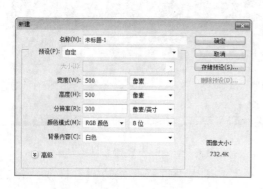

图 9-168　【新建】对话框

图 9-169　添加分层云彩效果

step 03 选择【图像】→【调整】→【渐变映射】命令，弹出【渐变映射】对话框，默认显示黑白渐变，如图 9-170 所示。

step 04 单击渐变条，弹出【渐变编辑器】对话框，在渐变条下方单击鼠标添加色标，双击色标可打开选择色标颜色的对话框，如图 9-171 所示分别为色标添加黑、红、黄、白4种颜色，单击【确定】按钮。

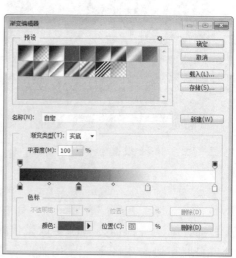

图 9-170　【渐变映射】对话框

图 9-171　【渐变编辑器】对话框

step 05 返回到图像窗口，显示如图 9-172 所示的云彩效果，云彩效果略显生硬。

step 06 在【图层】面板的图层上右击，在弹出的快捷菜单中选择【转换为智能对象】命令，将图层转换为智能对象，如图 9-173 所示。

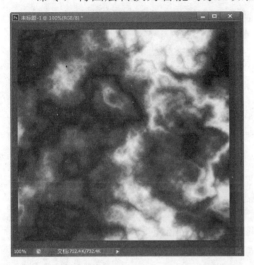

图 9-172 云彩效果

图 9-173 转换为智能对象

step 07 选择【滤镜】→【模糊】→【径向模糊】命令，弹出【径向模糊】对话框，设置【数量】为 80；在【模糊方法】选项组中选中【缩放】单选按钮；在【品质】选项组中选中【最好】单选按钮；在【中心模糊】中用鼠标拖动，调整径向模糊的中心，单击【确定】按钮，如图 9-174 所示。

step 08 调整后效果如图 9-175 所示，云彩呈现放射状模糊。

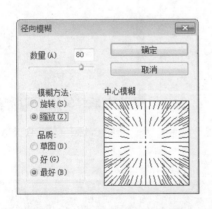

图 9-174 【径向模糊】对话框

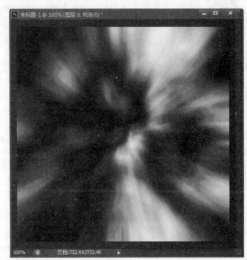

图 9-175 显示效果

step 09 双击【图层】面板中【图层 0】图层右下角的【径向模糊】后的箭头，如图 9-176 所示。

step 10 弹出【混合选项(径向模糊)】对话框，在【模式】下拉列表菜单中选择【变亮】选项，单击【确定】按钮，如图 9-177 所示。

step 11 返回到图像窗口，得到最终的云彩效果，如图 9-178 所示。

图 9-176 【图层】面板

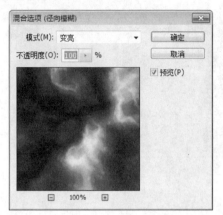

图 9-177 【混合选项(径向模糊)】对话框

 提示 　　由于云彩图形是随机产生的，不一定全部满足需求，可以剪切其中一部分云彩效果使用。

另外，制作云彩效果时，使用的渐变映射的颜色不同，得出的效果也有很大差异，例如选择蓝白相间的渐变颜色，如图 9-179 所示。

依照上述步骤操作，最终可以得到如图 9-180 所示的蓝天白云的效果。

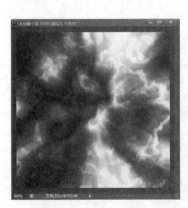

图 9-178 云彩效果

图 9-179 【渐变编辑器】对话框

图 9-180 蓝天白云效果

9.5.8 案例 19——【艺术效果】滤镜

使用【艺术效果】滤镜可以生产各种个性的效果，这里以【塑料包装】艺术效果为例制作特效魔圈，具体的操作步骤如下。

step 01 按 Ctrl+N 快捷键，弹出【新建】对话框，创建一个 500×500 像素的文件，如

图 9-181 所示，背景色采用黑色。

step 02 按 Ctrl+J 快捷键，复制【背景】图层，生成【图层 1】图层，如图 9-182 所示。

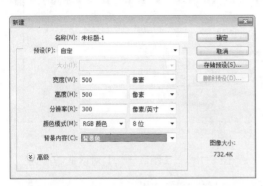

图 9-181 【新建】对话框　　　　　　图 9-182 复制图层

step 03 选中【图层 1】图层，选择【滤镜】→【渲染】→【镜头光晕】命令，弹出【镜头光晕】对话框，适当调整【亮度】，在小窗口中调整光晕中心位置，至图形中心，单击【确定】按钮，如图 9-183 所示。

step 04 选择【滤镜】→【艺术效果】→【塑料包装】命令，弹出【塑料包装】对话框，调整右侧的【高光强度】、【细节】和【平滑度】参数，单击【确定】按钮。如图 9-184 所示。

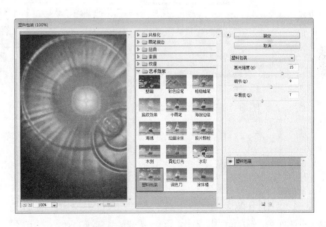

图 9-183 【镜头光晕】对话框　　　　　图 9-184 【塑料包装】对话框

step 05 返回到图像窗口，按 Ctrl+J 快捷键，复制当前图层，如图 9-185 所示。

step 06 双击【图层 副本】图层，弹出【图层样式】对话框，设置【混合模式】为【叠加】，单击【确定】按钮，如图 9-186 所示。

step 07 选择【编辑】→【调整】→【色相/饱和度】菜单命令，弹出【色相/饱和度】对话框，调整【色相】、【饱和度】和【明度】参数，单击【确定】按钮，如图 9-187 所示。

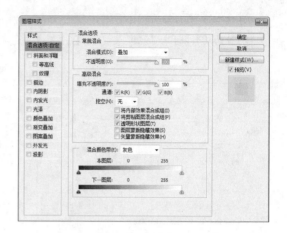

图 9-185　复制当前图层　　　　　　　　图 9-186　【图层样式】对话框

step 08　返回到图像窗口，得到如图 9-188 所示的蓝色魔圈效果。

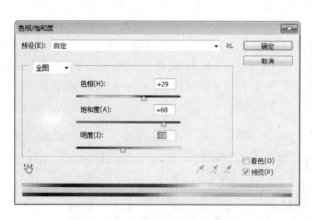

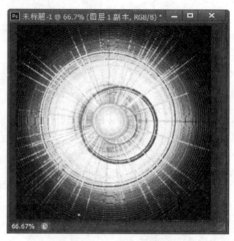

图 9-187　【色相/饱和度】对话框　　　　　图 9-188　蓝色魔圈效果

9.6　实战演练——校正偏红图片

【应用图像】命令可以对图像的图层和通道进行混合与蒙版操作，可以用于执行色彩调整等工作。例如拍摄的图片由于曝光等问题，有可能会发红，这种图片就可以使用【应用图像】命令进行调整，具体操作步骤如下。

step 01　打开随书光盘中的素材文件，如图 9-189 所示。

step 02　选择【图像】→【应用图像】命令，弹出【应用图像】对话框，在【通道】下拉列表中选择【绿】；在【混合】下拉菜单中选择【滤色】，将【不透明度】设置为 50%，选中【蒙版】复选框；在【通道】下拉列表中选择【绿】，并选中【反相】复选框，设置完成后单击【确定】按钮，如图 9-190 所示。

图 9-189　素材文件

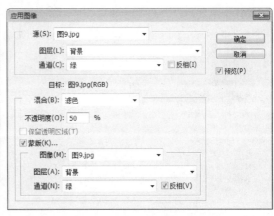

图 9-190　【应用图像】对话框

step 03　打开【应用图像】对话框，使用同样的方法对蓝色通道执行滤色操作。如图 9-191 所示。

step 04　打开【应用图像】对话框，在【通道】下拉列表中选择 RGB；在【混合】下拉列表中选择【变暗】，将【不透明度】设置为 100%，单击【确定】按钮，如图 9-192 所示。

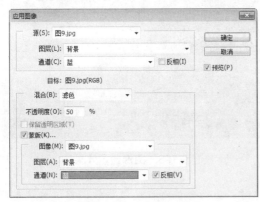

图 9-191　设置参数

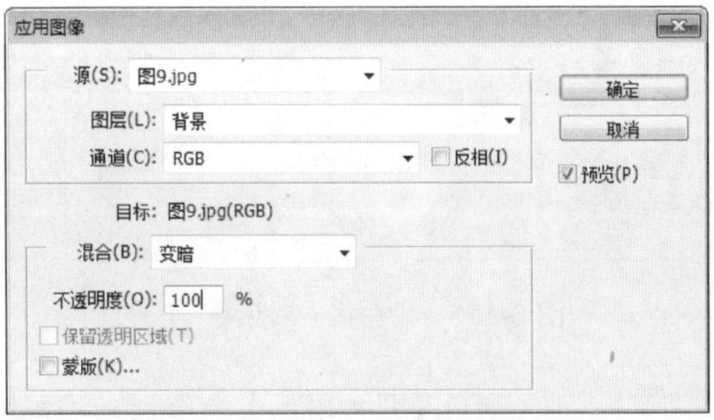

图 9-192　设置混合参数

step 05　打开【应用图像】对话框，在【通道】下拉列表中选择【红】；在【混合】下拉列表中选择【正片叠底】，将【不透明度】设置为 100%，选中【蒙版】复选框；在【通道】下拉列表中选择【红】，选中【反相】复选框，单击【确定】按钮，如图 9-193 所示。

step 06　返回到图像窗口，效果如图 9-194 所示。可以看到红色已经减淡，但是还是有些微微泛红，可以使用【曲线】命令再做微调。

step 07　选择【图像】→【调整】→【曲线】命令，打开【曲线】对话框，在【通道】下拉列表中选择【红】，单击曲线中间，向下拖动，图像颜色调整差不多时，释放鼠标，单击【确定】按钮，如图 9-195 所示。

step 08　调整结束，图像已经没有泛红的感觉，如图 9-196 所示。

图 9-193 　【应用图像】对话框

图 9-194 　图像效果

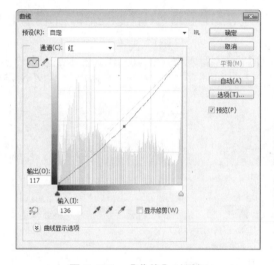

图 9-195 　【曲线】对话框

图 9-196 　图像显示效果

　　使用【应用图像】命令校正偏红图像时，要结合偏红程度做参数调整，这就要求操作者对图像的颜色构成有基本的了解。

9.7 　跟我练练手

9.7.1 　练习目标

能够熟练掌握本章所讲解的内容。

9.7.2 　上机练习

练习 1：网页图像之图层的应用。

练习 2：网页图像之图层样式的应用。

练习 3：网页图像之蒙版的应用。

练习 4：网页图像之通道的应用。

练习 5：网页图像之滤镜的应用。

9.8　高手甜点

甜点 1：如何在户外拍摄人物

在户外拍摄人物时，一般不要到阳光直射的地方，特别是在光线很强的夏天。但是，如果由于条件所限必须在这样的情况下拍摄时，则需要要让被摄体背对阳光，这就是人们常说的"肩膀上的太阳"规则。这样被摄体的肩膀和头发上就会留下不错的边缘光效果(轮廓光)。然后再用闪光灯略微(较低亮度)给被摄体的面部足够的光线，就可以得到一张与周围自然光融为一体的完美照片了。

甜点 2：室内拍摄应注意哪些问题

室内人物摄影光线技巧。人们看照片时，首先是被照片中最明亮的景物所吸引，所以要把最亮的光投射到用户希望的位置。室内人物摄影，毫无疑问被摄体的脸是最引人注目的，那么最明亮的光线应该在脸上，然后逐渐沿着身体往下而变暗，这样就增加趣味性、生动性和立体感。

第 10 章

网页的标志——
制作网站 Logo
与 Banner

　　Logo 的中文含义就是标志、标识。作为独特的传媒符号，Logo 一直是传播特殊信息的视觉文化语言。Logo 自身的风格对网站设计也有一定的影响。Banner 中文含义是旗帜、横幅和标语，通常被称为网络广告。本章就来介绍如何制作网站Logo 与 Banner。

本章要点(已掌握的在方框中打钩)

☐ 掌握制作时尚空间感的文字 Logo 的方法

☐ 掌握制作图案 Logo 的方法

☑ 掌握制作图文结合 Logo 的方法

☐ 掌握制作英文 Banner 的方法

☐ 掌握制作中文 Banner 的方法

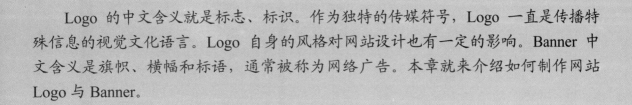

网站开发案例课堂

10.1　制作时尚空间感的文字 Logo

一个设计新颖的网站 Logo 可以给网站带来不错的宣传效应。本节就来制作一个时尚空间感的文字 Logo。

10.1.1　案例 1——制作背景

制作文字 Logo 之前，需要事先制作一个文件背景，具体的操作步骤如下。

step 01 打开 Photoshop 软件，选择【文件】→【新建】命令，弹出【新建】对话框，在【名称】文本框中输入"文字 Logo"，将【宽度】设置为 400 像素、【高度】设置为 300 像素、【分辨率】设置为 72 像素/英寸，如图 10-1 所示。

step 02 单击【确定】按钮，新建一个空白文档，如图 10-2 所示。

图 10-1　【新建】对话框　　　　　　　图 10-2　空白文档

step 03 新建一个【图层 1】图层，设置前景色为 C：59、M：53、Y：52、K：22，背景色为 C：0、M：0、Y：0、K：0，如图 10-3 所示。

step 04 选择工具箱中的【渐变工具】，在其属性栏中设置过渡色为"前景色到背景色渐变"，渐变模式为【线性渐变】，如图 10-4 所示。

step 05 按 Ctrl+A 快捷键进行全选，选中【图层 1】图层，再返回到图像窗口，在选区中按住 Shift 键的同时由上至下画出渐变色，然后按 Ctrl+D 快捷键取消选区，效果如图 10-5 所示。

 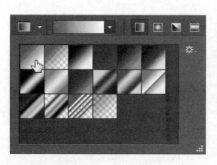 

图 10-3　设置前景色和背景色　　　图 10-4　设置过滤色　　　　图 10-5　渐变效果

10.1.2　案例 2——制作文字内容

文字 Logo 的背景制作完成后，下面就可以制作文字 Logo 的文字内容了。具体的操作步骤如下。

step 01 在工具箱中选择【横排文字工具】，在文档中输入文字"YOU"，并设置文字的字体格式为 Times New Roman，大小为 100pt，字体样式为 Bold，颜色为 C：0、M：100、Y：0、K：0，效果如图 10-6 所示。

step 02 在【图层】面板中选中文字图层，然后将其拖曳到【创建新图层】按钮上，复制文字图层，如图 10-7 所示。

图 10-6　输入文字

图 10-7　复制文字图层

step 03 选中【YOU 副本】图层，选择【编辑】→【变换】→【垂直翻转】命令，翻转图层，然后调整图层的位置，如图 10-8 所示。

step 04 在【图层】面板中选中【YOU 副本】图层，设置该图层的【不透明度】为50%，最终的效果如图 10-9 所示。

图 10-8　翻转图层

图 10-9　设置图层的不透明度

step 05 参照步骤 1～4 的操作，设置字母"J"的显示效果，其中字母"J"为白色，如图 10-10 所示。

网站开发案例课堂

step 06 参照步骤 1～4 的操作，设置字母"IA"的显示效果，其中字母"IA"为白色，
如图 10-11 所示。

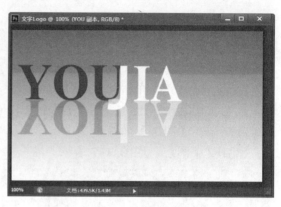

图 10-10　设置字母"J"的效果　　　　　图 10-11　设置字母"IA"的效果

10.1.3　案例 3——绘制自定义形状

在一些 Logo 中，会出现"®"标识，该标识的含义是优秀，也就是说明该公司所提供的产品或服务是优秀的。绘制"®"标识的具体操作步骤如下。

step 01 在工具箱中选择【自定形状工具】，然后在属性栏中单击【点击可打开"自定形状"拾色器】按钮，打开系统预设的形状，在其中选择需要的形状样式，如图 10-12 所示。

step 02 在【图层】调板中单击【创建新图层】按钮，新建一个图层，然后在该图层中绘制形状，如图 10-13 所示。

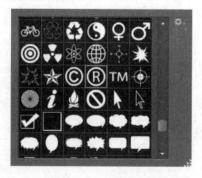

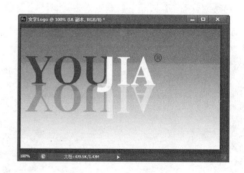

图 10-12　选择形状　　　　　　　　　图 10-13　绘制形状

step 03 在【图层】面板中选中【形状 1】图层，并右击，在弹出的快捷菜单中选择【栅格化图层】命令，即可将该形状转换为图层，如图 10-14 所示。

step 04 选中形状所在图层并复制该图层，然后选择【编辑】→【变换】→【垂直翻转】命令，翻转形状，最后调整该形状图层的位置与图层不透明度，效果如图 10-15 所示。

图 10-14 栅格化形状

图 10-15 翻转图层后的效果

10.1.4 案例 4——美化文字 Logo

美化文字 Logo 的操作步骤如下。

step 01 新建一个图层，然后选择工具箱中的【单列选框工具】，选择图层中的单列，如图 10-16 所示。

step 02 选择工具箱中的【油漆桶工具】，填充单列为梅红色(C：0、M：100、Y：0、K：0)。然后按 Ctrl+D 快捷键，取消选区的选择状态，如图 10-17 所示。

图 10-16 绘制单列

图 10-17 填充单列选区

step 03 按 Ctrl+T 快捷键，自由变换绘制的直线，并将其调整为合适的位置，如图 10-18 所示。

step 04 选择工具箱中的【橡皮擦工具】，擦除多余的直线，如图 10-19 所示。

图 10-18 变换绘制的直线

图 10-19 擦除多余的直线

step 05 复制直线所在图层，然后选择【编辑】→【变换】→【垂直翻转】命令，并调整其位置和图层的不透明度，效果如图 10-20 所示。

step 06 新建一个图层，选择工具箱中的【矩形选框工具】，在其中绘制一个矩形选区，并填充梅红色为(C：0、M：100、Y：0、K：0)，效果如图10-21所示。

图 10-20　翻转直线

图 10-21　绘制矩形选区并填充

step 07 在梅红色矩形上输入文字"友佳"，并调整文字的字体和大小，如图10-22所示。

step 08 双击文字"友佳"所在的图层，打开【图层样式】对话框，选中【投影】复选框，为图层添加投影样式，效果如图10-23所示。

图 10-22　输入文字

图 10-23　为文字添加投影效果

step 09 选中矩形与文字"友佳"所在图层，然后右击，在弹出的快捷菜单中选择【合并图层】命令，合并选中的图层，如图10-24所示。

step 10 选中合并之后的图层，将其拖曳到【创建新图层】按钮上，复制图层。然后选择【编辑】→【变换】→【垂直翻转】命令，翻转图层，最后调整图层的位置与该图层的不透明度，最终效果如图10-25所示。

图 10-24　合并图层

图 10-25　最终效果

10.2　制作网页图案 Logo

本节将介绍如何制作图案 Logo。

10.2.1　案例 5——制作背景

制作背景的具体操作步骤如下。

step 01　打开 Photoshop 软件，选择【文件】→【新建】命令，弹出【新建】对话框，在【名称】文本框中输入"图案 Logo"，将【高度】设置为 400 像素、【宽度】设置为 200 像素，【分辨率】设置为 72 像素/英寸，单击【确定】按钮。新建一个空白文档，如图 10-26 所示。

step 02　单击工具箱中的【渐变工具】按钮之后，双击属性栏中的编辑渐变按钮，即可打开【渐变编辑器】对话框，在其中设置左边色标的 RGB 值为 47、176、224，右边色标的 RGB 值为 255、255、255，如图 10-27 所示。

图 10-26　新建空白文档

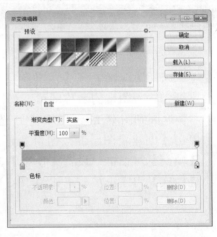

图 10-27　【渐变编辑器】对话框

step 03　设置完成后单击【确定】按钮，对选区从上到下进行渐变，效果如图 10-28 所示。

step 04　选择【文件】→【新建】命令，打开【新建】对话框，设置【宽度】为 400 像素、【高度】为 10 像素、【分辨率】为 72 像素/英寸，【颜色模式】为【RGB 颜色】、【背景内容】为【透明】，如图 10-29 所示。

step 05　在【图层】面板底部单击【创建新图层】按钮，新建一个图层后，选择工具箱中的【矩形选框工具】，并在属性栏中设置【样式】为【固定大小】、【宽度】为 400 像素、【高度】为 5 像素，在文件中绘制一个矩形选区，如图 10-30 所示。

step 06　单击工具箱中的【前景色】图标，在弹出的【拾色器(前景色)】对话框中，将 RGB 值设置为 148、148、155。然后使用【油漆桶工具】为选区填充颜色，如图 10-31 所示。

图 10-28　渐变填充选区

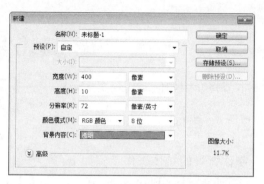

图 10-29　【新建】对话框

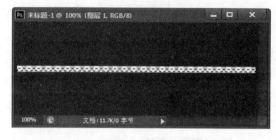

图 10-30　绘制矩形选区

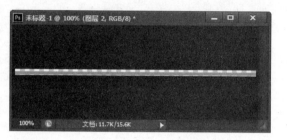

图 10-31　填充矩形选区

step 07　选择【编辑】→【定义图案】命令，打开【图案名称】对话框，在【名称】文本框中输入图案的名称即可，如图 10-32 所示。

step 08　返回到图案 Logo 窗口中，选择进行渐变的矩形选区。然后在【图层】面板底部单击【创建新图层】按钮，新建一个图层后，选择【编辑】→【填充】命令，弹出【填充】对话框，设置【使用】为【图案】、【自定图案】为步骤 7 定义的图案、【模式】为【正常】，如图 10-33 所示。

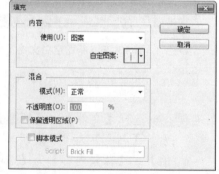

图 10-32　【图案名称】对话框

图 10-33　【填充】对话框

step 09　设置完成后单击【确定】按钮，即可为选定的区域填充图像。然后在【图层】面板中可以通过调整其不透明度来设置填充图像显示的效果，在这里设置图层【不透明度】为 47%，效果如图 10-34 所示。

step 10　在【图层】面板中双击新建的图层，弹出【图层样式】对话框，在【样式】列表框中选择【内发光】样式选项后，设置【混合模式】为【正常】，设置发光颜色 RGB 值为 255、255、190，设置【大小】为 5 像素。在设置完成后，单击【确定】按钮，即可完成对内发光设置，效果如图 10-35 所示。

图 10-34　设置图层的不透明度

图 10-35　设置内发光效果

10.2.2　案例 6——制作图案效果

背景制作完成后，下面就可以制作图案效果了。具体的操作步骤如下。

step 01　在【图层】面板底部单击【创建新图层】按钮，新建一个图层后，选择工具箱中的【椭圆选框工具】，按住 Shift 键的同时创建一个圆形选区，如图 10-36 所示。

step 02　使用【油漆桶工具】为选区填充颜色，其 RGB 值设置为 120、156、115，效果如图 10-37 所示。

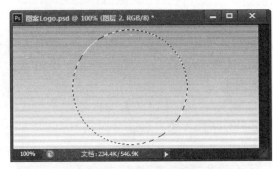

图 10-36　创建圆形选区

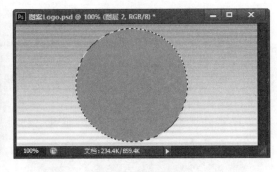

图 10-37　填充颜色

step 03　在【图层】面板中双击新建的图层，弹出【图层样式】对话框，在【样式】列表框中选择【外发光】样式选项后，设置【混合模式】为【正常】，设置发光颜色 RGB 值为 240、243、144，设置【大小】为 24 像素，如图 10-38 所示。

step 04　设置完成后单击【确定】按钮，即可完成外发光的设置，如图 10-39 所示。

step 05　在【图层】面板底部单击【创建新图层】按钮，新建一个图层后，单击工具箱中的【椭圆选框工具】，按住 Shift 键的同时在创建的圆形中再创建一个圆形选区，如图 10-40 所示。

step 06　使用【油漆桶工具】为选区填充颜色，其 RGB 值设置为 255、255、255，效果如图 10-41 所示。

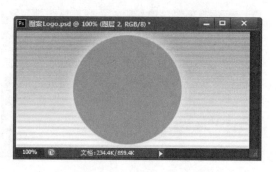

图 10-38　【图层样式】对话框　　　　图 10-39　设置外发光效果

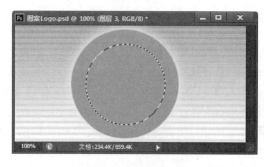

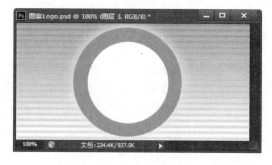

图 10-40　创建圆形选区　　　　　　图 10-41　填充颜色

step 07　在【图层】面板底部单击【创建新图层】按钮，新建一个图层后，选择工具箱
　　　　中的【自定形状工具】，在属性栏中单击【点击可打开"自定形状"拾色器】按
　　　　钮，在弹出的下拉列表中选择红桃❤，如图 10-42 所示。

step 08　选择完成后在文件窗口中绘制一个心形图案，在【路径】面板底部单击【将路
　　　　径作为选区载入】按钮，即可将红桃形图案的路径转换为选区，如图 10-43 所示。

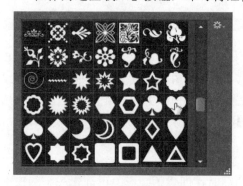

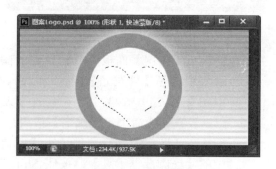

图 10-42　选择形状　　　　　　　　图 10-43　绘制心形图案并转换为选区

step 09　单击工具箱中的【前景色】图标，在弹出的【拾色器(前景色)】对话框中，将
　　　　RGB 值设置为 224、65、65。然后使用【油漆桶工具】为选区填充颜色后，再使用

【移动工具】调整其位置，完成后具体的显示效果如图 10-44 所示。

step 10　在【图层】面板底部单击【创建新图层】按钮新建一个图层。选择工具箱中的
　　　　【横排文字工具】，在文件窗口中输入文本"LOVE"后，再在【字符】面板中设置
　　　　字体大小为 20 点、字体样式为【宋体】，颜色为白色，效果如图 10-45 所示。

图 10-44　填充心形

图 10-45　输入文字

10.3　制作网页图文结合 Logo

大部分网站的 Logo 都是图文结合的 Logo，本节就来制作一个图文结合的 Logo。

10.3.1　案例 7——制作网站 Logo 中的图案

制作网站 Logo 中图案的具体操作步骤如下。

step 01　打开 Photoshop 软件，选择【文件】→【新建】命令，弹出【新建】对话框，设
　　　　置【宽度】为 200 像素、【高度】为 100 像素、【分辨率】为 96.012 像素/英寸、
　　　　【颜色模式】为【RGB 颜色】、【背景内容】为【白色】，如图 10-46 所示。

step 02　选择【视图】→【显示】→【网格】命令，在图像窗口中显示出网格。然后选
　　　　择【编辑】→【首选项】→【参考线、网格和切片】命令，弹出【首选项】对话
　　　　框，在其中将网格线间隔数设置为 10 毫米，如图 10-47 所示。

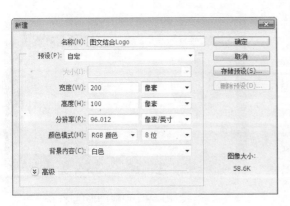

图 10-46　【新建】对话框

图 10-47　【首选项】对话框

step 03 设置完成后单击【确定】按钮，此时图像窗口显示的网格属性如图 10-48 所示。

step 04 在【图层】面板底部单击【创建新图层】按钮，新建一个图层后，选择工具箱中的【椭圆选框工具】，按住 Shift 键的同时创建一个圆形选区，如图 10-49 所示。

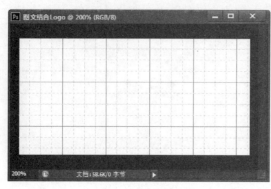

图 10-48　显示网格属性　　　　　　　　　图 10-49　绘制圆形选区

step 05 选择工具箱中的【多边形套索工具】，并同时按住 Alt 键减少部分的选区，完成后的效果，如图 10-50 所示。

step 06 设置前景色的颜色为绿色，其 RGB 值设置为 27、124、30。然后选择【油漆桶工具】，使用前景色进行填充，如图 10-51 所示。

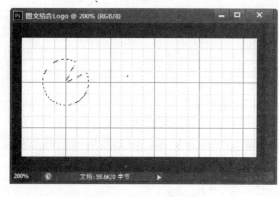

图 10-50　减少选区　　　　　　　　　图 10-51　填充选区

step 07 在【图层】面板底部单击【创建新图层】按钮，新建一个图层后，选择工具箱中的【椭圆选框工具】，按住 Shift 键的同时创建一个圆形选区，如图 10-52 所示。

step 08 设置前景色的颜色为红色，其 RGB 值设置为 255、0、0。然后按 Alt+Delete 快捷键，使用前景色进行填充，如图 10-53 所示。

step 09 采用相同的方法依次创建两个新

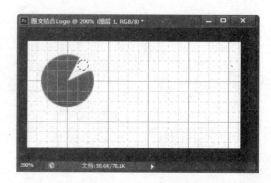

图 10-52　创建圆形选区

的图层，并在每个图层上创建一个大小不同的红色选区。使用【移动工具】调整其位置，完成后的效果如图 10-54 所示。

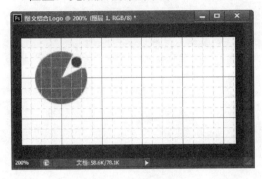

图 10-53　填充选区

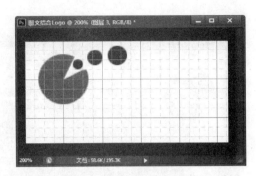

图 10-54　图像效果

10.3.2　案例 8——制作网站 Logo 中的文字

图案制作完成后，下面就可以制作网站 Logo 中的文字了。具体的操作步骤如下。

step 01　新建一个图层，然后选择工具箱中的【横排文字工具】，单击属性栏中的【创建文字变形】按钮，弹出【变形文字】对话框，在【样式】下拉列表中选择【波浪】选项，设置完成后单击【确定】按钮，如图 10-55 所示。

step 02　选择【窗口】→【字符】命令，弹出【字符】面板，设置要输入文字的各个属性，如图 10-56 所示。

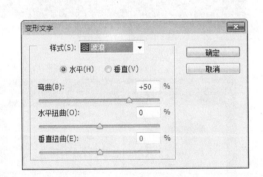

图 10-55　【变形文字】对话框

图 10-56　【字符】面板

step 03　设置完成后在图像中输入文字"创新科技"，并适当调整其位置，如图 10-57 所示。

step 04　在【图层】面板中双击文字图层，弹出【图层样式】对话框，并在【样式】列表框中选择【斜面和浮雕】样式选项后，设置【样式】为【外斜面】，并设置【阴影模式】颜色的 RGB 值为 253、109、159，如图 10-58 所示。

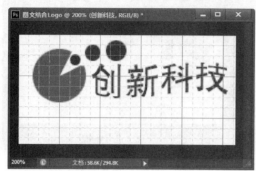

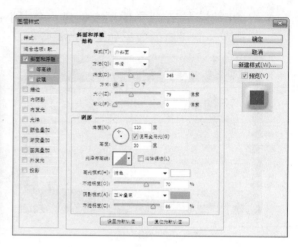

图 10-57　输入文字　　　　　　　　　　图 10-58　【图层样式】对话框

step 05　设置完成后单击【确定】按钮，其效果如图 10-59 所示。

step 06　新建一个图层，然后选择工具箱中的【横排文字工具】，并在属性栏中设置文字的大小、字体和颜色，然后输入文字"Cx"，如图 10-60 所示。

图 10-59　文字效果　　　　　　　　　　图 10-60　输入文字

step 07　右击新建的文字图层，在弹出的快捷菜单中选择【栅格化文字】命令，将文字图层转换为普通图层，然后按 Ctrl+T 快捷键对文字进行变形和旋转，完成后的效果如图 10-61 所示。

step 08　采用同样的方法完成网址其他部分的制作，其效果如图 10-62 所示。

step 09　选择【视图】→【显示】→【网格】命令，在图像窗口中取消

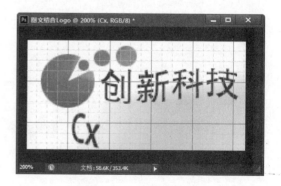

图 10-61　栅格化文字

网格的显示。至此，就完成了图文结合网站 Logo 的制作，如图 10-63 所示。

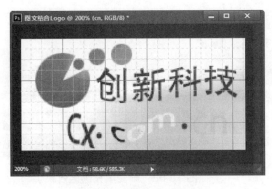
图 10-62　输入其他文字

图 10-63　最终完成后的效果

10.4　制作网页英文 Banner

在网站中，Banner 的位置显著，色彩艳丽，动态的情况较多，很容易吸引浏览者的目光。所以，Banner 作为一种页面元素，它必须服从整体页面的风格和设计原则。本节就来制作一个英文 Banner。

10.4.1　案例 9——制作 Banner 背景

制作 Banner 背景的操作步骤如下。

step 01　打开 Photoshop 软件，按 Ctrl+N 快捷键，弹出【新建】对话框，设置【名称】为"英文 Banner"、【宽度】为 468 像素、【高度】为 60 像素，如图 10-64 所示。

step 02　单击【确定】按钮，新建一个空白文档，如图 10-65 所示。

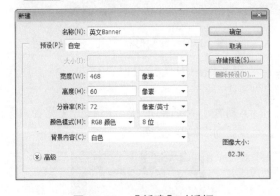
图 10-64　【新建】对话框

图 10-65　新建空白文档

step 03　新建一个【图层 1】图层，设置前景色为 C：5、M：20、Y：95、K：0，设置背景色为 C：36、M：66、Y：100、K：20，如图 10-66 所示。

step 04　选择工具箱中的【渐变工具】，在其属性栏中设置过渡色为"前景色到背景色渐变"，渐变模式为【线性渐变】，如图 10-67 所示。

step 05　按 Ctrl+A 快捷键进行全选，选中【图层 1】图层，返回到图像窗口，在选区中按住 Shift 键的同时由上至下进行渐变，然后按 Ctrl+D 键取消选区。效果如图 10-68 所示。

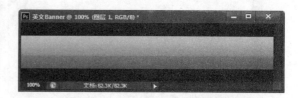

图 10-66　设置颜色　　　　图 10-67　选择渐变样式　　　　图 10-68　渐变填充选区效果

10.4.2　案例 10——制作 Banner 底纹

制作 Banner 背景底纹的操作步骤如下。

step 01　选择工具箱中的【画笔工具】，在属性栏中单击【形状】右侧的下三角按钮，在弹出的下拉列表中选择 图案，并设置【大小】为 100px，然后再设置【流量】为 50%，如图 10-69 所示。

step 02　使用【画笔工具】在图像中画出如图 10-70 所示的形状。

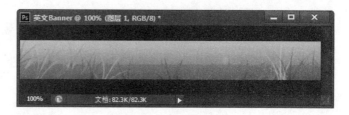

图 10-69　设置画笔参数　　　　　　　　图 10-70　绘制形状

step 03　选择工具箱中的【自定形状工具】，在属性栏中选择自己喜欢的形状，这里选择 形状，如图 10-71 所示。

step 04　在【路径】面板中新建【路径 1】，绘制大小合适的形状，再右击【路径 1】，在弹出的快捷菜单中选择【建立选区】命令，如图 10-72 所示。

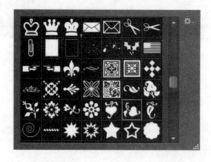

图 10-71　选择形状　　　　　　　　图 10-72　【建立选区】命令

step 05 设置前景色为 C：10、M：16、Y：75、K：0，新建【图层 2】图层，然后填充形状，如图 10-73 所示。

图 10-73　填充形状

step 06 双击【图层 2】图层，打开【图层样式】对话框，为【图层 2】图层添加【描边】和【投影】样式，具体的参数设置如图 10-74 所示。

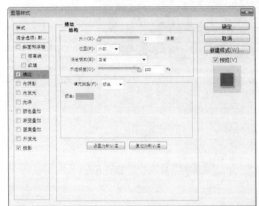

图 10-74　【图层样式】对话框

step 07 选择【自定形状工具】，为图像添加形状，并填充为绿色，效果如图 10-75 所示。

图 10-75　填充图形

10.4.3　案例 11——制作文字特效

制作文字特效的具体操作步骤如下。

step 01 选择工具箱中的【横排文字工具】，为 Banner 添加英文字母，然后设置大小、颜色、字体等属性，并为字母图层添加投影效果，如图 10-76 所示。

图 10-76　输入字母

step 02 选择【编辑】→【变换】→【斜切】命令，调整字母的角度。最终完成效果如
图 10-77 所示。

图 10-77　最终效果

10.5　制作网页中文 Banner

在上一节介绍了如何制作英文 Banner，本节将介绍如何制作中文 Banner。

10.5.1　案例 12——输入特效文字

输入特效文字的具体操作步骤如下。

step 01 打开 Photoshop 软件，选择【文件】→【新建】命令，弹出【新建】对话框，创
建一个 600×300 像素的空白文档，单击【确定】按钮，如图 10-78 所示。

step 02 使用工具箱中的【横排文字工具】在文档中插入要制作立体效果的文字内容，
文字颜色和字体可自行定义，本实例采用黑色，如图 10-79 所示。

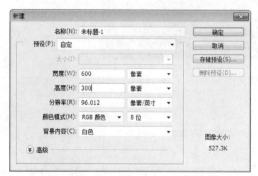

图 10-78　【新建】对话框

图 10-79　输入文字

step 03 右击文字图层，在弹出的快捷菜单中选择【栅格化文字】命令，将矢量文字变

成像素图像，如图 10-80 所示。

step 04 选择【编辑】→【自由变换】命令，对文字执行变形操作，调整到合适的角度，如图 10-81 所示。

图 10-80 栅格化文字

图 10-81 变换文字

 提示 对文字进行自由变形时需要注意透视原理。

10.5.2 案例 13——将输入的文字设置为 3D 效果

将输入的文字设置为 3D 效果的具体操作步骤如下。

step 01 将文字图层进行复制，生成文字副本图层，如图 10-82 所示。

step 02 选择副本图层并进行双击，弹出【图层样式】对话框，在【样式】列表框中选择【斜面和浮雕】样式选项，调整【深度】为 350%，【大小】为 2 像素，如图 10-83 所示。然后在【样式】列表框中选择【颜色叠加】样式选项，设置叠加颜色为红色，单击【确定】按钮。

图 10-82 复制图层

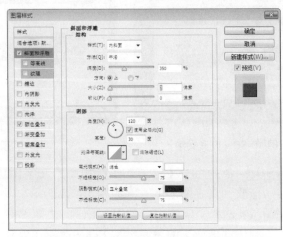

图 10-83 【图层样式】对话框

step 03 新建【图层 1】图层，并将该图层拖曳到文字副本图层的下面，如图 10-84 所示。

step 04 右击文字副本图层，在弹出的快捷菜单中选择【向下合并】命令，将文字副本图层合并到【图层 1】图层中，得到新的【图层 1】图层，如图 10-85 所示。

图 10-84 调整图层位置

图 10-85 合并图层

step 05 选择【图层 1】图层，按 Ctrl+Alt+T 快捷键执行复制变形，在属性栏中输入纵横拉伸的百分比分别为 101%，然后使用小键盘上的方向键，向右移动两个像素(单击一次方向键可移动一个像素)，如图 10-86 所示。

step 06 按 Ctrl+Alt+Shift+T 快捷键盖印【图层 1】图层，并使用方向键向右移动一个像素。使用相同的方法依次盖印图层，并向右移动一个像素，经过多次重复操作，得到如图 10-87 所示的立体效果。

图 10-86 变形文字

图 10-87 盖印多个文字图层

step 07 合并除了【背景】图层和原始文字图层外的其他所有图层，并将合并后的图层拖放到文字图层下方，如图 10-88 所示。

step 08 选择文字图层，使用 Ctrl+T 快捷键对图形执行拉伸变形操作，使其刚好能盖住制作立体效果的表面，按 Enter 键使其生效，如图 10-89 所示。

step 09 双击文字图层，弹出【图层样式】对话框，选中【渐变叠加】复选框，设置渐变样式为"橙—黄—橙渐变"，单击【确定】按钮，如图 10-90 所示。

图 10-88　合并图层

图 10-89　变形文字

图 10-90　【图层样式】对话框

step 10　立体文字效果制作完成，如图 10-91 所示。

10.5.3　案例 14——制作 Banner 背景

制作 Banner 背景的具体操作步骤如下。

step 01　按 Ctrl+N 快捷键，在弹出的【新建】对话框中，设置【名称】为"中文 Banner"、【宽度】为 468 像素、【高度】为 60 像素。如图 10-92 所示。

图 10-91　文字效果

step 02　单击【确定】按钮，新建一个空白文档，如图 10-93 所示。

step 03　选择工具箱中的【渐变工具】，并设置渐变颜色为紫色(R：102、G：102、B：155)到橙色(R：230、G：230、B：255)的渐变，如图 10-94 所示。

step 04　按住 Ctrl 键，单击【背景】图层，全选背景。然后在选框上方单击并向下拖曳鼠标，填充从上到下的渐变。按 Ctrl+D 快捷键，取消选区。效果如图 10-95 所示。

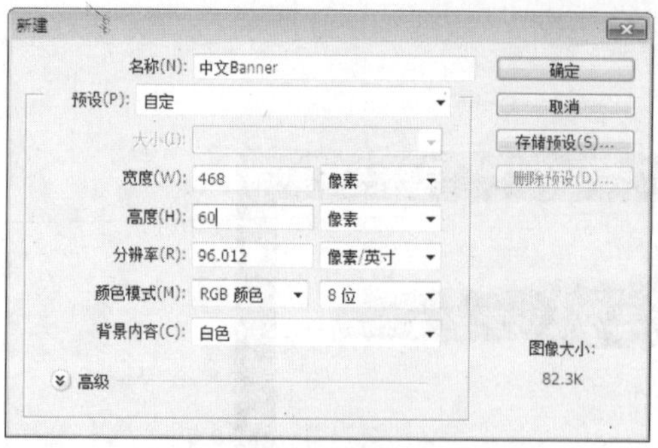

图 10-92　【新建】对话框

图 10-93　空白文档

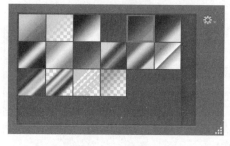

图 10-94　选择渐变图案

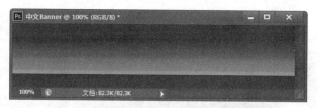

图 10-95　渐变填充选区后的效果

step 05　打开上一节制作的特效文字，使用【移动工具】将该文字拖曳到"中文 Banner"文档中，然后按 Ctrl+T 快捷键，调整文字的大小与位置，效果如图 10-96 所示。

step 06　选择工具箱中的【画笔工具】，然后在【画笔预设】面板中选择枫叶图案，并设置图案的大小等，如图 10-97 所示。

图 10-96　变形文字

图 10-97　设置画笔参数

step 07　在"中文 Banner"文档中绘制枫叶图案，最终的效果如图 10-98 所示。至此，就完成了网站中文 Banner 的制作。

图 10-98　中文 Banner 效果

10.6　跟我练练手

10.6.1　练习目标

能够熟练掌握本章所讲解的内容。

10.6.2　上机练习

练习 1：制作时尚空间感的文字 Logo。

练习 2：制作网页图案 Logo。

练习 3：制作网页图文结合 Logo。

练习 4：制作网页英文 Banner。

练习 5：制作网页中文 Banner。

10.7　高手甜点

甜点 1：选区图像的精确移动

选择选区后，再选择工具箱中的【移动工具】，使用小键盘上的方向键可以对选区执行微移，每次移动一个像素。如果要加快移动速度，可以在移动的同时按住 Shift 键。

甜点 2：如何重复利用设置好的渐变色

在设置渐变填充时，设置一个比较满意的渐变色很不容易。设置好的渐变色也有可能在多个对象上使用，所以能将设置好的渐变色保存下来就再好不过了。那应该如何操作呢？

具体的操作方法如下：在【渐变编辑器】对话框中，设置好渐变色后，在【名称】文本框中输入名称，单击【新建】按钮，可以将已经设置好的渐变色保存到预设中，对其他对象设置渐变时可以从预设中找到保存的渐变设置即可，如图 10-99 所示。

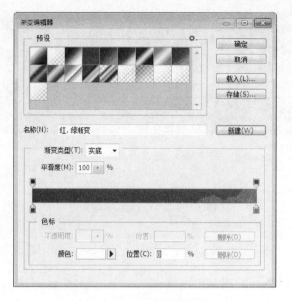

图 10-99 【渐变编辑器】对话框

第 11 章

制作网页导航条

导航条是网站设计中不可缺少的基础元素之一。导航条不仅仅是信息结构的基础分类，也是浏览网站的路标。

本章要点(已掌握的在方框中打钩)

☐ 认识网页导航条

☐ 掌握制作网页导航条的方法

11.1 网页导航条简介

导航条是最早出现在网页上的页面元素之一。它既是网站路标，又是分类名称，是十分重要的。导航条应放置在明显的页面位置，让浏览者在第一时间内看到它并作出判断，确定要进入哪个栏目中去搜索他们所要的信息。

在设计网站导航条时，一般来说要注意以下几点：

- 网站导航条的色彩要与网站的整体相融合，在色彩的选用上不要求像网站的 Logo、网站的 Bannar 那样的鲜明色彩。
- 放置在网站正文的上方或者下方，这样的放置主要是针对网站导航条，能够为精心设计的导航条提供一个很好的展示空间。如果网站使用的是列表导航，也可以将列表放置在网站正文的两侧。
- 导航条层次清晰，能够简单明了地反映访问者所浏览的层次结构。
- 更可能多地提供相关资源的链接。

11.2 制作网页导航条

导航条的设计根据具体情况可以有多种变化，它的设计风格决定了页面设计的风格。常见的导航条有横向、竖向等。

11.2.1 案例 1——制作横向导航条框架

制作横向导航条框架的具体操作步骤如下。

step 01 打开 Photoshop 软件，选择【文件】→【新建】命令，弹出【新建】对话框，在其中设置文档的宽度、高度等参数，如图 11-1 所示。

step 02 单击【确定】按钮，即可新建一个空白文档，如图 11-2 所示。

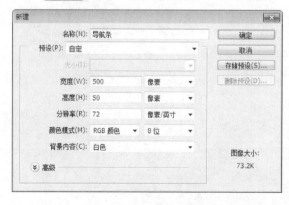

图 11-1 【新建】对话框

图 11-2 空白文档

step 03 新建【图层 1】图层，选择【矩形选框工具】，绘制一个 500×30 像素的矩形选区，如图 11-3 所示。

step 04　单击工具箱中的【前景色】图标，将其设置为橘黄色(R：234、G：151、B：77)。然后使用【油漆桶工具】填充选中的矩形选区，效果如图 11-4 所示。

图 11-3　创建矩形选区

图 11-4　填充颜色

step 05　双击图层的缩览图，在弹出的【图层样式】对话框中选中【渐变叠加】复选框，设置填充颜色，其中中间的颜色为 R：77、G：142、B：186，两端的颜色为 R：8、G：123、B：109，如图 11-5 所示。

step 06　在【图层样式】对话框中勾选【描边】复选框，设置描边的颜色为 R：77、G：142、B：186，并设置其他参数，如图 11-6 所示。

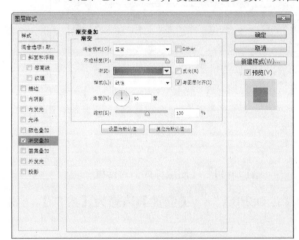

图 11-5　【图层样式】对话框

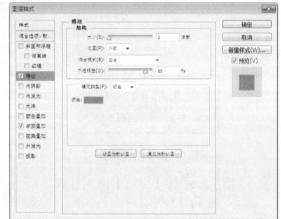

图 11-6　添加【描边】图层样式

step 07　单击【确定】按钮，可以看到添加之后的颜色效果如图 11-7 所示。

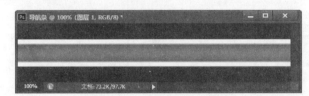

图 11-7　导航条框架效果

11.2.2　案例2——制作横向导航条斜纹

制作横向导航条斜纹的具体操作步骤如下。

step 01　新建【图层 2】图层，按住 Ctrl 键的同时单击【图层 1】图层调出选区。执行

【编辑】→【填充】命令，弹出【填充】对话框，在其中设置填充图案，如图 11-8 所示。

step 02 单击【确定】按钮，将【不透明度】设置为 43%，得到如图 11-9 所示的效果。

图 11-8　设置填充图案　　　　　　　　图 11-9　填充选区效果

step 03 新建【图层 3】图层，创建如图 11-10 所示的选区。

step 04 填充渐变色为"#366F99"到"#5891BA"，并给【图层 3】图层添加【内阴影】图层样式，参数设置如图 11-11 所示。

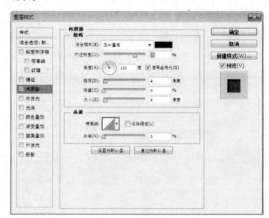

图 11-10　创建选区　　　　　　　　图 11-11　【图层样式】对话框

step 05 添加【描边】图层样式，颜色为"#4D8EBA"，【位置】选择为【内部】，如图 11-12 所示。

step 06 添加图层样式后的效果如图 11-13 所示。

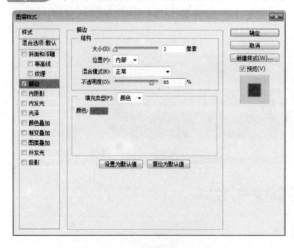

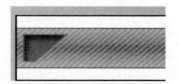

图 11-12　【图层样式】对话框　　　　　　图 11-13　颜色填充效果

step 07 复制【图层 3】图层，将其图形移动到与【图层 3】图层中图形对应的位置，如图 11-14 所示。

step 08 新建【图层 4】图层，使用颜色值为"#316B94"和白色绘制如图 11-15 所示的图像，在不取消选区的情况下转换到【通道】面板，新建 Alpha1 通道，在选区内由上到下填充"白色—黑色—白色"的渐变，再按住 Ctrl 键的同时单击该通道，返回到【图层 4】图层，按 Ctrl+Shift+I 快捷键进行反选后，按 Delete 键删除。

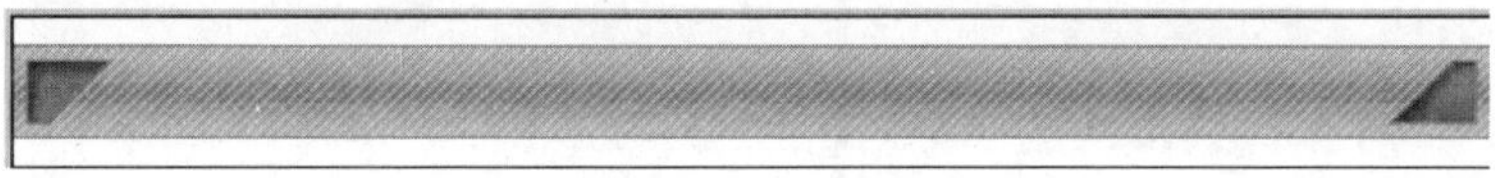

图 11-14　复制图形　　　　　　　　　　　　　　图 11-15　绘制图形

step 09 复制几个该图层，分别移动到合适的位置后对齐并合并，效果如图 11-16 所示。

图 11-16　复制图层后的效果

step 10 使用【横排文字工具】输入各个导航文字，合并图层后添加【距离】和【大小】分别为 2 像素的投影，最终效果如图 11-17 所示。

图 11-17　最终效果

11.2.3　案例 3——制作纵向导航条

制作纵向导航条的具体操作步骤如下。

step 01 按 Ctrl+N 快捷键，在弹出的【新建】对话框中，设置【名称】为"垂直导航条"、【宽度】为 300 像素、【高度】为 500 像素，如图 11-18 所示。

step 02 单击【确定】按钮，创建一个空白文档，如图 11-19 所示。

step 03 在工具箱中单击【前景色】图标，打开【拾色器(前景色)】对话框，设置前景色为灰色(R：229、G：229、B：229)，如图 11-20 所示。

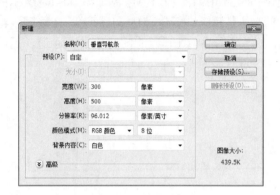

图 11-18　【新建】对话框

图 11-19　空白文档

step 04　单击【确定】按钮，按 Alt+Delete 快捷键，填充颜色，如图 11-21 所示。

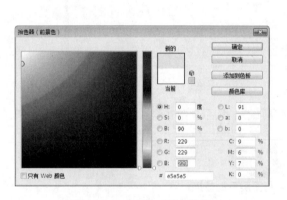

图 11-20　【拾色器】对话框

图 11-21　填充颜色

step 05　新建【图层 1】图层，使用【矩形选区工具】绘制如图 11-22 所示的区域，然后填充为白色。

step 06　双击【图层 1】图层，弹出【图层样式】对话框，给该图层添加【投影】、【内阴影】、【渐变叠加】以及【描边】图层样式后，单击【确定】按钮，即可看到添加图层样式后的效果，如图 11-23 所示。

step 07　选择工具箱中的【横排文字工具】，输入导航条上的字母，并设置颜色、大小等属性，如图 11-24 所示。

step 08　选择工具箱中的【自定形状工具】，并在属性栏中选择自己喜欢的形状，如图 11-25 所示。

step 09　新建【路径 1】，绘制大小合适的形状，再右击【路径 1】，在弹出的下拉菜单中选择【建立选区】命令。新建【图层 3】图层，在选区内填充上和字母一样的颜色，重复对齐操作，效果如图 11-26 所示。

图 11-22　绘制矩形并填充白色

图 11-23　添加图层样式

图 11-24　输入字母

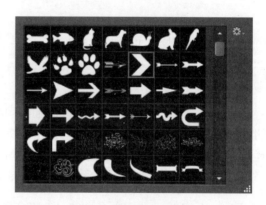

图 11-25　选择形状

step 10　合并除【背景】图层之外的所有图层，然后复制合并之后的图层，并调整其位置。至此，就完成了纵向导航条的制作，最终效果如图 11-27 所示。

图 11-26　绘制形状

图 11-27　最终效果

11.3　跟我练练手

11.3.1　练习目标

能够熟练掌握本章所讲解的内容。

11.3.2　上机练习

练习 1：制作横向导航条的框架。

练习 2：制作横向导航条的斜纹。

练习 3：制作纵向导航条。

11.4　高手甜点

甜点 1：如何使用联机滤镜

Photoshop 的滤镜是一种植入 Photoshop 的外挂功能模块，在使用 Photoshop 进行处理图像的过程中，如果发现系统预设的滤镜不能满足设计的需要，就可以在 Photoshop 操作界面中选择【滤镜】→【浏览联机滤镜】命令，如图 11-28 所示。

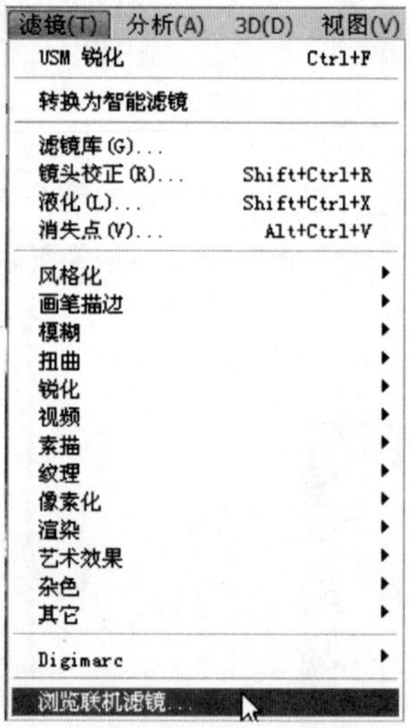

图 11-28　选择【浏览联机滤镜】命令

打开 Photoshop 的官方网站，在其中选择需要下载的滤镜插件，然后安装即可。Photoshop 滤镜的安装很简单，一般滤镜文件的扩展名为 .8bf，只要将这个文件复制到 Photoshop 文件夹下的 Plug-ins 文件夹中就可以了。

甜点 2: 为 Photoshop 添加特殊的字体

在 Photoshop 中所使用的字体，其实就是调用了 Windows 系统中的字体，如果感觉 Photoshop 中字库文字的样式太单调，则可以自行添加。首先把自己喜欢的字体文件安装在 Windows 系统的 Fonts 文件夹下，这样就可以在 Photoshop 中调用这些新安装的字体。

对于某些没有自动安装程序的字体库，可以手工对其进行安装。打开 Windows 文件夹下的 Fonts 文件夹，选择【文件】→【安装新字体】命令，弹出一个【添加字体】对话框，把新字体选中之后单击【确定】按钮，新字体就安装成功了。

第 12 章

网页中迷人的蓝海——
制作网页按钮
与特效边线

　　按钮是网站设计中不可缺少的基础元素之一，按钮作为页面的重要视觉元素，放置在明显、易找、易读的区域是必要的。网页中的边线在一定程度上起到了美化网页的作用。

本章要点(已掌握的在方框中打钩)

☐ 掌握制作常用按钮的方法
☐ 掌握制作装饰边线的方法

12.1 制作按钮

在个性彰显的今天，互联网也注重个性的发展，不同的网站采用不同的按钮样式，按钮设计的好坏直接影响了整个站点的风格。下面介绍几款常用按钮的制作。

12.1.1 制作普通按钮

面对色彩丰富繁杂的网络世界，普通简洁的按钮凭其大方经典的样式得以永存。制作普通按钮的具体操作步骤如下。

> step 01 打开 Photoshop 软件，按 Ctrl+N 快捷键，弹出【新建】对话框，设置【名称】为"普通按钮"、【宽度】为 250 像素、【高度】为 250 像素，如图 12-1 所示。

> step 02 单击【确定】按钮，新建一个空白文档，如图 12-2 所示。

图 12-1 【新建】对话框

图 12-2 空白文档

> step 03 新建【图层 1】图层，选择工具箱中的【椭圆选框工具】，按住 Shift 键的同时在图像窗口中绘制一个 200×200 像素的正圆选区，如图 12-3 所示。

> step 04 选择工具箱中的【渐变工具】，并设置渐变颜色为"R：102、G：102、B：155"到"R：230、G：230、B：255"的渐变，如图 12-4 所示。

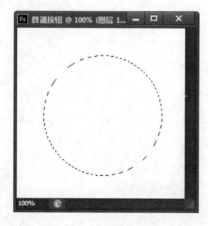

图 12-3 创建正圆选区

图 12-4 设置渐变填充颜色

step 05 ▶ 在正圆选区上方单击并向下拖曳鼠标，填充从上到下的渐变。然后按 Ctrl+D 快捷键，取消选区。效果如图 12-5 所示。

step 06 ▶ 新建【图层 2】图层，再使用【椭圆选框工具】绘制一个 170×170 像素的正圆选区；使用【渐变工具】进行从下到上的填充，效果如图 12-6 所示。

step 07 ▶ 在【图层】面板中选中【图层 1】和【图层 2】图层，然后单击该面板底部的【链接】按钮，链接两个图层，如图 12-7 所示。

图 12-5 渐变效果

图 12-6 绘制正圆选区并填充颜色

图 12-7 链接两个图层

step 08 ▶ 选择工具箱中的【移动工具】，单击属性栏中的【垂直居中对齐】和【水平居中对齐】按钮，以【图层 1】图层为准，对齐【图层 2】图层，效果如图 12-8 所示。

step 09 ▶ 选中【图层 2】图层，为该图层添加【斜面和浮雕】图层样式，具体的参数设置如图 12-9 所示。

图 12-8 对齐图层

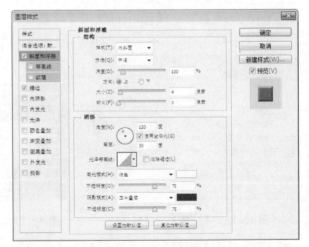
图 12-9 【图层样式】对话框

step 10 ▶ 选中【图层 2】图层，为该图层添加【描边】图层样式，具体的参数设置如图 12-10 所示。

step 11 ▶ 单击【确定】按钮，完成普通按钮的制作，效果如图 12-11 所示。

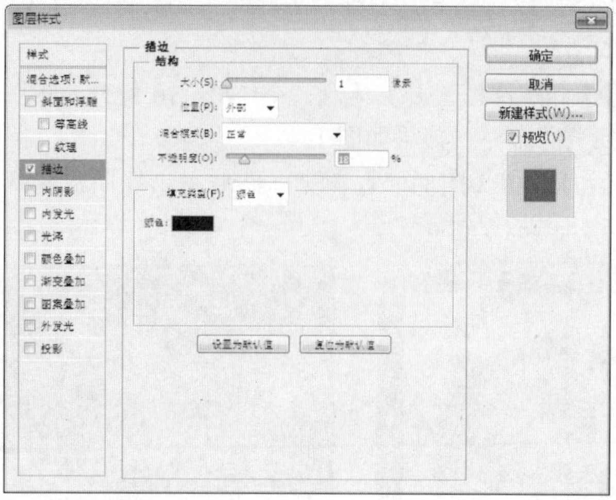

图 12-10　【图层样式】对话框

图 12-11　普通按钮效果

12.1.2　制作迷你按钮

信息在网络上有着重要的地位，很多人不想放过可以放一点信息的空间，于是采用迷你按钮，可爱又不失得体，很受年轻人士的喜爱。制作迷你按钮的具体操作步骤如下。

step 01　打开 Photoshop 软件，按 Ctrl+N 快捷键，弹出【新建】对话框，设置【宽度】为 60 像素、【高度】为 60 像素、【名称】为"迷你按钮"，如图 12-12 所示。

step 02　单击【确定】按钮，新建一个空白文档，如图 12-13 所示。

step 03　新建【图层 1】图层，使用【椭圆选框工具】在图像窗口中绘制一个 50×50 像素的正圆选区，然后填充橙色(R：255、G：153、B：0)，如图 12-14 所示。

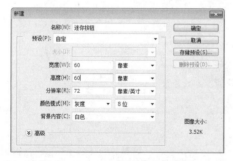

图 12-12　【新建】对话框

图 12-13　空白文档

图 12-14　填充颜色

step 04　选择【选择】→【修改】→【收缩】命令，弹出【收缩选区】对话框，设置【收缩量】为 7 像素，如图 12-15 所示。

step 05　单击【确定】按钮，可以看到收缩后的效果。然后按 Delete 键进行删除，可以得到如图 12-16 所示的圆环。

step 06　双击【图层 1】图层，弹出【图层样式】对话框，选择【斜面和浮雕】图层样式，具体的参数设置如图 12-17 所示。

图 12-15 【收缩选区】对话框

图 12-16 删除后的效果

step 07 单击【确定】按钮，得到如图 12-18 所示的圆环效果。

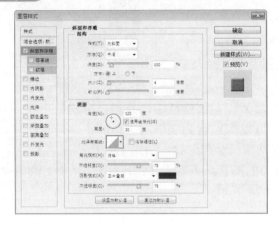

图 12-17 【图层样式】对话框

图 12-18 环形效果

step 08 新建【图层 2】图层，使用【椭圆选框工具】绘制一个 36×36 像素的正圆选区，设置前景色为白色、背景色为灰色(R：207、G：207、B：207)，如图 12-19 所示。

step 09 按住 Shift 键的同时使用【渐变工具】从左上角往右下角拉出渐变。单击属性栏中的【垂直居中对齐】和【水平居中对齐】按钮，使其与边框对齐，如图 12-20 所示。

图 12-19 【拾色器】对话框

图 12-20 对齐图层

step 10 选中【图层 2】图层并双击，弹出【图层样式】对话框，在其中设置【斜面和浮雕】图层样式的参数如图 12-21 所示。

step 11 单击【确定】按钮，得到最终的效果，如图 12-22 所示。

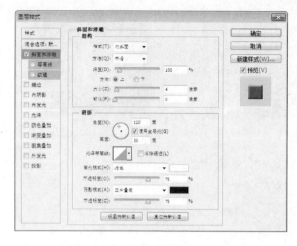

图 12-21　【图层样式】对话框　　　　图 12-22　环形最终效果

step 12　选择工具箱中的【自定形状工具】，在属性栏中选择自己喜欢的形状，这里选择 形状。如果找不到这个形状，可以按形状列表框右上角的小三角形按钮，在弹出的下拉菜单中选择【全部】命令，调出全部形状，如图 12-23 所示。

step 13　新建【路径 1】，绘制大小合适的形状，再右击【路径 1】，在弹出的下拉菜单中选择【建立选区】命令，如图 12-24 所示。

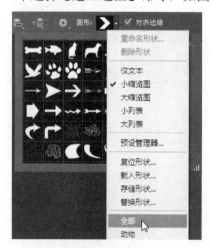

图 12-23　调出全部形状　　　　　　图 12-24　选择【建立选区】命令

step 14　新建【图层 3】图层，在选区内填充上和按钮边框一样的橙色，重复对齐操作，效果如图 12-25 所示。

step 15　双击【图层 3】图层，在弹出的【图层样式】对话框中选中【内阴影】复选框，设置相关参数，如图 12-26 所示。

step 16　单击【确定】按钮，得到如图 12-27 所示的最终效果。

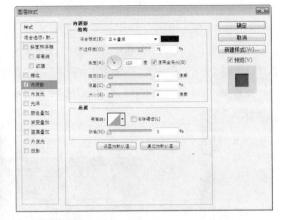

图 12-25　对齐图层　　　　　图 12-26　【图层样式】对话框　　　　图 12-27　最终的显示效果

12.1.3　制作水晶按钮

水晶按钮可以说是非常受欢迎的按钮样式之一。下面就来制作一款橘红色的水晶按钮，具体的操作步骤如下。

> step 01 　打开 Photoshop 软件，按 Ctrl+N 快捷键，弹出【新建】对话框，设置【宽度】为 15 厘米、【高度】为 15 厘米、【名称】为"水晶按钮"，如图 12-28 所示。

> step 02 　单击【确定】按钮，新建一个空白文档，如图 12-29 所示。

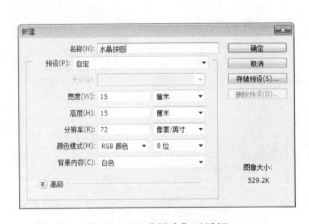

图 12-28　【新建】对话框　　　　　　　　　图 12-29　空白文档

> step 03 　选择工具箱中的【椭圆选框工具】，在属性栏中设置【羽化】为 0px、选中【消除锯齿】复选框、【样式】为【固定大小】、【宽度】为 350px、【高度】为 350px，如图 12-30 所示。

图 12-30　设置参数

step 04 新建一个【图层 1】图层，将光标移至图像窗口，单击鼠标左键，创建一个固定大小的圆形选区，如图 12-31 所示。

step 05 设置前景色为 C：0、M：90、Y：100、K：0，设置背景色为 C：0、M：40、Y：30、K：0。选择工具箱中的【渐变工具】，在属性栏中设置过渡色为"前景色到背景色渐变"，渐变模式为【线性渐变】，如图 12-32 所示。

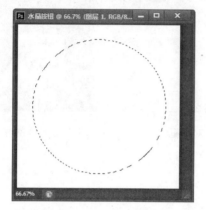

图 12-31 绘制圆形选区

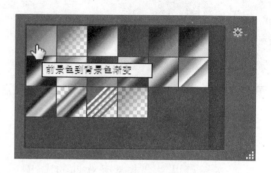

图 12-32 选择渐变样式

step 06 选中【图层 1】图层，再回到图像窗口，在选区中按住 Shift 键的同时由上至下绘出渐变色。按 Ctrl+D 快捷键取消选区。效果如图 12-33 所示。

step 07 双击【图层 1】图层，弹出【图层样式】对话框，选中【投影】复选框，设置暗调颜色为 C：0、M：80、Y：80、K：80，并设置其他相关参数，如图 12-34 所示。

图 12-33 渐变填充选区

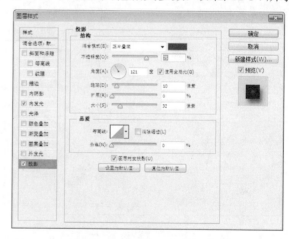

图 12-34 【图层样式】对话框

step 08 选中【内发光】复选框，设置发光颜色为 C：0、M：80、Y：80、K：80，并设置其他相关参数，如图 12-35 所示。

step 09 单击【确定】按钮，可以看到最终的效果。这时，图像中已经初步显示出红色立体按钮的基本模样了，如图 12-36 所示。

step 10 新建一个【图层 2】图层，选择【椭圆选框工具】，将属性栏中的【样式】设置为【正常】，在【图层2】图层中绘制一个椭圆形选区，如图12-37所示。

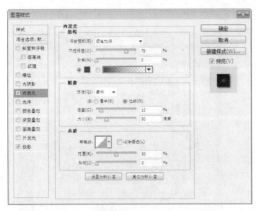

图12-35 【图层样式】对话框

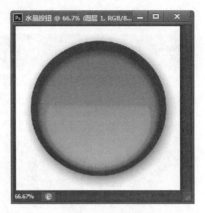

图12-36 红色立体按钮

step 11 双击工具箱下方的【以快速蒙版模式编辑】按钮，弹出【快速蒙版选项】对话框，设置蒙版颜色为蓝色，如图12-38所示。

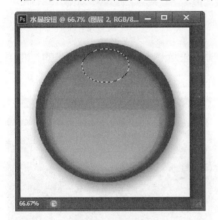

图12-37 绘制圆形选区

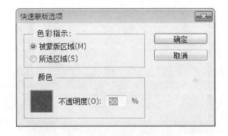

图12-38 【快速蒙版选项】对话框

step 12 单击【确定】按钮。此时，图像中椭圆选区以外的部分被带有一定透明度的蓝色遮盖，如图12-39所示。

step 13 选择工具箱中的【画笔工具】，选择合适笔刷大小和硬度，将光标移至图像窗口，用笔刷以蓝色蒙版色遮盖部分椭圆，如图12-40所示。

step 14 单击工具箱下方的【以标准模式编辑】按钮，这时图像中原来椭圆形选区的一部分被减去，如图12-41所示。

step 15 设置前景色为白色，选择【渐变工具】，在属性栏中单击【点按可编辑渐变】右侧的小三角按钮，在弹出的列表框中设置渐变模式为"前景到透明"，如图12-42所示。

step 16 按住Shift键，同时在选区中由上到下填充渐变，然后按Ctrl+H快捷键隐藏选区观察效果，如图12-43所示。

step 17 新建一个【图层3】图层，按住Ctrl键，单击【图层】面板中的【图层1】图层，重新获得圆形选区。选择【选择】→【修改】→【收缩】命令，在弹出的【收缩选区】对话框中设置【收缩量】为 7 像素，将选区收缩，如图 12-44 所示。

图 12-39　添加蒙版后的效果

图 12-40　遮盖蒙版

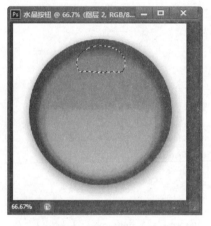

图 12-41　获取选区

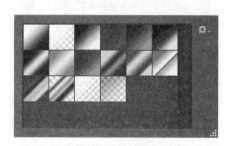

图 12-42　选择渐变样式

图 12-43　填充选区

图 12-44　收缩选区

step 18 选择工具箱中的【矩形选框工具】，将光标移至图像窗口，按住 Alt 键的同时，由选区左上部拖动鼠标到选区的右下部四分之三处，减去部分选区，如图 12-45 所示。

step 19 继续使用白色作为前景色，并再次选择【渐变工具】，渐变模式设置为"前景到透明"，按住 Shift 键的同时在选区中由下到上做渐变填充，然后按 Ctrl+H 快捷键隐藏选区观察效果，如图 12-46 所示。

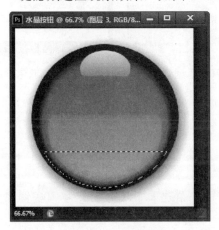

图 12-45 创建选区

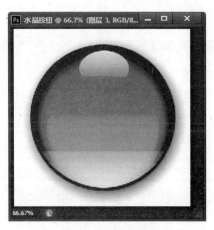

图 12-46 填充选区

step 20 选中【图层 3】图层，选择【滤镜】→【模糊】→【高斯模糊】命令，在弹出的【高斯模糊】对话框中设置【半径】为 7 像素，如图 12-47 所示。

step 21 单击【确定】按钮。执行高斯模糊后的效果如图 12-48 所示。

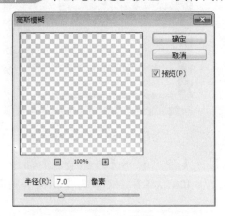

图 12-47 【高斯模糊】对话框

图 12-48 高斯模糊效果

step 22 返回到图像窗口，在【图层】面板中将【图层 3】图层的【不透明度】设置为 65%。至此，橘红色水晶按钮就制作完成了，如图 12-49 所示。

提示 合并所有图层，然后选择【图像】→【调整】→【色相/饱和度】命令，在弹出的【色相/饱和度】对话框中选中【着色】复选框，可以对按钮进行颜色的变换，如图 12-50 所示。变换颜色后的水晶按钮如图 12-51 所示。

图 12-49　橘红色水晶按钮

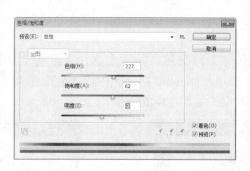

图 12-50　【色相/饱和度】对话框

图 12-51　蓝色水晶按钮

12.1.4　制作木纹按钮

木纹按钮的制作主要是利用滤镜中的功能来完成的，制作木纹按钮的具体操作步骤如下。

step 01　打开 Photoshop 软件，按 Ctrl+N 快捷键，新建一个【宽度】为 200 像素、【高度】为 100 像素、【名称】为"木纹按钮"，如图 12-52 所示。

step 02　单击【确定】按钮，新建一个空白文档，如图 12-53 所示。

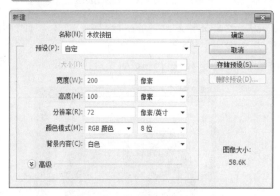

图 12-52　【新建】对话框

图 12-53　空白文档

step 03　设置背景色为白色。然后选择【滤镜】→【杂色】→【添加杂色】命令，在弹出的【添加杂色】对话框中，设置【数量】为 400%、【分布】为【高斯分布】、选中【单色】复选框，如图 12-54 所示。

step 04　单击【确定】按钮，效果如图 12-55 所示。

step 05　选择【滤镜】→【模糊】→【动感模糊】命令，弹出【动感模糊】对话框，设置【角度】为 0 度或 180 度、【距离】为 999 像素，如图 12-56 所示。

step 06　单击【确定】按钮，得到如图 12-57 所示的效果。

step 07　选择【滤镜】→【模糊】→【高斯模糊】命令，弹出【高斯模糊】对话框，设置【半径】为 1 像素，如图 12-58 所示。

图 12-54 【添加杂色】对话框

图 12-55 添加杂色后的效果

图 12-56 【动感模糊】对话框

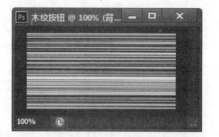

图 12-57 动感模糊后的效果

step 08 单击【确定】按钮，得到如图 12-59 所示的效果。

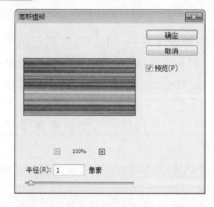

图 12-58 【高斯模糊】对话框

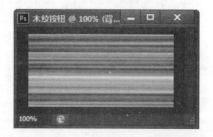

图 12-59 高斯模糊后的效果

step 09 按 Ctrl+U 快捷键，弹出【色相/饱和度】对话框，选中【着色】复选框，设置【色相】为 30、【饱和度】为 45、【明度】为 5，如图 12-60 所示。

step 10 单击【确定】按钮，得出效果如图 12-61 所示。

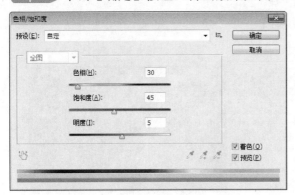
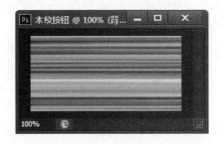

图 12-60 【色相/饱和度】对话框　　　　图 12-61 调整色相/饱和度后的效果

step 11 选择【滤镜】→【扭曲】→【旋转扭曲】命令，弹出【旋转扭曲】对话框，设
置【角度】为 200 度，如图 12-62 所示。

step 12 单击【确定】按钮，得到如图 12-63 所示的效果。

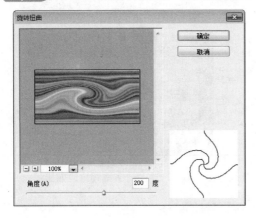
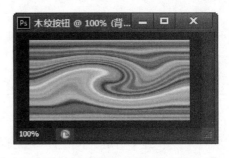

图 12-62 【旋转扭曲】对话框　　　　图 12-63 旋转扭曲后的效果

step 13 复制【背景】图层，并在【路径】面板中新建【路径 1】。选择工具箱中的【圆
角矩形工具】，在属性栏中设置【半径】为 15px，绘制出按钮外形，对此路径建立
选区，然后选择【选择】→【反选】命令，按 Delete 键删除选区部分，再删除【背
景】图层。效果如图 12-64 所示。

step 14 双击【背景 副本】图层，弹出【图层样式】对话框，为图层添加【斜面和浮
雕】图层样式，具体的参数设置如图 12-65 所示。

step 15 双击【背景副本】图层，打开【图层样式】对话框，为图层添加【斜面和浮
雕】参数设置如图 12-66 所示。

step 16 单击【确定】按钮，得到最终效果如图 12-67 所示。

提示　　　用户还可以通过更多的图层样式把按钮做得更加精致，甚至可以把它变成红木
的，在设计家居网页时或许是种不错的选择。

图 12-64　删除多余图案

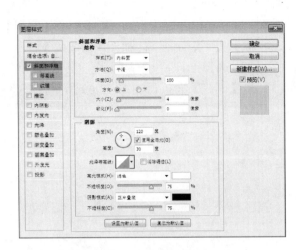

图 12-65　【图层样式】对话框

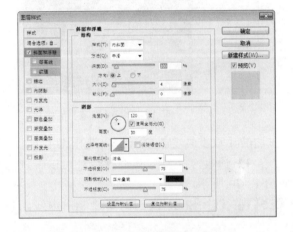

图 12-66　继续设置图层样式

图 12-67　木纹按钮效果

12.2　制作装饰边线

网页图像的装饰和造型不同于绘画，它不是独立的造型艺术，它的任务是美化网页的页面，给浏览者以美的视觉感受；网页艺术的造型、装饰，根据不同的对象、不同的环境、不同的地域，其在设计方案中的体现也不相同。

12.2.1　制作装饰虚线

虚线可以说是在网页中无处不在的，但在 Photoshop 中却没有虚线画笔，这里介绍两个简单的方法。

1. 通过【画笔工具】来实现

具体的操作步骤如下。

step 01 按 Ctrl+N 快捷键，新建一个【宽度】为 400 像素、【高度】为 100 像素、【名称】为"虚线 1"，如图 12-68 所示。

step 02 选择工具箱中的【画笔工具】，单击属性栏上的【切换画笔面板】按钮，弹出【画笔】面板，如图 12-69 所示。

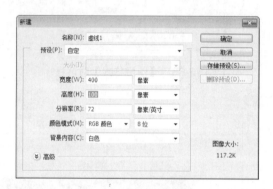

图 12-68　【新建】对话框

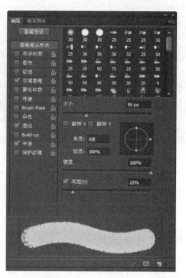

图 12-69　【画笔】面板

step 03 选择【尖角 3】画笔，再勾选左边的【双重画笔】复选框，选择比【尖角 3】粗一些的画笔，在这里选择的是【尖角 9】画笔，并设置其他参数，可以看到面板底部的预览框中已经出现了虚线，如图 12-70 所示。

step 04 新建【图层 1】图层，在图像窗口中按住 Shift 键的同时绘制出虚线，效果如图 12-71 所示。

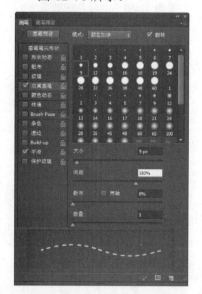

图 12-70　设置画笔参数

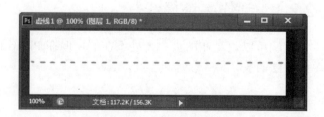

图 12-71　绘制虚线

提示
通过【画笔工具】实现的虚线并不是很美观，看上去比较随便，而且画出来的虚线的颜色和真实选择的颜色有出入，下面介绍用【定义图案】来实现虚线的制作。

2. 通过【定义图案】来实现

step 01 按 Ctrl+N 快捷键，新建一个【名称】为"虚线图案"、【宽度】为 16 像素、【高度】为 2 像素，如图 12-72 所示。

step 02 放大图像后，在【图层】面板中新建【图层 1】图层，使用【矩形选框工具】绘制一个【宽度】为 8 像素、【高度】为 2 像素的选区，在【图层 1】图层上填充黑色，取消选区，效果如图 12-73 所示。

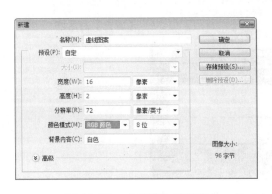
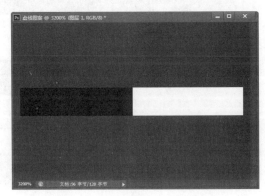

图 12-72 【新建】对话框　　　　　　　图 12-73 绘制矩形并填充颜色

step 03 选择【编辑】→【定义图案】命令，弹出【图案名称】对话框，输入图案的名称，然后单击【确定】按钮，如图 12-74 所示。

step 04 按 Ctrl+N 快捷键，新建一个【宽度】为 400 像素、【高度】为 100 像素、【名称】为"虚线2"，如图 12-75 所示。

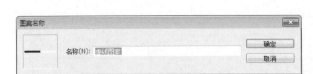

图 12-74 【图案名称】对话框　　　　　　图 12-75 【新建】对话框

step 05 新建【图层 1】图层，使用【矩形选框工具】绘制一个【宽度】为 350 像素、【高度】为 2 像素的选区，如图 12-76 所示。

step 06 在选区内右击，在弹出的快捷菜单中选择【填充】命令，弹出【填充】对话框，其中将【自定图案】选择之前做的"虚线图案"，如图 12-77 所示。

step 07 单击【确定】按钮，即可填充矩形。然后按 Ctrl+D 快捷键，取消选区。最终的
效果如图 12-78 所示。

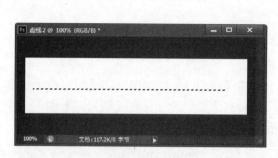

图 12-76 绘制矩形

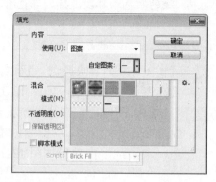

图 12-77 【填充】对话框

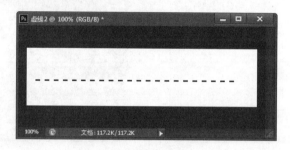

图 12-78 绘制的虚线效果

12.2.2 制作分割线条

内嵌线条在网页设计中应用较多，主要用来反映自然的光照效果和表现界面的立体感。
具体的操作步骤如下。

step 01 按 Ctrl+N 快捷键，新建一个【宽度】为 400 像素、【高度】为 40 像素、【名
称】为"内嵌线条"，如图 12-79 所示。

step 02 新建【图层 1】图层，选择一些中性的颜色填充图层，如这里选择紫色，使线条
绘制在上面可以看得清楚，如图 12-80 所示。

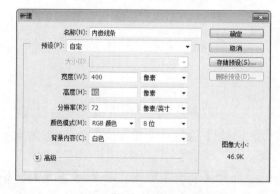

图 12-79 【新建】对话框

图 12-80 填充紫色

step 03 新建【图层 2】图层，选择工具箱中的【铅笔工具】，线宽设置为 1 像素。按住 Shift 键的同时在图像上绘制一条黑色的直线。然后将绘制好的直线再进行复制，并将其对齐，如图 12-81 所示。

step 04 新建【图层 3】图层，把线宽设置为 2 像素，然后再按照上一步相同的方法绘制两条白色的直线，如图 12-82 所示。

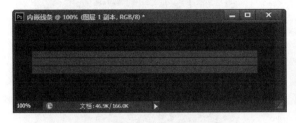

图 12-81　绘制黑色直线

图 12-82　绘制白色直线

step 05 将【图层 3】图层拖到【图层 2】图层的下面，然后选择工具箱中的【移动工具】，将两条白色线条拖曳到黑色线条的右下角一个像素处。至此，可以看到添加的立体效果，如图 12-83 所示。

step 06 在【图层】面板上设置【图层 3】图层的混合模式为【柔光】，这样装饰性内嵌线条就制作完成了，如图 12-84 所示。

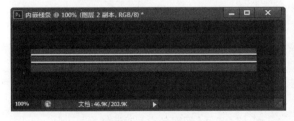

图 12-83　立体效果

图 12-84　设置混合模式

12.2.3　制作斜纹区域

用户在浏览网页时是否感叹斜纹很多呢？经典的斜纹，永远的时尚，不用羡慕，下面就来制作一款斜纹线条，同样是通过定义图案实现的。具体的操作步骤如下。

step 01 按 Ctrl+N 快捷键，新建一个【宽度】为 4 像素、【高度】为 4 像素、【名称】为"斜纹图案"，如图 12-85 所示。

step 02 放大图像后，在【图层】面板中新建【图层 1】图层，使用【矩形选框工具】绘制选区，如图 12-86 所示。

step 03 设置前景色为灰色，按 Alt+Delete 快捷键，填充选区，如图 12-87 所示。

step 04 选择【编辑】→【定义图案】命令，弹出【图案名称】对话框，输入图案的名称，然后单击【确定】按钮，如图 12-88 所示。

step 05 按 Ctrl+N 快捷键，新建任意长宽的文件，将其命名为"斜纹线条"，如图 12-89 所示。

step 06 新建【图层 1】图层，按 Ctrl+A 进行全选，然后右击选区，在弹出的快捷菜单中选择【填充】命令，弹出【填充】对话框，将【自定图案】选择之前制作的"斜纹图案"，如图 12-90 所示。

图 12-85　【新建】对话框

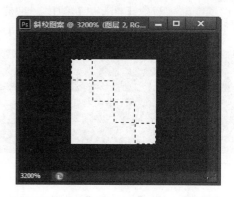

图 12-86　绘制矩形

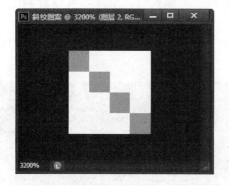

图 12-87　删除选区

图 12-88　【图案名称】对话框

图 12-89　空白文档

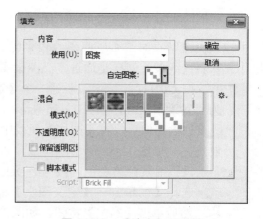

图 12-90　【填充】对话框

step 07 单击【确定】按钮，即可得到如图 12-91 所示的效果。

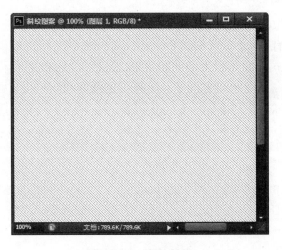

图 12-91　斜纹效果

12.3　跟我练练手

12.3.1　练习目标

能够熟练掌握本章所讲解的内容。

12.3.2　上机练习

练习 1：制作按钮。
练习 2：制作装饰边线。

12.4　高手甜点

甜点 1：在网页中图像使用注意事项

图像内容应有一定的实际作用，切忌虚饰浮夸。图画可以弥补文字之不足，但并不能够完全取代文字。很多用户把浏览软件设定为略去图像，以求节省时间只看文字。因此，制作主页时，必须注意将图像所连接的重要信息或链接其他页面的指示用文字重复表达几次，同时要注意避免使用过大的图像，如果不得不放置大的图像在网站上时，应该把图像的缩小版本的预览效果显示出来，这样用户就不必浪费金钱和时间去下载根本不想看的大图像。

甜点 2：设计时所用图像以什么色彩模式较好

答：在 Photoshop 中，图像的色彩模式有 RGB 模式、CMYK 模式、GrayScale(灰度)模式以及其他色彩模式。对于设计图像模式的采用要看设计图像的最终用途。如果设计的图像要在印刷纸上打印或印刷，最好采用 CMYK 色彩模式，这样在屏幕上所看见的颜色和输出打印颜色或印刷的颜色比较接近。如果设计是用于电子媒体显示(如网页、计算机投影、录像等)，图像的色彩模式最好用 RGB 模式，因为 RGB 模式的颜色更鲜艳、更丰富，画面也更好看一些。并且图像的通道只有 3 个，数据量小一些，所占磁盘空间也较少。如果图像是灰色的，则用 GrayScale(灰度)模式较好，因为即使是用 RGB 或 CMYK 色彩模式表达图像，看起来仍然是中性灰颜色，但其磁盘空间却大得多。另外灰色图像在印刷时，如用 CMYK 模式表示，出菲林及印刷时有 4 个版，费用大不说，还可能引起印刷时灰平衡控制不好时的偏色问题，当有一色印刷墨量过大时，会使灰色图像产生色偏。

第 3 篇

Flash 动画设计篇

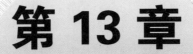

第 13 章

制作简单的
网站动画

使用 Flash 可以制作网站动画效果,常见的动画形式有逐帧动画、形状补间动画、补间动画、传统补间动画、引导动画、遮罩动画等。本章就来介绍使用 Flash 制作动画的相关知识。

本章要点(已掌握的在方框中打钩)

☐ 了解 Flash CS6 的基本功能

☐ 认识图层和时间轴

☐ 掌握制作常用简单动画的方法

网站开发案例课堂

13.1 Flash 的基本功能

Flash 软件是制作动画的常用工具，使用 Flash 中的诸多功能，可以制作网站中的多种动画素材，如网站 Logo、网站 Banner、网站动态小广告等。

13.1.1 绘制矢量绘图

利用 Flash 的矢量绘图工具，可以绘制出具有丰富表现力的作品。在 Flash 所提供的绘图工具中，不仅有传统的圆形、正方形以及直线等绘制工具，而且还有专业的贝塞尔曲线绘制工具。如图 13-1 所示为绘制的矢量图效果。

图 13-1 绘制的矢量图

13.1.2 设计制作动画

动画设计是 Flash 中非常普遍的应用，其基本的形式是"帧到帧动画"，这也是传统手动绘制动画主要的工作方式。

Flash 提供了两种在文档中添加动画的方法。

(1) 补间动画技术。一些有规律可循的运动和变形，只需要制作起始帧和终止帧，并对两帧之间的运动规律进行准确的设置，计算机就能自动生成中间过渡帧，如图 13-2 所示。

(2) 通过在时间轴中更改连续帧的内容来创建动画。可以在舞台中创作出移动对象、旋转对象、增大或减小对象大小、改变颜色、淡入淡出，以及改变对象形状等。如图 13-3 所示。

图 13-2 补间动画技术

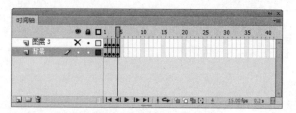

图 13-3 【时间轴】面板

13.1.3 强大的编程功能

动作脚本是 Flash 的脚本编写语言，可以使影片具有交互性。动作脚本提供了一些元素，用于指示影片要进行什么操作；可以对影片进行脚本设置，使单击鼠标和按下键盘键之类的事件可以触发这些脚本。

在 Flash 中，可以通过【动作】面板编写脚本。在标准编辑模式下使用该面板时，可以通过从菜单和列表中选择选项来创建脚本；在专家编辑模式下使用该面板时，可以直接向脚本窗格中输入脚本。在这两种模式下，代码提示都可以帮助完成动作和插入属性及事件，如图 13-4 所示。

图 13-4 【动作】面板

13.2 认识图层与时间轴

无论是绘制图形还是制作动画，图层和时间轴都是至关重要的。图层用于放置编辑对象；时间轴用于显示 Flash 图形和其他项目元素的时间，使用时间轴可以指定舞台上各图形的分层顺序。

13.2.1 认识图层

使用图层可以组织文档中的插图，可以在一个图层上绘制和编辑对象，而不影响其他图层上的对象。如果一个图层上没有内容，那么就可以透过该图层看到下面图层的内容，如图 13-5 所示。

在图层控制区中，可以进行添加图层、删除图层、隐藏图层以及锁定图层等操作。一旦选中了某个图层，图层名称的右边就会出现铅笔图标，表示该图层或图层文件夹已被激活，如图 13-6 所示。

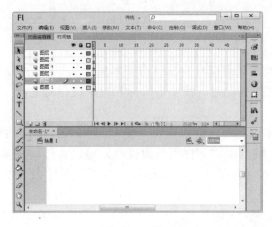

图 13-5　图层

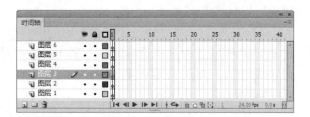

图 13-6　选中图层

13.2.2　图层的基本操作

新建 Flash 影片后，系统会自动生成一个图层，并将其命名为【图层 1】。当【时间轴】面板中有多个图层时，若要激活某个图层，应在【时间轴】面板中选中该图层，或者选中该图层中的某个舞台对象，这时该图层的右侧会出现铅笔图标 ✐ ，表示可以对其进行编辑，如图 13-7 所示。

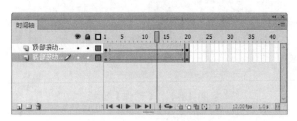

图 13-7　选中图层

1. 添加图层

新创建的影片中只有一个图层，根据需要可以添加多个图层，添加图层的方法如下。

● 单击【时间轴】面板左下角的【新建图层】按钮 ⬚ ，如图 13-8 所示。

● 选择【插入】→【时间轴】→【图层】命令，如图 13-9 所示。

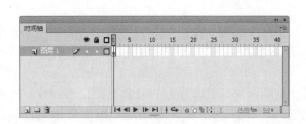

图 13-8　【新建图层】按钮

图 13-9　【图层】命令

● 右击【时间轴】面板中的图层编辑区，然后在弹出的快捷菜单中选择【插入图层】命令，如图 13-10 所示。

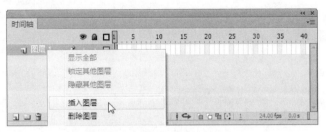

图 13-10 【插入图层】命令

 提示　系统默认的插入图层的名称为【图层 1】、【图层 2】、【图层 3】等。要重新命名图层，只要双击需要重新命名图层的名称，然后输入新的名称即可。

2. 选取多个图层

选取相邻图层的具体操作步骤如下。

step 01　单击要选取的第 1 个图层。

step 02　按住 Shift 键，然后单击要选取的最后一个图层，即可选取这两个图层之间的所有图层，如图 13-11 所示。

选取不相邻图层的具体操作步骤如下。

step 01　单击要选取的第 1 个图层。

step 02　按住 Ctrl 键，然后单击需要选取的其他图层，即可选取多个不相邻图层，如图 13-12 所示。

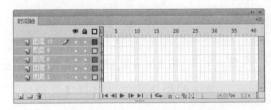

图 13-11 选择相邻多个图层

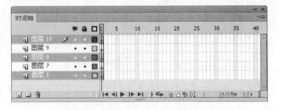

图 13-12 选择多个不相邻图层

3. 移动图层

在图层编辑区中将指针移到图层名上，然后按住鼠标左键拖曳图层，这时会产生一条虚线，当虚线到达预定位置后放开鼠标，即可移动图层，如图 13-13 所示。

4. 复制图层

选中需要复制的图层，按住鼠标左键不放，将其拖曳到【新建图层】按钮上，即可复制该图层。还可以选择【编辑】→【时间轴】→【复制图层】命令，进行复制图层，如图 13-14 所示。

图 13-13　移动图层

图 13-14　【复制图层】命令

5. 删除图层

删除图层的具体操作步骤如下。

step 01　选取要删除的图层。

step 02　进行下列任何一项操作，都可以删除图层。

- 单击【时间轴】面板左下角的【删除】按钮，如图 13-15 所示。
- 将要删除的图层拖曳到【删除】按钮上，如图 13-16 所示。

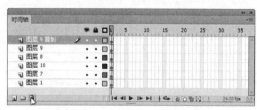

图 13-15　使用【删除】按钮

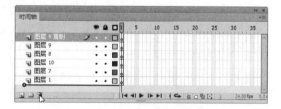

图 13-16　拖曳图层到【删除】按钮上

- 右击【时间轴】面板上的图层编辑区，然后在弹出的快捷菜单中选择【删除图层】命令，如图 13-17 所示。

图 13-17　【删除图层】命令

6. 创建运动引导层

运动引导层是为了给绘画提供帮助，所有的运动引导层名称的前面都有一个 图标。运动引导层不会出现在发布后的影片中，只起向导的作用，如图 13-18 所示。

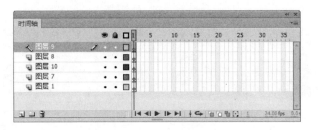

图 13-18　引导图层

如果要将某个图层设置为引导层，可以在该图层上右击，然后在弹出的快捷菜单中选择【引导层】命令，如图 13-19 所示。

图 13-19　【引导层】命令

如果需要将运动引导层恢复为普通层，可以在运动引导层上右击，然后在弹出的快捷菜单中选择【引导层】命令。

13.2.3　认识【时间轴】面板

对于 Flash 来说，时间轴至关重要，可以说，时间轴是动画的灵魂。只有熟悉了时间轴的操作和使用的方法，才能在制作动画时得心应手。如图 13-20 所示为【时间轴】面板。

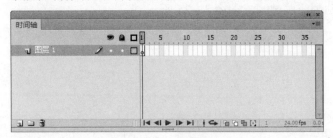

图 13-20　【时间轴】面板

在文件中，每个图层中的帧都显示在该图层名右侧的一行中。【时间轴】面板顶部的时间轴标题指示帧编号，播放头指示当前在舞台中显示的帧。【时间轴】面板底部的状态栏可显示当前的帧频、帧速率以及到当前帧为止的运行时间，如图 13-21 所示。

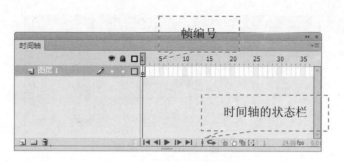

图 13-21 时间轴中的帧

若要更改时间轴中的帧显示，可以单击【时间轴】面板右上角的小三角按钮，在弹出的下拉菜单中选择，如图 13-22 所示。在此下拉菜单中，用户可以更改帧单元格的宽度和减小帧单元格行的高度；要打开或关闭用彩色显示帧顺序，则可选择【彩色显示帧】命令。

图 13-22 下拉菜单

13.2.4 【时间轴】面板的基本操作

在时间轴中可以对帧或关键帧进行如下修改。

(1) 插入、选择、删除和移动帧或关键帧。

(2) 将帧和关键帧拖到同一图层中的不同位置，或是拖到不同的图层中，如图 13-23 所示。

(3) 复制和粘贴帧或关键帧，如图 13-24 所示。

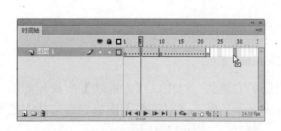

图 13-23 拖动帧

图 13-24 复制帧

（4）将关键帧转换为空白帧，如图 13-25 所示。

（5）从【库】面板中将一个项目拖曳到舞台上，从而将该项目添加到当前的关键帧中，如图 13-26 所示。

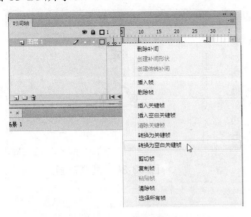

图 13-25 转换帧

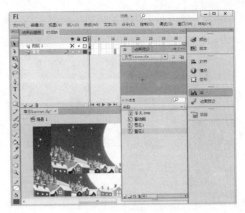

图 13-26 添加关键帧

13.3 制作常用的简单动画

本节主要介绍 Flash 中常用的动画形式，以及制作这些简单动画的操作方法。

13.3.1 制作逐帧动画

逐帧动画技术是利用人的视觉暂留原理，快速播放连续的、具有细微差别的图像，使原来静止的图形运动起来。要创建逐帧动画，需要将每个帧都定义为关键帧，然后给每个帧创建不同的图像。制作逐帧动画的操作步骤如下。

step 01 打开 Flash 软件，选择【文件】→【导入】→【导入到舞台】命令，然后在弹出的【导入】对话框中找到存放连续图片的文件夹素材，如图 13-27 所示。

step 02 在对话框中选中一组动作连续的图片中的任意一张，单击【打开】按钮，将弹出一个信息提示框，提示是否导入所有的图片文件，如图 13-28 所示。

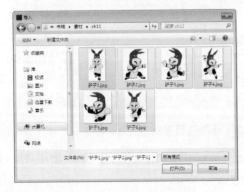

图 13-27 【导入】对话框

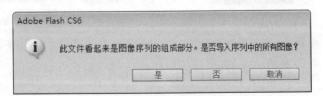

图 13-28 信息提示框

step 03 单击【是】按钮，这一组共 6 张图片就会自动导入连续的帧中，如图 13-29 所示。

step 04 按 Ctrl+Enter 快捷键，即可浏览动画，如图 13-30 所示。

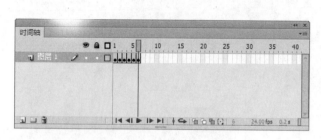

图 13-29 【时间轴】面板

图 13-30 浏览动画

13.3.2 制作形状补间动画

形状补间适用于图形对象，是指在两个关键帧之间制作出变形的效果，让一种形状随时间变换成另外一种形状，还可以对形状的位置、大小、颜色等进行渐变。

1. 制作简单变形

让一种形状变换成另外一种形状的具体操作步骤如下。

step 01 使用绘图工具在舞台上拉出一个任意大小无边框的矩形，这是变形动画的第 1 帧，效果如图 13-31 所示。

step 02 选中第 10 帧，按 F7 键插入空白关键帧。在工具箱中单击【文本工具】，在舞台上输入字母"j"；然后选中字母"j"，在【属性】面板的【字符】卷展栏下的【系列】下拉列表框中选择 Webdings 选项，使"j"变成"飞机"形状，如图 13-32 所示。

图 13-31 绘制矩形

图 13-32 绘制飞机形状

step 03 按 Ctrl+B 快捷键将"飞机"字符分离，使它成为变形结束帧的图形，如图 13-33 所示。

提示 Flash 不能对组、符号、字符或位图图像进行形状变形，所以要将字符打散。

step 04 在时间轴上选取第 1 帧，然后右击，在弹出的快捷菜单中选择【创建补间形状】命令，如图 13-34 所示。

step 05 至此，变形动画制作完成，用鼠标拖曳播放头即可查看变形的过程。

图 13-33 分离飞机字符　　　　　　图 13-34 创建补间形状

2. 控制变形

如果制作的变形效果不太理想，则可使用 Flash 的变形提示点，以控制复杂的变形。变形提示点用字母表示，可用于确定在开始形状和结束形状中的对应点，如图 13-35 所示。

图 13-35 创建变形飞机

下面将接着上一小节的步骤 4 继续进行操作。

step 01 确定已选中第 1 帧，选择【修改】→【形状】→【添加形状提示】命令，工作区中会出现变形提示点●，接着将其移到左上角的位置，如图 13-36 所示。

图 13-36 确定图形位置

step 02 选择第 10 帧，然后将变形提示点●移动到左上角的位置，如图 13-37 所示。

step 03 重复上述过程，添加其他的变形提示点，并分别设置它们在开始形状和结束形状中的位置，如图 13-38 所示。

step 04 移动播放头，就可以看到加上提示点后的变形动画，如图 13-39 所示。

图 13-37 移动变形提示点　　图 13-38 移动其他点　　图 13-39 变形动画效果

13.3.3　制作补间动画

补间动画是指在一个图层的两个关键帧之间建立补间动画关系后，Flash 会在两个关键帧之间自动生成补充动画图形的显示变化，以得到更流畅的动画效果。

1. 制作简单补间

补间动画只能具有一个与之关联的对象实例，并使用属性关键帧而不是关键帧，这是 Flash 中比较常用的动画类型。

创建补间动画的方法有以下两种。

（1）在时间轴中创建。用鼠标选取要创建动画的关键帧后，右击，在弹出的快捷菜单中选择【创建补间动画】命令，即可快速完成补间动画的创建，如图 13-40 所示。

（2）在命令菜单中创建。选取要创建动画的关键帧后，选择【插入】→【补间动画】命令，同样也可以创建补间动画，如图 13-41 所示。

图 13-40　选择【创建补间动画】命令

图 13-41　选择【补间动画】命令

2. 制作多种渐变运动

本小节将制作一个由小变大的淡入动画，具体的操作步骤如下。

step 01　选择【文件】→【新建】命令，弹出【新建文档】对话框，选择【常规】选项卡中的 ActionScript 3.0 选项，单击【确定】按钮，新建一个文档，如图 13-42 所示。

step 02　选择【文件】→【导入】→【导入到舞台】命令，弹出【导入】对话框，选择随书光盘中的素材图片"汽车.gif"，如图 13-43 所示。

图 13-42　【新建文档】对话框

图 13-43　【导入】对话框

step 03 单击【打开】按钮，将图片导入到舞台，如图 13-44 所示。

step 04 选中导入的图片，右击，在弹出的快捷菜单中选择【转换为元件】命令，弹出【转换为元件】对话框，在【类型】下拉列表中选择【图形】选项，单击【确定】按钮，如图 13-45 所示。

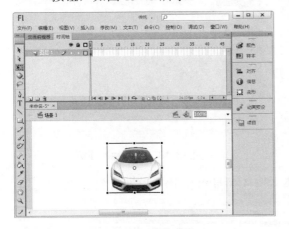

图 13-44　导入图片　　　　　　　　图 13-45　【转换为元件】对话框

step 05 选择第 1 帧，右击，在弹出的快捷菜单中选择【创建补间动画】命令，然后将动画的终点调整到时间轴的第 24 帧(将光标放在动画持续的最后一帧，当光标变为 ↔ 形状后，单击拖曳到第 24 帧)，如图 13-46 所示。

step 06 单击第 24 帧，将舞台上的实例从第 1 帧的位置向右下方拖曳。如图 13-47 所示。

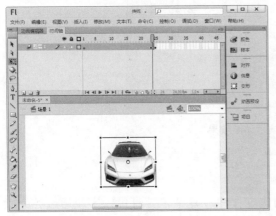

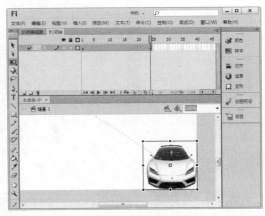

图 13-46　创建补间动画　　　　　　　　图 13-47　移动素材

step 07 单击【时间轴】面板底部的【绘图纸外观】按钮，显示所有帧的"绘图纸"。选中第 1 帧，单击工具箱中的【缩放工具】，将舞台上的实例缩小，如图 13-48 所示。

step 08 选择第 1 帧的实例，然后在【属性】面板的【色彩效果】卷展栏的【样式】下拉列表中选择 Alpha 选项，并调整 Alpha 值为 20%，如图 13-49 所示。

图 13-48　缩小素材图片　　　　　　　　图 13-49　【属性】面板

step 09 至此，就完成了动画的制作。然后按 Ctrl+Enter 快捷键即可演示动画效果，如图 13-50 所示。

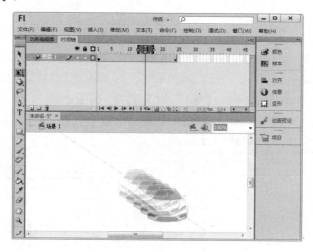

图 13-50　演示动画效果

13.3.4　制作传统补间动画

传统补间与补间动画类似，只是前者的创建过程比较复杂，并且可以实现通过补间动画无法实现的动画效果。在传统补间中，只有关键帧是可编辑的，补间帧只可以查看但无法直接编辑它们。

制作行驶的救护车动画的具体操作步骤如下。

step 01 新建一个空白文档。单击工具箱中的【文本工具】，在舞台上输入字母 "h"，在【属性】面板的【字符】卷展栏的【系列】下拉列表中选择 Webdings 选项，并将颜色设置为绿色，字母 "h" 就变成了 "救护车" 形状，如图 13-51 所示。

step 02 调整图形的位置，并单击工具箱中的【任意变形工具】，调整图形的大小，如图 13-52 所示。

step 03 选中【时间轴】面板中的第 20 帧，按 F6 键插入关键帧，如图 13-53 所示。

 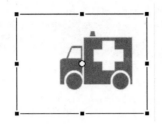 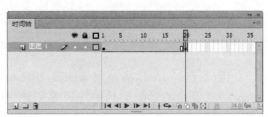

图 13-51　绘制形状　　　图 13-52　调整形状大小　　　　图 13-53　插入关键帧

step 04 将舞台上的图形移动到左侧的位置，如图 13-54 所示。

step 05 选中【图层 1】图层中的第 1 帧，右击，在弹出的快捷菜单中选择【创建传统补间】命令。至此，就完成了动画的制作，如图 13-55 所示。

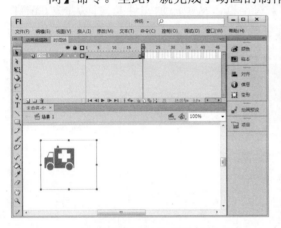 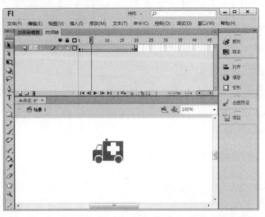

图 13-54　移动图形　　　　　　　　　图 13-55　创建传统补间动画

13.4　跟我练练手

13.4.1　练习目标

能够熟练掌握本章所讲解的内容。

13.4.2　上机练习

练习 1：了解 Flash 的工作界面。

练习 2：认识 Flash 的图层与时间轴。

练习 3：制作常用的简单动画。

13.5 高手甜点

甜点 1: 如何获得最佳补间形状动画效果

获得最佳补间形状动画效果的方法如下:

(1) 在复杂的补间形状中,需要创建中间形状,然后再进行补间,而不要只定义起始和结束的形状。

(2) 确保形状提示是符合逻辑的。

(3) 如果按逆时针顺序从形状的左上角开始放置形状提示,它们的工作效果则最好。

甜点 2: 如何批量导出.fla 文件

单击【批量导出】按钮,弹出【批量导出】对话框,从中添加文件及文件夹(按 Ctrl+B 快捷键也可以弹出【批量导出】对话框),进行批量导出。

第 14 章

制作动态的网站
Logo 与 Banner

Logo 是指站点中使用的标志或者徽标，用来传达站点、公司的理念。Banner
是指居于网页头部，用来展示站点的主要宣传内容、站点的形象或者广告内容等，
Banner 的大小并不固定。本章就来介绍制作动态网站 Logo 与 Banner 的方法。

本章要点(已掌握的在方框中打钩)

☐ 掌握滚动文字 Logo 的制作方法

☐ 掌握产品 Banner 的制作方法

14.1　制作滚动文字 Logo

本章将介绍如何制作滚动文字 Logo。

14.1.1　设置文档属性

设置文档属性的具体操作步骤如下。

step 01　打开 Flash 软件，选择【文件】→【新建】命令，打开【新建文档】对话框，在【常规】选项卡中设置文档的参数，如图 14-1 所示。

step 02　单击【确定】按钮，即可新建一个空白文档，如图 14-2 所示。

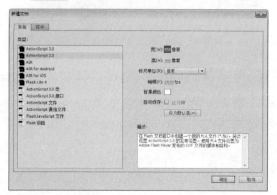 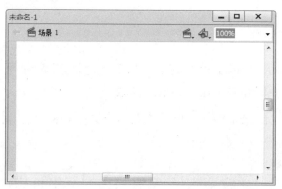

图 14-1　【新建文档】对话框　　　　　　　　图 14-2　空白文档

step 03　选择【修改】→【文档】命令，打开【文档设置】对话框，在其中设置文档的尺寸，如图 14-3 所示。

step 04　设置完成后，单击【确定】按钮，即可看到设置文档属性后的显示效果，如图 14-4 所示。

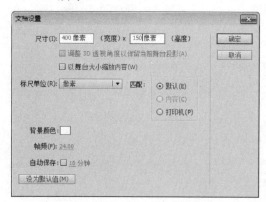 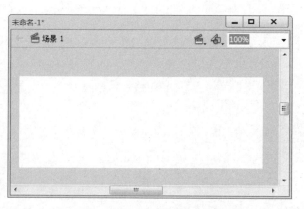

图 14-3　【文档设置】对话框　　　　　　　　图 14-4　文档设置后的显示效果

14.1.2 制作文字元件

制作文字元件的具体操作步骤如下。

step 01 选择【插入】→【新建元件】命令，打开【创建新元件】对话框，在【名称】文本框中输入"文本"，并选择类型为【图形】，如图 14-5 所示。

step 02 单击【确定】按钮，进入文本编辑状态中，如图 14-6 所示。

图 14-5 【创建新元件】对话框

图 14-6 文本编辑状态

step 03 选择工具箱中的【文本工具】，然后选择【窗口】→【属性】命令，打开【属性】面板，在其中设置文本的属性，具体的参数设置如图 14-7 所示。

step 04 单击【属性】面板中的【关闭】按钮，返回到文本编辑状态中，在其中输入文字，如图 14-8 所示。

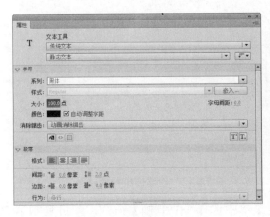

图 14-7 【属性】面板

图 14-8 输入文字

14.1.3 制作滚动效果

制作文字滚动效果的具体操作步骤如下。

step 01 单击【场景 1】，进入场景中；然后选择【窗口】→【库】命令，将【库】面板中的元件拖曳到场景中，如图 14-9 所示。

step 02 在【时间轴】面板中右击第 20 帧，在弹出的快捷菜单中选择【插入关键帧】命令，插入关键帧，如图 14-10 所示。

图 14-9　拖曳元件　　　　　　　　　图 14-10　插入关键帧

step 03 选择【图层 1】图层中的第 1 帧，然后选择【窗口】→【属性】命令，打开【属性】面板，在其中设置相关参数，如图 14-11 所示。

step 04 设置完成后，返回到 Flash 编辑窗口中，在【时间轴】面板中选择第 1 帧到第 20 帧之间的任意一帧并右击，在弹出的快捷菜单中选择【创建传统补间】命令，创建传统补间，如图 14-12 所示。

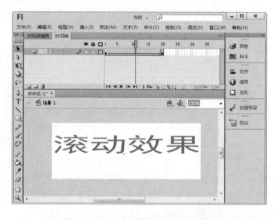

图 14-11　【属性】面板　　　　　　　图 14-12　创建传统补间动画

step 05 选中第 20 帧并右击，在弹出的快捷菜单中选择【复制帧】命令，即可复制第 20 帧的内容，如图 14-13 所示。

step 06 单击【时间轴】面板中的【新建图层】按钮，新建一个图层。选中第 1 帧并右击，在弹出的快捷菜单中选择【粘贴帧】命令，粘贴复制的帧，如图 14-14 所示。

step 07 选中【图层 2】图层，在该图层中的第 20 帧处右击，在弹出的快捷菜单中选择【插入关键帧】命令，插入一个关键帧，如图 14-15 所示。

step 08 选择工具箱中的【自由变换工具】，对场景中【图层 2】图层中的第 20 帧处的图形做自由变化。具体的参数在【属性】面板中可以设置，如图 14-16 所示。

图 14-13　复制帧

图 14-14　粘贴帧

图 14-15　插入关键帧

图 14-16　【属性】面板

step 09　设置完成后，返回到 Flash 编辑窗口中，在【时间轴】面板中选择【图层 2】图层中的第 1 帧到第 20 帧之间的任意一帧并右击，在弹出的快捷菜单中选择【创建传统补间】命令，创建传统补间，如图 14-17 所示。

step 10　按 Ctrl+Enter 快捷键，即可预览文字滚动效果，如图 14-18 所示。

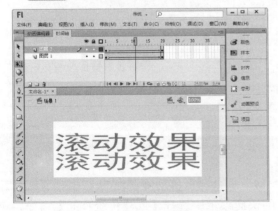

图 14-17　创建传统补间动画

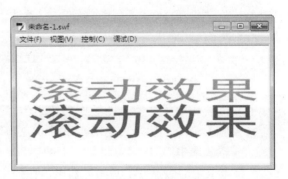

图 14-18　预览动画

14.2　制作产品 Banner

网页中除了文字 Logo 外，常常还会放置动态 Banner，来吸引浏览者的眼球。本节就来制作一个产品 Banner。

14.2.1　制作文字动画

制作文字动画的具体操作步骤如下。

step 01 打开 Flash 软件，新建一个空白文档。双击【图层 1】图层，将其更名为"文字"，如图 14-19 所示。

step 02 单击工具箱中的【文本工具】 **T**，在【属性】面板中设置文本类型为【静态文本】、字体为 Arial Black、字体大小为 50、颜色为红色，如图 14-20 所示。

图 14-19　【时间轴】面板 　　　　　　　　　　图 14-20　【属性】面板

step 03 在舞台中间位置输入字母"MM"。选择【修改】→【转换为元件】命令，弹出【转换为元件】对话框，设置元件类型为【图形】，如图 14-21 所示。

step 04 单击【确定】按钮，即可将文字转换为图形，如图 14-22 所示。

图 14-21　【转换为元件】对话框 　　　　　　　图 14-22　文字变为图形

step 05 选中【文字】图层中的第 10 帧并右击，在弹出的快捷菜单中选择【插入关键帧】命令，插入关键帧，如图 14-23 所示。

step 06 选中第 1 帧，将舞台上的字母"MM"垂直向上移动到舞台的上方(使其刚出舞台)，然后选中第 1 帧并右击，在弹出的快捷菜单中选择【创建传统补间】命令，创建传统补间，如图 14-24 所示。

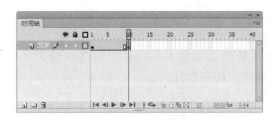

图 14-23　插入关键帧　　　　　　　　　　图 14-24　创建传统补间

step 07　选中【文字】图层中的第 1 帧，然后选择字母"MM"。打开【属性】面板，在【色彩效果】卷展栏的【样式】下拉列表中选择 Alpha 选项，设置 Alpha 值为 0%，如图 14-25 所示。

step 08　选中第 49 帧，按 F5 键插入帧，使动画延续到第 49 帧，如图 14-26 所示。

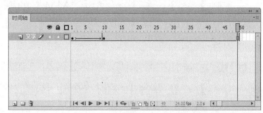

图 14-25　【属性】面板　　　　　　　　　　图 14-26　延续动画帧

step 09　新建一个图层，并命名为"文字 1"，然后单击第 10 帧，按 F7 键插入空白关键帧，如图 14-27 所示。

step 10　单击工具箱中的【文本工具】 T，在【属性】面板中设置其文本类型为【静态文本】、字体为 Arial、字体大小为 30、颜色为黑色，如图 14-28 所示。

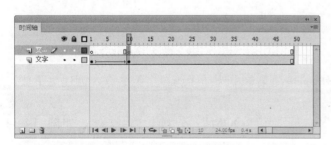

图 14-27　插入空白关键帧　　　　　　　　　图 14-28　【属性】面板

step 11　在舞台上输入字母"SU"，再次在字母的下方位置输入字母"SU"，颜色设置为灰色，如图 14-29 所示。

step 12　选中输入的字母，选择【修改】→【转换为元件】命令，弹出【转换为元件】对话框，如图 14-30 所示。将输入的字母转换为图形元件。

图 14-29　输入文字　　　　　　　　　　　图 14-30　【转换为元件】对话框

14.2.2　制作文字遮罩动画

制作文字遮罩动画的具体操作步骤如下。

step 01　选择【文字 1】图层的第 15 帧，右击，在弹出的快捷菜单中选择【转换为关键帧】命令，将其和字母"MM"的左边对齐；然后选中第 10 帧，右击，在弹出的快捷菜单中选择【创建传统补间】命令；接着选中第 49 帧，按 F5 键插入帧，如图 14-31 所示。

step 02　新建一个图层，并命名为"遮罩 1"。选中第 1 帧，单击工具箱中的【矩形工具】，在舞台上绘制一个矩形，放在"mm"字母的左侧，如图 14-32 所示。

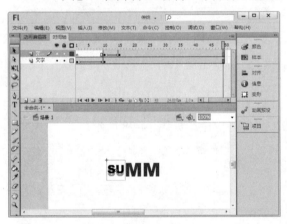

图 14-31　插入帧　　　　　　　　　　　　图 14-32　绘制矩形

step 03　右击【遮罩 1】图层，在弹出的快捷菜单中选择【遮罩层】命令，创建遮罩层，如图 14-33 所示。

step 04　同理，制作出字母"MM"右侧"ERROOM"字母的遮罩动画，如图 14-34 所示。

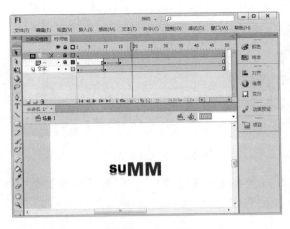

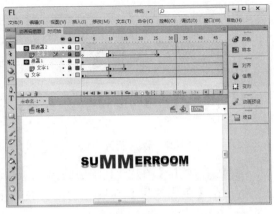

图 14-33　创建遮罩层　　　　　　　图 14-34　制作其他文字的遮罩

14.2.3　制作图片动画

制作图片动画的具体操作步骤如下。

step 01　选择【文件】→【导入到库】命令，弹出【导入到库】对话框，在其中选择需要导入到库的图片，如图 14-35 所示。

step 02　单击【打开】按钮，即可将图片导入到库中，如图 14-36 所示。

step 03　新建一个图层，将其命名为"图片 1"。选中第 27 帧，按 F7 键插入空白关键帧，将库中的"1"图片拖到舞台上，并调整其大小和位置，然后选择【修改】→【转换为元件】命令，将图片转换为图形元件，如图 14-37 所示。

step 04　选中第 32 帧，右击，在弹出的快捷菜单中选择【转换为关键帧】命令；然后选中第 27 帧，右击，在弹出的快捷菜单中选择【创建补间动画】命令，如图 14-38 所示。

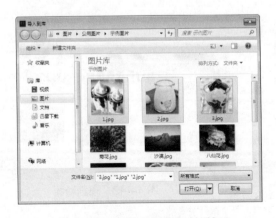

图 14-35　【导入到库】对话框

图 14-36　【库】面板

图 14-37 添加图片　　　　　　　　　　图 14-38 创建补间动画

step 05 单击【图片 1】图层的第 27 帧，在舞台上选中图片"1"。打开【属性】面板，在【色彩效果】卷展栏的【样式】下拉列表中选择 Alpha 选项，设置 Alpha 值为 0%，如图 14-39 所示。

step 06 图片的显示效果如图 14-40 所示。

图 14-39 【属性】面板　　　　　　　　图 14-40 图片的显示效果

step 07 同理，创建另外两张图片的动画效果，如图 14-41 所示。

step 08 按 Ctrl+Enter 快捷键即可预览动画效果，如图 14-42 所示。

图 14-41 添加其他图片　　　　　　　　图 14-42 预览动画

14.3　跟我练练手

14.3.1　练习目标

能够熟练掌握本章所讲解的内容。

14.3.2　上机练习

练习 1：制作滚动文字 Logo。
练习 2：制作产品 Banner。

14.4　高 手 甜 点

甜点 1：如何使网页 Banner 更具吸引力

（1）使用简单的背景和文字。制作时注意构图要简单、颜色要醒目、角度要明显、对比要强烈。

（2）巧妙地使用文字，使文本和 Banner 中的其他元素有机地结合起来，充分利用字体的样式、形状、粗细及颜色等来补充和加强图片的力量。

（3）使用深色的外围边框，因为在站点中应用 Banner 时，多数不会为 Banner 添加轮廓。如果 Banner 的内容都集中在中间位置，那么边缘就会过于空白。如果没有边框，Banner 就会和页面融为一体，从而降低 Banner 的吸引力。

甜点 2：如何快速选择【文本工具】

有时为了在舞台上添加文本，需要使用【文本工具】，虽然可以在工具箱中通过单击【文本工具】按钮来选择，但是直接按 T 键却可以快速选择该工具。

第 15 章

测试和优化
Flash 作品

在 Flash 中，用户可以将 Flash 影片输出为 GIF 动画。虽然内容上没有大的变化，但是输出的 GIF 动画已经不是矢量动画了，不能随意、无损坏放大或缩小，而且影片的声音和动作都会失效。

本章要点(已掌握的在方框中打钩)

☐ 了解影片的发布设置

☐ 掌握优化 Flash 影片的方法

☐ 掌握输出 SWF 动画和 GIF 动画的方法

15.1　优化 Flash 影片

在对影片测试完成，导出文档之前，应该考虑如何对 Flash 影片进行优化。采取措施缩短下载 Flash 影片的时间，减少影片的尺寸，前提是不能有损坏影片的播放质量。下面介绍几种优化 Flash 影片的方法。

1. 减少对 CPU 的占用

影片的长宽尺寸越小越好；尺寸越小，影片文件就越小。可以在【新建文档】对话框中设置影片的尺寸，如图 15-1 所示。

图 15-1　【新建文档】对话框

另外，还可以在 Flash 中将影片的尺寸设置得小一些，导出迷你 SWF 影片。接着选择【文件】→【发布设置】命令，在弹出的对话框中，将 HTML 选项卡中影片的尺寸设置得大一些；这样，在网页中就会呈现出尺寸较大的影片，而画质则丝毫无损。

2. 图形、文本及颜色的优化

尽量不使用特殊的线条类型，多使用构图简单的矢量图形。对于复杂的矢量图形，可以在【优化曲线】对话框中进行设置，从而减小文件的大小。首先选中要优化的曲线，然后选择【修改】→【形状】→【优化】命令，如图 15-2 所示。

弹出【优化曲线】对话框，如图 15-3 所示。在其中可以设置优化的强度，然后单击【确定】按钮即可。

如果想要限制字体和字体样式的使用，尽量不要将字体打散。如果选择【修改】→【分离】命令，可将选中的文字打散，如图 15-4 所示。

对于图像的填充颜色，尽量少使用渐变色填充，如图 15-5 所示。

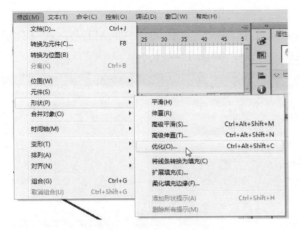

图 15-2　选择【优化】命令

图 15-3　【优化曲线】对话框

图 15-4　选择【分离】命令

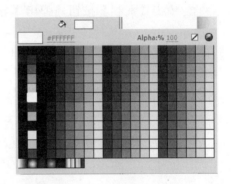

图 15-5　选择颜色面板

15.2　输 出 动 画

在 Flash 中，作品完成后，就要考虑输出了。影片输出的格式有 3 种，分别是 SWF 动画、GIF 动画和图像。

15.2.1　SWF 动画

SWF 动画是在浏览网页时常见的具有交互功能的动画。它是以.swf 为后缀的文件，拥有动画、声音、交互等全部的功能，需要在浏览器中安装 Flash 播放器插件才能够看到它。

导出 SWF 动画的方法有以下 3 种。

方法 1：

step 01　选择【文件】→【导出】→【导出影片】命令，弹出【导出影片】对话框，如

图15-6所示。

step 02 选择保存路径，在【文件名】文本框中输入文件名(例如 MTV)，在【保存类型】下拉列表中选择【SWF 影片(*.swf)】，如图15-7所示。

图15-6 【导出影片】对话框　　　　图15-7 选择保存文件格式

step 03 单击【保存】按钮，弹出【导出 SWF 影片】对话框，显示进度条，如图 15-8 所示。

step 04 完成导出 SWF 动画，如图15-9所示。

图15-8 导出影片　　　　图15-9 完成影片的导出

方法2：

step 01 选择【文件】→【发布设置】命令，如图15-10所示。

step 02 弹出【发布设置】对话框，在【发布】列表中选中【Flash(.swf)】复选框，如图15-11所示。

step 03 单击【输出文件】选项右侧的【浏览夹】按钮，弹出【选择发布目标】对话框，从中选择发布路径，并设置文件的名称，如图15-12所示。

step 04 单击【保存】按钮，返回到【发布设置】对话框，从中可以对 SWF 影片进行其他选项的设置，如图15-13所示。

step 05 设置完成后，单击【发布】按钮，即可输出 SWF 动画，如图 15-14 所示。

图 15-10 　【发布设置】命令

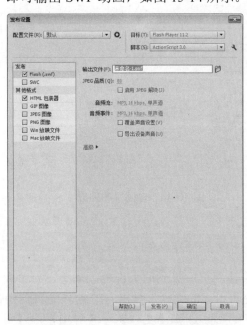

图 15-11 　【发布设置】对话框

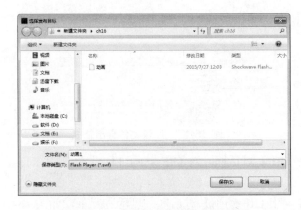

图 15-12 　【选择发布目标】对话框

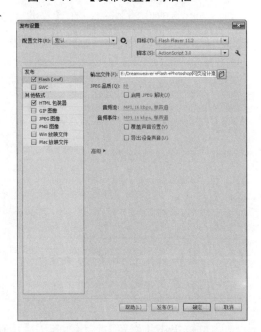

图 15-13 　【发布设置】对话框

方法 3：

选择【控制】→【测试影片】→【测试】命令(或者按 Ctrl+Enter 快捷键)测试影片，也可以输出.swf 动画，如图 15-15 所示。

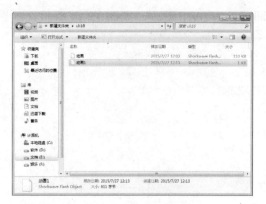

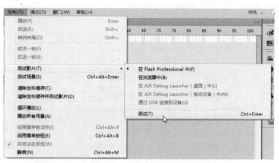

图 15-14　动画发布完成　　　　　　　图 15-15　选择【测试】命令

15.2.2　GIF 动画

目前网页中见到的大部分的动态图标都是 GIF 动画(Animated GIF)形式，它是由连续的 GIF 图像组成的动画。导出 GIF 动画的具体操作步骤如下。

step 01 选择【文件】→【导出】→【导出影片】命令，弹出【导出影片】对话框，如图 15-16 所示。

step 02 选择保存路径，在【文件名】文本框中输入文件名(例如 MTV)，在【保存类型】下拉列表中选择【GIF 动画(*.gif)】，如图 15-17 所示。

图 15-16　【导出影片】对话框　　　　　图 15-17　设置文件导出格式

step 03 单击【保存】按钮，弹出【导出 GIF】对话框，对 GIF 动画进行设置，如图 15-18 所示。

step 04 单击【确定】按钮，弹出【正在导出 GIF 动画】对话框，显示进度条，如图 15-19 所示。

step 05 完成导出 GIF 动画，如图 15-20 所示。

提示　　要想输出某一帧的 GIF 图像，可以选择【文件】→【导出】→【导出图像】命令。

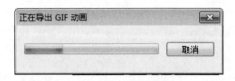

图 15-18　【导出 GIF】对话框　　　　　　　　图 15-19　导出进度条

图 15-20　导出动画完成

15.3　影片的发布

在 Flash 中，可以输出的影片类型很多。为了避免在输出多种格式文件时每一次都需要进行设置，可以在【发布设置】对话框中选中全部需要发布的格式进行设置。然后就可以通过选择【文件】→【发布】命令，一次性输出所有指定的文件格式，如图 15-21 所示。

15.3.1　影片的发布设置

选择【文件】→【发布设置】命令，弹出【发布设置】对话框，在其中设置选择文件发布的格式，输出文本保存的位置等信息，如图 15-22 所示。

单击【高级】右侧的三角符号，可以打开发布设置的高

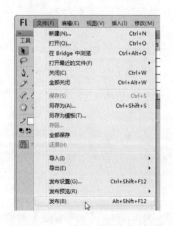

图 15-21　选择【发布】命令

级选项，在其中根据需要设置文本的发布高级选项参数，如图 15-23 所示。

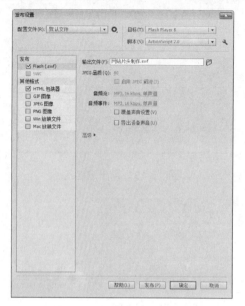

图 15-22　【发布设置】对话框

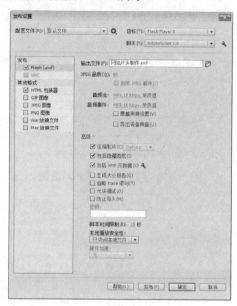

图 15-23　高级选项参数

15.3.2　影片的发布预览

如果在【发布设置】对话框中，将【其他格式】列表中的所有格式都选中，如图 15-24 所示。那么，当选择【文件】→【发布预览】命令时，它的子菜单就都可以被选择进行不同格式的发布预览，如图 15-25 所示。

提示　　若在【发布设置】对话框中没有将所有格式的复选框选中，那么发布预览时的格式也会受到限制，如图 15-26 所示。

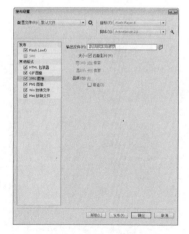

图 15-24　【发布设置】对话框

图 15-25　选中所有格式的发布
　　　　　预览菜单

图 15-26　没有全选格式的发布
　　　　　预览菜单

发布预览的具体操作步骤如下。

step 01 打开已经制作好的作品，如图 15-27 所示。

step 02 选择【文件】→【发布预览】命令，然后在子菜单中选择要预览的文件格式(这里选择 HTML 格式)，如图 15-28 所示。

图 15-27 打开素材文件   图 15-28 发布预览菜单

step 03 Flash 就可以创建一个指定类型的文件，并将其放到 Flash 影片文档所在的文件夹中，如图 15-29 所示。

step 04 预览效果如图 15-30 所示。

图 15-29 选择保存位置   图 15-30 预览动画

提示 如果要输出或预览默认的 HTML 格式文件，可以直接按 Shift+F12 快捷键。

15.4 跟我练练手

15.4.1 练习目标

能够熟练掌握本章所讲解的内容。

15.4.2 上机练习

练习 1：优化 Flash 影片。
练习 2：输出动画。
练习 3：发布动画。

15.5 高手甜点

甜点 1：如何导出批量的文件

输出影片时，选择【文件】→【导出】命令，此时在子菜单中是单个的、有选择的导出，如图 15-31 所示。选择【文件】→【发布】命令，发布则是批量的，可以同时输出几种格式的文件，如图 15-32 所示。

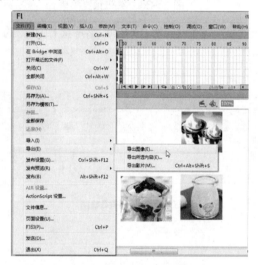

图 15-31 选择【导出】命令

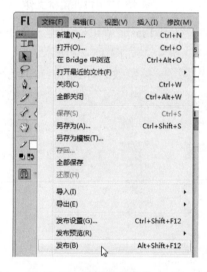

图 15-32 选择【发布】命令

甜点 2：如何处理"帧"来优化影片

相对于逐帧动画，使用补间动画更能减小文件的体积。应尽量避免使用连续的关键帧，删除多余的关键帧，即使是空白关键帧也会增大文件的体积。

第 4 篇

网页美化布局篇

第 16 章

读懂样式表密码——
使用 CSS 样式表
美化网页

使用 CSS 技术可以对文档进行精细的页面美化。CSS 样式不仅可以对一个页面进行格式化，还可以对多个页面使用相同的样式进行修饰，以达到统一的效果。

本章要点(已掌握的在方框中打钩)

☐ 熟悉 CSS 的概念、作用与语法

☐ 掌握使用 CSS 样式表美化网页的方法

☐ 掌握使用 CSS 滤镜美化网页的方法

16.1　初识 CSS

现在，网页的排版格式越来越复杂，样式也越来越多。有了 CSS 样式，很多美观的效果都可以实现，应用 CSS 样式制作出的网页会给人一种条理清晰、格式漂亮、布局统一的感觉，加上多种字体的动态效果，会使网页变得更加生动有趣。

16.1.1　CSS 概述

CSS(Cascading Style Sheet)，称为层叠样式表，也可以称为 CSS 样式表或样式表，其文件扩展名为.css。CSS 是用于增强或控制网页样式，并允许将样式信息与网页内容分离的一种标签性语言。

引用样式表的目的是将"网页结构代码"和"网页样式风格代码"分离开，从而使网页设计者可以对网页布局进行更多的控制。利用样式表，可以将整个站点上所有网页都指向某个 CSS 文件，设计者只需要修改 CSS 文件中的某一行，整个网页上对应的样式都会随之发生改变。

16.1.2　CSS 的作用

CSS 样式可以一次对若干个文档的样式进行控制，当 CSS 样式更新后，所有应用了该样式的文档都会自动更新。可以说，CSS 在现代网页设计中是必不可少的工具之一。

CSS 的优越性有以下几点。

1. 分离了格式和结构

HTML 并没有严格地控制网页的格式或外观，仅定义了网页的结构和个别要素的功能，其他部分让浏览器自己决定应该让各个要素以何种形式显示。但是，随便使用 HTML 样式会导致代码混乱，编码会变得非常庞大。

CSS 解决了这个问题，它通过将定义结构的部分和定义格式的部分分离，能够对页面的布局施加更多的控制，也就是把 CSS 代码独立出来，从另一个角度来控制页面外观。

2. 控制页面布局

HTML 中的<font size>代码能调整字号，表格标签可以生成边距，但是，总体上的控制却很有限，比如它不能精确生成 80 像素的高度、不能控制行间距或字间距、不能在屏幕上精确定位图像的位置，而 CSS 就可以使这一切都成为可能。

3. 制作出更小、下载更快的网页

CSS 只是简单的文本，就像 HTML 那样，它不需要图像、不需要执行程序、不需要插件、不需要流式。有了 CSS 之后，以前必须求助于 GIF 格式的，现在通过 CSS 就可以实现。此外，使用 CSS 还可以减少表格标签及其他加大 HTML 体积的代码，减少图像用量，从而减小文件的大小。

4．便于维护及更新大量的网页

如果没有 CSS，要更新整个站点中所有主体文本的字体，就必须一页一页地修改网页。CSS 则是将格式和结构分离，利用样式表可以将站点上所有的网页都指向单一的一个 CSS 文件，只要修改 CSS 文件中的某一行，整个站点就都会随之发生变动。

5．使浏览器成为更友好的界面

CSS 的代码有很好的兼容性，比如丢失了某个插件时不会发生中断，或者使用低版本的浏览器时代码不会出现杂乱无章的情况。只要是可以识别 CSS 的浏览器，就可以应用 CSS。

16.1.3　基本 CSS 语法

CSS 样式表是由若干条样式规则组成，这些样式规则可以应用到不同的元素或文档来定义它们显示的外观。每一条样式规则由 3 个部分构成，即选择符(selector)、属性(properties)和属性值(value)。基本语法格式如下。

```
selector{property: value}
```

- selector 选择符可以采用多种形式，可以为文档中的 HTML 标签，例如\<body\>、\<table\>、\<p\>等，但是也可以是 XML 文档中的标签。
- property 属性则是选择符指定的标签所包含的属性。
- value 指定了属性的值。如果定义选择符的多个属性，则属性和属性值为一组，组与组之间用分号(;)隔开。基本语法格式如下。

```
selector{property1: value1; property2: value2;…}
```

下面就给出一条样式规则，如下所示。

```
p{color:red}
```

该样式规则为选择符 p，为段落标签\<p\>提供样式，color 为指定文字颜色属性，red 为属性值。此样式表示标签\<p\>指定的段落文字为红色。

如果要为段落设置多种样式，则语句如下。

```
p{font-family:"隶书"; color:red; font-size:40px; font-weight:bold}
```

16.2　使用 CSS 样式美化网页

在使用 CSS 样式的属性美化网页元素之前，需要先定义 CSS 样式的属性。CSS 样式常用的属性包括字体、文本、背景、链接、样式等。

16.2.1　使用字体样式美化文字

CSS 样式的字体属性用于定义文字的字体、大小、粗细的表现等。
font 统一定义字体的所有属性。其字体属性如下。

- font-family 属性：定义使用的字体。
- font-size 属性：定义字体大小。
- font-style 属性：定义斜体字。
- font-variant 属性：定义小型的大写字母字体，对中文没什么意义。
- font-weight 属性：定义字体的粗细。

1. font-family 属性

下面通过一个例子来认识 font-family 属性。

比如，中文的宋体，英文的 Arial，可以定义多种字体连在一起使用，(逗号)分隔，代码如下。

```html
<html>
<head>
<meta http-equiv="Content-Type" content="text/html; charset=gb2312" />
<title>CSS font-family 属性示例</title>
<style type="text/css" media="all">
p#songti{font-family:"宋体";}
p#Arial{font-family:Arial;}
p#all{font-family:"宋体",Arial;}
</style>
</head>
<body>
<p id="songti">使用宋体.</p>
<p id="Arial">使用 arial 字体.</p>
</body>
</html>
```

2. font-size 属性

中文常用的字体大小是 12px，如文章的标题等应该显示大字体，但此时不应使用字体大小属性，应使用 h1、h2 等 HTML 标签。

HTML 的 big、small 标签定义了大字体和小字体的文字，此标签已经被 W3C 抛弃，真正符合标准网页设计的显示文字大小的方法是使用 font-size CSS 属性。在浏览器中可以使用 Ctrl++快捷键增大字体，使用 Ctrl+-快捷键缩小字体。

下面通过一个例子来认识 font-size 属性，代码如下。

```html
<html>
<head>
<meta http-equiv="Content-Type" content="text/html; charset=gb2312" />
<title>CSS font-size 属性绝对字体尺寸示例</title>
<style type="text/css" media="all">
p{font-size:12px;}
p#xxsmall{font-size:xx-small;}
p#xsmall{font-size:x-small;}
p#small{font-size:small;}
p#medium{font-size:medium;}
p#xlarge{font-size:x-large; }
p#xxlarge{font-size:xx-large;}
</style>
```

```
</head>
<body>
<p id="xxsmall">font-size 中的 xxsmall 字体</p>
<p id="xsmall">font-size 中的 xsmall 字体</p>
<p id="small">font-size 中的 small 字体</p>
<p id="medium">font-size 中的 medium 字体</p>
<p id="xlarge">font-size 中的 xlarge 字体</p>
<p id="xxlarge">font-size 中的 xxlarge 字体</p>
</body>
</html>
```

3. font-style 属性

网页中的字体样式都是不固定的，开发者可以用 font-style 属性来实现目的，其属性包含如下内容。

- normal：正常的字体，即浏览器默认状态。
- italic：斜体。对于没有斜体变量的特殊字体，将应用 oblique。
- oblique：倾斜的字体，即没有斜体变量。

下面通过一个例子来认识 font-style 属性，代码如下。

```
<html>
<head>
<meta http-equiv="Content-Type" content="text/html; charset=gb2312" />
<title>CSS font-style 属性示例</title>
<style type="text/css" media="all">
p#normal{font-style:normal;}
p#italic{font-style:italic;}
p#oblique{font-style:oblique;}
</style>
</head>
<body>
<p id="normal">正常字体.</p><p id="italic">斜体.</p><p id="oblique">斜体.</p>
</body>
</html>
```

4. font-variant 属性

在网页中常常可以碰到需要输入内容的地方，如果输入汉字的话是没问题的，可是当需要输入英文时，那么它的大小写就会有问题。在 CSS 中可以通过 font-variant 的几个属性来实现输入时不受其限制的功能，其属性如下。

- normal：正常的字体，即浏览器默认状态。
- small-caps：定义小型的大写字母。

下面通过一个例子来认识 font-variant 属性，代码如下。

```
<html>
<head>
<meta http-equiv="Content-Type" content="text/html; charset=gb2312" />
<title>CSS font-variant 属性示例</title>
<style type="text/css" media="all">
p#small-caps{font-variant:small-caps;}
```

```
p#uppercase{text-transform:uppercase;}
</style>
</head>
<body>
<p id="small-caps">The quick brown fox jumps over the lazy dog.</p>
<p id="uppercase">The quick brown fox jumps over the lazy dog.</p>
</body>
</html>
```

5. font-weight 属性

font-weight 属性用来定义字体的粗细，其属性如下。

- normal：正常，等同于固定值在 400 以下的。
- bold：粗体，等同于固定值在 500 以上的。
- normal：正常，等同于 400。
- bold：粗体，等同于 700。
- bolder：更粗。
- lighter：更细。
- 100 | 200 | 300 | 400 | 500 | 600 | 700 | 800 | 900：字体粗细的绝对值。

下面通过一个例子来认识 font-weight 属性，代码如下。

```
<html>
<head>
<meta http-equiv="Content-Type" content="text/html; charset=gb2312" />
<title>CSS font-weight 属性示例</title>
<style type="text/css" media="all">
p#normal
{font-weight: normal;}
p#bold{font-weight: bold;}
p#bolder{font-weight: bolder;}
p#lighter{font-weight: lighter;}
p#100{font-weight: 100;}
</style>
</head>
<body>
<p id="normal">font-weight: normal</p><p id="bold">font-weight: bold</p>
<p id="bolder">font-weight: bolder</p>
<p id="lighter">font-weight: lighter</p><p id="100">font-weight: 100</p>
</body>
</html>
```

16.2.2 使用文本样式美化文本

CSS 样式的文本属性用于定义文字、空格、单词、段落的样式。文本属性如下。

- letter-spacing 属性：定义文本中字母的间距(中文为文字的间距)。
- word-spacing 属性：定义以空格间隔文字的间距(就是空格本身的宽度)。
- text-decoration 属性：定义文本是否有下划线以及下划线的方式。
- text-transform 属性：定义文本的大小写状态，此属性对中文无意义。

- text-align 属性：定义文本的对齐方式。

- text-indent 属性：定义文本的首行缩进(在首行文字前插入指定的长度)。

1. letter-spacing 属性

该属性在应用时有以下两种情况。

- normal：默认间距(主要是根据用户所使用的浏览器等设备)。

- <length>：由浮点数字和单位标识符组成的长度值，允许为负值。

下面通过一个例子来认识 letter-spacing 属性，代码如下。

```html
<html>
<head>
<meta http-equiv="Content-Type" content="text/html; charset=gb2312" />
<title>CSS letter-spacing 属性示例</title>
<style type="text/css" media="all">
.ls3px{letter-spacing: 3px;}
.lsn3px{letter-spacing: -3px;}
</style>
</head>
<body>
<p class="ls3px">
<strong><ahref="http://www.dreamdu.com/css/property letter-
spacing/">letter-spacing</a>示例:</strong>
<p>All i have to do, is learn CSS.(仔细看是字母之间的距离,不是空格本身的宽度.)</p>
</p>
<p>
<strong><ahref="http://www.dreamdu.com/css/property_letter-
spacing/">letter-spacing</a>示例:</strong>
<p class="lsn3px">All i have to do, is learn CSS.</p>
</p>
</body>
</html>
```

2. word-spacing 属性

该属性在应用时有以下两种情况。

- normal：默认间距，即浏览器的默认间距。

- <length>：由浮点数字和单位标识符组成的长度值，允许为负值。

下面通过一个例子来认识 word-spacing 属性，代码如下。

```html
<html>
<head>
<meta http-equiv="Content-Type" content="text/html; charset=gb2312" />
<title>CSS word-spacing 属性示例</title>
<style type="text/css" media="all">
.ws30{word-spacing: 30px;}
.wsn30{word-spacing: -10px;}
</style>
</head>
<body><p><strong>word-spacing 示例:</strong>
<p class="ws30">All i have to do, is learn CSS.</p></p><p>
<strong>word-spacing 示例:</strong><p class="wsn30">All i have to do, is learn
```

```
CSS.</p>
</p>
</body>
</html>
```

3. text-decoration 属性

该属性在应用时有以下 4 种情况。

- underline：定义有下划线的文本。
- overline：定义有上划线的文本。
- line-through：定义直线穿过文本。
- blink：定义闪烁的文本。

下面通过一个例子来认识 text-decoration 属性，代码如下。

```
<html>
<head>
<meta http-equiv="Content-Type" content="text/html; charset=gb2312" />
<title>CSS text-decoration 属性示例</title>
<style type="text/css" media="all">
p#line-through{text-decoration: line-through;}
</style>
</head>
<body>
<p id="line-through">示例<a href="#">CSS 教程</a>,<strong><a
href="#">text-decoration</a></strong>示例,属性值为 line-through 中划线.</p>
</body>
</html>
```

4. text-transform 属性

该属性在应用时有以下 4 种情况。

- capitalize：首字母大写。
- uppercase：将所有设定此值的字母变为大写。
- lowercase：将所有设定此值的字母变为小写。
- none：正常无变化，即输入状态。

下面通过一个例子来认识 text-transform 属性，代码如下。

```
<html>
<head>
<meta http-equiv="Content-Type" content="text/html; charset=gb2312" />
<title>CSS text-transform 属性示例</title>
<style type="text/css" media="all">
p#capitalize{text-transform: capitalize; }
p#uppercase{text-transform: uppercase; }
p#lowercase{text-transform: lowercase; }
</style>
</head>
<body>
<p id="capitalize">hello world</p><p id="uppercase">hello world</p>
<p id="lowercase">HELLO WORLD</p>
```

```
</body>
</html>
```

5. text-align 属性

该属性在应用时有以下 4 种情况。

- left：对于当前块的位置为左对齐。
- right：对于当前块的位置为右对齐。
- center：对于当前块的位置为居中。
- justify：对齐每行的文字。

下面通过一个例子来认识 text-align 属性，代码如下。

```
<html>
<head>
<meta http-equiv="Content-Type" content="text/html; charset=gb2312" />
<title>CSS text-align 属性示例</title>
<style type="text/css" media="all">
p#left{text-align: left; }
</style>
</head>
<body>
<p id="left">left 左对齐</p>
</body>
</html>
```

6. text-indent 属性

该属性在应用时有以下两种情况。

- <length>：百分比数字由浮点数字和单位标识符组成的长度值，允许为负值。
- <percentage>：百分比表示法。

下面通过一个例子来认识 text-indent 属性，代码如下。

```
<html>
<head>
<meta http-equiv="Content-Type" content="text/html; charset=gb2312" />
<title>CSS text-indent 属性示例</title>
<style type="text/css" media="all">
p#indent{text-indent:2em;top:10px;}
p#unindent{text-indent:-2em;top:210px;}
p{width:150px;margin:3em;}
</style>
</head>
<body>
<p id="indent">示例<a href="#">CSS 教程</a>,<strong><a
href="#">text-indent</a></strong>示例,正值向后缩,负值向前进.text-indent 属性可以
定义首行的缩进,是我们经常使用到的 CSS 属性.</p>
<p id="unindent">示例<a href="#">CSS 教程</a>,<strong><a
href="#">text-indent</a></strong>示例,正值向后缩,负值向前进.</p>
</body>
</html>
```

16.2.3 使用背景样式美化背景

背景(background)，文字颜色可以使用 color 属性，但是包含文字的 p 段落、div 层、page 页面等的颜色与背景图片可以使用 background 等属性。背景属性如下。

- background-color 属性：背景色，定义背景颜色。
- background-image 属性：定义背景图片。
- background-repeat 属性：定义背景图片的重复方式。
- background-position 属性：定义背景图片的位置。
- background-attachment 属性：定义背景图片随滚动轴的移动方式。

1. background-color *属性*

在 CSS 中可以定义背景颜色，内容没有覆盖到地方就按照设置的背景颜色显示，其属性如下。

- \<color\>：颜色表示法，可以是数值表示法，也可以是颜色名称。
- transparent：背景色透明。

下面通过一个例子来认识 background-color 属性。定义网页的背景使用绿色，内容白字黑底，代码如下。

```
<html>
<head>
<meta http-equiv="Content-Type" content="text/html; charset=gb2312" />
<title>CSS background-color 属性示例</title>
<style type="text/css" media="all">
body{background-color:green;}
h1{color:white;background-color:black;}
</style>
</head>
<body>
<h1>白字黑底</h1>
</body>
</html>
```

2. background-image *属性*

在 CSS 中还可以设置背景图像，其属性如下。

- \<uri\>：使用绝对地址或相对地址指定背景图像。
- none：将背景设置为无背景状态。

下面通过一个例子来认识 background-image 属性，代码如下。

```
<html>
<head>
<meta http-equiv="Content-Type" content="text/html; charset=gb2312" />
<title>CSS background-image 属性示例</title>
<style type="text/css" media="all">
.para{background-image:none; width:200px; height:70px;}
.div{width:200px; color:#FFF; font-size:40px;
```

```
font-weight:bold;height:200px;background-image:url(flower1.jpg);}
</style>
</head>
<body>
<div class="para">div 段落中没有背景图片</div>
<div class="div">div 中有背景图片</div>
</body>
</html>
```

3. background-repeat 属性

在默认情况下，图像会自动向水平和竖直两个方向平铺。如果不希望平铺，或者希望沿着一个方向平铺，可以使用 background-repeat 属性实现。该属性可以设置为以下 4 种平铺方式。

- repeat：平铺整个页面，左右与上下。
- repeat-x：在 X 轴上平铺，左右。
- repeat-y：在 Y 轴上平铺，上下。
- no-repeat：当背景大小比所要填充背景的块小时图片不重复。

下面通过一个例子来认识 background-repeat 属性，代码如下。

```
<html>
<head>
<meta http-equiv="Content-Type" content="text/html; charset=gb2312" />
<title>CSS background-repeat 属性示例</title>
<style type="text/css" media="all">
body{background-image:url('images/small.jpg');background-repeat:no-repeat;}
p{background-image:url('images/small.jpg');background-repeat:repeat-
y;backgroun
d-position:right;top:200px;left:200px;width:300px;height:300px;border:1px
solid
black; margin-left:150px;}
</style>
</head>
<body>
<p>示例 CSS 教程，repeat-y 竖着重复的背景(div 的右侧).</p>
</body>
</html>
```

4. background-position 属性

将标题居中或者右对齐可以使用 background-position 属性，其属性如下。

(1) 水平方向
- left：对于当前填充背景位置居左。
- center：对于当前填充背景位置居中。
- right：对于当前填充背景位置居右。

(2) 垂直方向
- top：对于当前填充背景位置居上。
- center：对于当前填充背景位置居中。

● bottom：对于当前填充背景位置居下。

(3) 垂直与水平的组合，其语法格式如下。

```
. x-% y-%;
. x-pos y-pos;
```

下面通过一个例子来认识 background-position 属性，代码如下。

```
<html>
<head>
<meta http-equiv="Content-Type" content="text/html; charset=gb2312" />
<title>CSS background-position 属性示例</title>
<style type="text/css" media="all">
body{background-image:url('images/small.jpg');background-repeat:no-repeat;}
p{background-image:url('images/small.jpg');background-position:right
bottom ;background-repeat:no-repeat;border:1px solid
black;width:400px;height:200px; margin-left:130px;}
div{background-image:url('images/small.jpg');background-position:50%
20% ;background-repeat:no-repeat;border:1px solid
black;width:400px;height:150px;}
</style>
</head>
<body>
<p>p 段落中右下角显示橙色的点.</p>
<div>div 中距左上角 x 轴 50%,y 轴 20%的位置显示橙色的点.</div>
</body>
</html>
```

5. background-attachment 属性

设置或检索背景图像是随对象内容滚动还是固定的，其属性如下。

● scroll：随着页面的滚动，背景图片将移动。

● fixed：随着页面的滚动，背景图片不会移动。

下面通过一个例子来认识 background-attachment 属性，代码如下。

```
<html>
<head>
<meta http-equiv="Content-Type" content="text/html; charset=gb2312" />
<title>CSS background-attachment 属性示例</title>
<style type="text/css" media="all">
body{background:url('images/list-orange.png');background-
attachment:fixed;backg
round-repeat:repeat-x;background-position:center
center;position:absolute;height:400px;}
</style>
</head>
<body>
<p>拖动滚动条,并且注意中间有一条橙色线并不会随滚动条的下移而上移.</p>
</body>
</html>
```

16.2.4　使用链接样式美化链接

在 HTML 语言中，超链接是通过<a>标签来实现的，链接的具体地址则是利用<a>标签的 href 属性，代码如下。

```
<a href="http://www.baidu.com">链接文本</a>
```

在浏览器默认的浏览方式下，超链接统一为蓝色并且有下划线，被单击过的超链接则为紫色并且也有下划线。这种最基本的超链接样式现在已经无法满足广大设计师的需求。通过 CSS 可以设置超链接的各种属性，而且通过伪类别还可以制作很多动态效果。首先用最简单的方法去掉超链接的下划线，代码如下。

```
/*超链接样式* /
a{text-decoration:none; margin-left:20px;} /* 去掉下划线 */
```

可制作动态效果的 CSS 伪类别属性如下。

- a:link：超链接的普通样式，即正常浏览状态的样式。
- a:visited：被单击过的超链接的样式。
- a:hover：鼠标指针经过超链接上时的样式。
- a:active：在超链接上单击时，即"当前激活"时超链接的样式。

16.2.5　使用列表样式美化列表

CSS 列表属性可以改变 HTML 列表的显示方式。列表的样式通常使用 list-style-type 属性来定义，list-style-image 属性定义列表样式的图片，list-style-position 属性定义列表样式的位置，list-style 属性统一定义列表样式的几个属性。

通常的列表主要采用<ul>或者<ol>标签，然后配合<li>标签罗列各个项目。CSS 列表有以下 4 个常见属性。

1. list-style 属性

list-style 属性用来设置列表项目相关内容。

2. list-style-image 属性

list-style-image 属性用来设置或检索作为对象的列表项标签的图像，其属性如下。

- URI：一般是一个图片的网址。
- none：不指定图像。

示例代码如下。

```
<html>
<head>
<meta http-equiv="Content-Type" content="text/html; charset=gb2312" />
<title>CSS list-style-image 属性示例</title>
<style type="text/css" media="all">
ul{list-style-image: url("images/list-orange.png");}
```

```
</style>
</head>
<body>
<ul
<li>使用图片显示列表样式</li>
<li>本例中使用了 list-orange.png 图片</li>
<li>我们还可以使用 list-green.png top.png 或 up.png 图片</li>
<li>大家可以尝试修改下面的代码</li>
</ul>
</body>
</html>
```

3. list-style-position 属性

list-style-position 属性用来设置或检索作为对象的列表项标签如何根据文本排列，其属性如下。

- inside：列表项目标签放置在文本以内，且环绕文本根据标签对齐。
- outside：列表项目标签放置在文本以外，且环绕文本不根据标签对齐。

示例代码如下。

```
<html>
<head>
<meta http-equiv="Content-Type" content="text/html; charset=gb2312" />
<title>CSS list-style-position 属性示例</title>
<style type="text/css" media="all">
ul#inside{list-style-position: inside;list-style-image:
url("images/list-orange.png");}
ul#outside{list-style-position: outside;list-style-image:
url("images/list-green.png");}
p{padding: 0;margin: 0;}
li{border:1px solid green;}
</style>
</head>
<body>
<p>内部模式</p>
<ul id="inside">
<li>内部模式 inside</li>
<li>示例 XHTML 教程.</li>
<li>示例 CSS 教程.</li>
<li>示例 JAVASCRIPT 教程.</li>
</ul>
<p>外部模式</p>
<ul id="outside">
<li>外部模式 outside</li>
<li>示例 XHTML 教程.</li>
<li>示例 CSS 教程.</li>
<li>示例 JAVASCRIPT 教程.</li>
</ul>
</body>
</html>
```

4. list-style-type *属性*

list-style-type 属性用来设置或检索对象的列表项所使用的预设标签，其属性如下。

- disc：点。
- circle：圆圈。
- square：正方形。
- decimal：数字。
- none：无(取消所有的 list 样式)。

示例代码如下：

```html
<html>
<head>
<meta http-equiv="Content-Type" content="text/html; charset=gb2312" />
<title>CSS list-style-type 属性示例</title>
<style type="text/css" media="all">
ul{list-style-type: disc;}
</style>
</head>
<body>
<ul>
<li>正常模式</li>
<li>示例 XHTML 教程.</li>
<li>示例 CSS 教程.</li>
<li>示例 JAVASCRIPT 教程.</li>
</ul>
</body>
</html>
```

16.2.6 使用区块样式美化区块

块级元素就是一个方块，像段落一样，默认占据一行位置。内联元素又称行内元素。顾名思义，它只能放在行内，就像一个单词一样不会造成前后换行，起辅助作用。一般的块级元素如段落<p>、标题<h1><h2>、列表<ul><ol><li>、表格<table>、表单<form>、DIV<div>、BODY<body>等元素。

内联元素包括表单元素<input>、超链接<a>、图像<img>、<span>等。块级元素的显著特点是：它们都是从一个新行开始显示，而且其后的元素也需另起一行显示。

下面通过一个例子来看一下块元素与内联元素的区别，代码如下。

```html
<html>
<head>
<meta http-equiv="Content-Type" content="text/html; charset=gb2312" />
<title>CSS list-style-type 属性示例</title>
<style type="text/css" media="all">
ul{list-style-type: disc;}
img{ width:100px; height:70px;}
</style>
</head>
<body>
```

```
<p>标签不同行: </p>
<div><imgsrc="flower.jpg" /></div>
<div><imgsrc="flower.jpg" /></div>
<div><imgsrc="flower.jpg" /></div>
<p>标签同一行: </p>
<span><imgsrc="flower.jpg" /></span>
<span><imgsrc="flower.jpg" /></span>
<span><imgsrc="flower.jpg" /></span>
</body>
</html>
```

在上面的代码中，3 个 div 元素各占一行，相当于在它之前和之后各插入了一个换行，而内联元素 span 没对显示效果造成任何影响，这就是块级元素和内联元素的区别。正因为有了这些元素，才使网页变得丰富多彩。

如果没有 CSS 的作用，块元素会以每次换行的方式一直往下排，而有了 CSS 以后，可以改变这种 HTML 的默认布局模式，把块元素摆放到想要的位置上，而不是每次都另起一行。也就是说，可以用 CSS 的 display:inline 将块级元素改变为内联元素，也可以用 display:block 将内联元素改变为块元素。

代码修改如下。

```
<html>
<head>
<meta http-equiv="Content-Type" content="text/html; charset=gb2312" />
<title>CSS list-style-type 属性示例</title>
<style type="text/css" media="all">
ul{list-style-type: disc;}
img{ width:100px; height:70px;}
</style>
</head>
<body>
<p>标签同一行: </p>
<div style="display:inline"><imgsrc="flower.jpg" /></div>
<div style="display:inline"><imgsrc="flower.jpg" /></div>
<div style="display:inline"><imgsrc="flower.jpg" /></div>
<p>标签不同行: </p>
<span style="display:block"><imgsrc="flower.jpg" /></span>
<span style="display:block"><imgsrc="flower.jpg" /></span>
<span style="display:block"><imgsrc="flower.jpg" /></span>
</body>
</html>
```

由此可以看出，display 属性改变了块元素与行内元素默认的排列方式。另外，如果 display 属性值为 none，那么可以使用该元素隐藏，并且不会占据空间，代码如下。

```
<html>
<head>
<title>display 属性示例</title>
<style type=" text/ css">
div{width:100px; height:50px; border:1px solid red}
</style>
</head>
<body>
```

```
<div>第一个块元素</div>
<div style="display:none">第二个块元素</div>
<div >第三个块元素</div>
</body>
</html>
```

16.2.7　使用宽高样式设定宽高

上一节介绍了块元素与行内元素的区别，本节将介绍两者宽高属性的区别，块元素可以设置宽度和高度，但行内元素是不能设置的。例如，span 元素是行内元素，给 span 设置宽、高属性代码如下。

```
<html>
<head>
<title>宽高属性示例</title>
<style type=" text/ css">
span{ background:#CCC }
.special{ width:100px; height:50px; background:#CCC}
</style>
</head>
<body>
<span class="special">这是 span 元素 1</span>
<span>这是 span 元素 2</span>
</body>
</html>
```

在上面的代码中，显示的结果是设置了宽高属性 span 元素 1 与没有设置宽高属性的 span 元素 2 显示效果是一样的。因此，行内元素不能设置宽高属性。如果把 span 元素改为块元素，效果会如何呢？

根据上一节所学内容，可以通过设置 display 属性值为 block 来使行内元素变为块元素，代码如下。

```
<html>
<head>
<title>宽高属性示例</title>
<style type=" text/ css">
span{ background:#CCC;display:block ;border:1px solid #036}
.special{ width:200px; height:50px; background:#CCC}
</style>
</head>
<body>
<span class="special">这是 span 元素 1</span>
<span>这是 span 元素 2</span>
</body>
</html>
```

在浏览器的输出中可以看出，当把 span 元素变为块元素后，类为 special 的 span 元素 1 按照所设置的宽高属性显示，而 span 元素 2 则按默认状态占据一行显示。

16.2.8　使用边框样式美化边框

border 一般用于分隔不同的元素。border 的属性主要有 3 个，即 color(颜色)、width(粗细)和 style(样式)。在使用 CSS 设置边框时，可以分别使用 border-color、border-width 和 border-style 属性设置它们。

- border-color：设定 border 的颜色。通常情况下，颜色值为十六进制数，如红色为"#ff0000"，当然也可以是颜色的英语单词，例如 red、yellow 等。
- border-width：设定 border 的粗细程度，可以设为 thin、medium、thick 或者具体的数值，单位为 px，如 5px 等。border 默认的宽度值为 medium，一般浏览器将其解析为 2px。
- border-style：设定 border 的样式，none(无边框线)、dotted(由点组成的虚线)、dashed(由短线组成的虚线)、solid(实线)、double(双线，双线宽度加上它们之间的空白部分的宽度就等于 border-width 定义的宽度)、groove(根据颜色画出 3D 沟槽状的边框)、ridge(根据颜色画出 3D 脊状的边框)、inset(根据颜色画出 3D 内嵌边框，颜色较深)、outset(根据颜色画出 3D 外嵌边框，颜色较浅)。注意，border-style 属性的默认值为 none，因此边框要想显示出来必须设置 border-style 值。

为了更清楚地看到这些样式的效果，通过一个例子来展示，其代码如下。

```
<html>
<head>
<title>border 样式示例</title>
<style type=" text/ css">
div{ width:300px; height:30px; margin-top:10px;
border-width:5px;border-color:green }
</style>
</head>
<body>
<div style="border-style:dashed">边框为虚线</div>
<div style="border-style:dotted">边框为点线</div>
<div style="border-style:double">边框为双线</div>
<div style="border-style:groove">边框为 3D 沟槽状线</div>
<div style="border-style:inset">边框为 3D 内嵌边框线</div>
<div style="border-style:outset">边框为 3D 外嵌边框线</div>
XHTML+CSS+JavaScript 网页设计与布局
114
<div style="border-style:ridge">边框为 3D 脊状线</div>
<div style="border-style:solid">边框为实线</div>
</body>
</html>
```

在上面的代码中，分别设置了 border-color 属性、border-width 属性和 border-style 属性，其效果是对上下左右 4 条边同时产生作用。在实际应用中，除了采用这种方式外，还可以分别对 4 条边框设置不同的属性值，方法是按照规定的顺序，给出 2 个、3 个、4 个属性值，分别代表不同的含义。给出 2 个属性值：前者表示上下边框的属性，后者表示左右边框的属性。给出 3 个属性值，前者表示上边框的属性，中间的数值表示左右边框的属性，后者表示下边框的属性。给出 4 个属性值，依次表示上、右、下、左边框的属性，即顺时针排序。其代码如下。

```
<html>
<head>
<title>border 样式示例</title>
<style type=" text/ css">
div{ border-width:5px 8px;border-color:green yellow red; border-style:dotted
dashed solid double }
</style>
</head>
<body>
<div>设置边框</div>
</body>
</html>
```

给 div 设置的样式为上下边框宽度为 5px，左右边框宽度为 8px；上边框的颜色为绿色，左右边框的颜色为黄色，下边框的颜色为红色；从上边框开始，按照顺时针方向，4 条边框的样式分别为点线、虚线、实线和双线。

如果某元素的 4 条边框的设置都一样，还可以简写为：

```
border:5px solid red;
```

如果想对某一条边框单独设置，例如：

```
border-left::5px solid red;
```

这样就可以只设置左边框为红色、实线、宽为 5px。其他 3 条边设置类似，3 个属性分别为 border-right、border-top 和 border-bottom，以此就可以设置右边框、上边框、下边框的样式。

如果只想设置某一条边框某一个属性，例如：

```
border-left-color:: red;
```

这样就可以设置左边框的颜色为红色。其他属性设置类似，在此不再一一举例。

16.3　使用 CSS 滤镜美化网页

随着网页设计技术发展，人们已经不满足于单调的展示页面布局并显示文本，而是希望在页面中能够加入一些多媒体特效而使页面丰富起来。使用滤镜能够实现这些需求，它能够产生各种各样的文字或图片特效，从而大大提高页面的吸引力。

16.3.1　CSS 滤镜概述

CSS 滤镜是 IE 浏览器厂商为了增加浏览器功能和竞争力，而独自推出的一种网页特效。CSS 滤镜不是浏览器插件，也不符合 CSS 标准。由于 IE 浏览器应用比较广泛，所以在这里进行了介绍。

从 Internet Explorer 4.0 开始，浏览器便开始支持多媒体滤镜特效，允许使用简单的代码就能对文本和图片进行处理。例如模糊、彩色投影、火焰效果、图片倒置、色彩渐变、风吹效果、光晕效果等。当把滤镜和渐变结合运用到网页脚本语言中，就可以建立一个动态交互的网页。

CSS 的滤镜属性的标识符是 filter，其语法格式如下。

```
filter:filtername(parameters)
```

filtername 是滤镜名称，例如 Alpha、blur、chroma、DropShadow 等，parameters 指定了滤镜中各参数，通过这些参数才能够决定滤镜显示的效果。表 16-1 所示中列出了常用滤镜名称。

表 16-1　CSS 滤镜

滤镜名称	效　　果
Alpha	设置透明度
BlendTrans	实现图像之间的淡入和淡出的效果
Blur	建立模糊效果
Chroma	设置对象中指定的颜色为透明色
DropShadow	建立阴影效果
FlipH	将元素水平翻转
FlipV	将元素垂直翻转
Glow	建立外发光效果
Gray	灰度显示图像，即显示为黑白图像
Invert	图像反相，包括色彩、饱和度和亮度值，类似底片效果
Light	设置光源效果
Mask	建立透明遮罩
RevealTrans	建立切换效果
Shadow	建立另一种阴影效果
Wave	波纹效果
Xray	显现图片的轮廓，类似于 X 光片效果

滤镜可以分为基本滤镜和高级滤镜。基本滤镜可以直接作用于 HTML 对象上，便能立即生效的滤镜。高级滤镜是指需要配合 JavaScript 脚本语言，能产生变换效果的滤镜，包含 BlendTrans、RevealTrans、Light 等。

16.3.2　案例 1——Alpha(通道)滤镜

Alpha(通道)滤镜能实现针对图片文字元素的"透明"效果，这种透明效果是通过"把一个目标元素和背景混合"来实现的，混合程度可以由用户指定数值来控制。通过指定坐标，可以指定点、线和面的透明度。如果将 Alpha 滤镜与网页脚本语言结合，并适当设置其参数，就能使图像显示淡入淡出的效果。其语法格式如下。

```
{filter : Alpha ( enabled=bEnabled, style=iStyle, opacity=iOpacity,
finishOpacity=iFinishOpacity,
          startx=iPercent, starty=iPercent, finishx=iPercent,
finishy=iPercent )}
```

Alpha(通道)滤镜参数如表 16-2 所示。

表 16-2　Alpha(通道)滤镜参数

参　　数	说　　明
enabled	设置滤镜是否被激活
style	设置透明渐变的样式，也就是渐变显示的形状，取值为 0～3。0 表示无渐变、1 表示线形渐变、2 表示圆形渐变、3 表示矩形渐变
opacity	设置透明度，值范围为 0～100。0 表示完全透明、100 表示完全不透明
finishOpacity	设置结束时透明度，值范围为 0～100
startx	设置透明渐变开始点的水平坐标(即 x 坐标)
starty	设置透明渐变开始点的垂直坐标(即 y 坐标)
finishx	设置透明渐变结束点的水平坐标
finishy	设置透明渐变结束点的垂直坐标

为图像添加 Alpha(通道)滤镜的代码如下。

```html
<html>
<head>
    <title>Alpha 滤镜</title>
</head>
<body>
    原始图<img src="baimd.jpg" style="width:200px;height:120px;">
    style=0<img src="baimd.jpg" style="width:200px;height:120px;filter :
Alpha(opacity=60 , style=0)" >
    style=2<img src="baimd.jpg" style="width:200px;height:120px;filter :
Alpha(opacity=60 , style=2)" >
    style=3 <img src="baimd.jpg" style="width:200px;height:120px;filter :
Alpha(opacity=60 , style=3)" >
  </body>
</html>
```

在 IE 中浏览效果如图 16-1 所示。可以看到显示了 4 张图片，其透明度依次减弱。

在使用 Alpha(通道)滤镜时要注意以下两点。

(1) 由于 Alpha(通道)滤镜使当前元素部分透明，该元素下层内容的颜色对整个效果起着重要作用，因此颜色的合理搭配相当重要。

(2) 透明度的大小要根据具体情况仔细调整，取一个最佳值。

Alpha(通道)滤镜不但能应用于图片，还可以应用于文字透明特效。

```html
<html>
<head>
    <title>Alpha 滤镜</title>
    <style type="text/css">
    <!--
      p{
```

```
        color:yellow;
        font-weight:bolder;
        font-size:25pt;
        width:100%
    }
    -->
    </style>
</head>
<body style="background-color:Black">
    <div >
        <p>Alpha 滤镜</p>
        <p style="filter:alpha(opacity=60 , style=1)">透明效果</p>
        <p style="filter:alpha(opacity=60 , style=2)">透明效果</p>
        <p style="filter:alpha(opacity=60 , style=3)">透明效果</p>
    </div>
</body>
</html>
```

在 IE 中浏览效果如图 16-2 所示。可以看到显现出了 4 个段落，其透明度依次减弱。

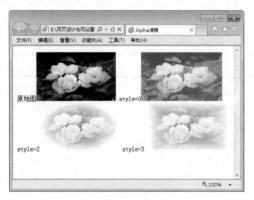

图 16-1 Alpha(通道)滤镜的应用

图 16-2 Alpha(通道)滤镜的应用

16.3.3 案例 2——Blur(模糊)滤镜

Blur(模糊)滤镜实现页面模糊效果，即在一个方向上的运动模糊。如果应用得当，就可以产生高速移动的动感效果。其语法格式如下。

```
{filter : Blur ( enabled=bEnabled , add=iadd , direction=idirection ,
        strength=fstrength )}
```

Blur(模糊)滤镜参数如表 16-3 所示。

表 16-3 Blur(模糊)滤镜参数

参　　数	说　　明
enabled	设置滤镜是否被激活
add	指定图片是否改变为模糊效果。这是一个布尔参数，有效值为 True 或 False。True 是默认值，表示应用模糊效果，False 则表示不应用

续表

参　数	说　明
direction	设定模糊方向。模糊的效果是按顺时针方向起作用的，取值范围为 0°～360°，45° 为一个间隔。有 8 个方向值，0 表示向上方向、45 表示右上方向、90 表示向右方向、135 表示右下方向、180 表示向下方向、225 表示左下方向、270 表示向左方向、315 表示左上方向
strength	指定模糊半径大小，单位是像素，默认值为 5，取值范围为自然数，该取值决定了模糊效果的延伸范围

将图片与文字应用 Blur(模糊)滤镜，代码如下。

```
<html>
<head>
<title>模糊 Blur</title>
<style>
img{
    height:180px;
}
 div.div2 { width:400px;filter:blur(add=true,direction=90,strength=50) }
</style>

</head>
<body>
        原始图<img src="baihua.jpg">
        add=true<img src="baihua.jpg"
style="filter:Blur(add=true,direction=225,strength=20)">
        add=false<img src="baihua.jpg"
style="filter:Blur(add=false,direction=225,strength=20)">
 <div class="div2">
        <p style="font-size: 30pt; font-weight: bold; color:DarkBlue">
        Blur 滤镜</p>
    </div>
</body>
</html>
```

在 IE 中浏览效果如图 16-3 所示。可以看到两张模糊图片，在一定方向上发生模糊。下方的文字也发生了模糊，具有文字吹风的效果。

图 16-3　Blur(模糊)滤镜的应用

16.3.4 案例3——Chroma(透明色)滤镜

Chroma(透明色)滤镜可以设置 HTML 对象中指定的颜色为透明色。其语法格式如下。

```
{filter : Chroma(enabled=bEnabled , color=sColor)}
```

其中，color 参数设置要变为透明色的颜色。

下面给出一个应用 Chroma(透明色)滤镜的实例，代码如下。

```
<html>
<head>
    <title>Chroma 滤镜</title>
    <style>
     <!--
      div{position:absolute;top:70;letf:40; filter:Chroma(color=blue)}
      p{font-size:30pt; font-weight:bold; color:blue}
     -->
    </style>
</head>
<body>
    <p>Chroma 滤镜效果</p>
    <div>
        <p>Chroma 滤镜效果</p>
    </div>
</body>
</html>
```

在 IE 中浏览效果如图 16-4 所示。可以看到第二个段落，某些笔画丢失。但拖动鼠标选择过滤颜色后的文字，便可以查看过滤掉颜色的文字。

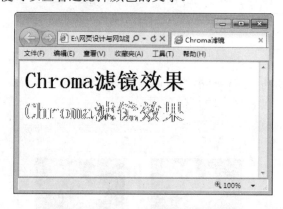

图 16-4 Chroma(透明色)滤镜的应用

Chroma(透明色)滤镜一般应用于文字特效，而对于一些格式的图片是不适用的。例如，JPEG 格式的图片是一种已经减色和压缩处理的图片，所以要设置其中某种颜色透明十分困难。

16.3.5 案例4——DropShadow(下落阴影)滤镜

阴影效果在实际的文字和图片中非常实用，IE 通过 DropShadow(下落阴影)滤镜用于建立阴影效果，使元素内容在页面上产生投影，从而实现立体的效果。其工作原理就是创建一个偏移量，并定义一个阴影颜色，使之产生效果。其语法格式如下。

```
{filter : DropShadow ( enabled=bEnabled , color=sColor , offx=iOffsetx,
offy=iOffsety,
                positive=bPositive ) }
```

DropShadow(下落阴影)滤镜参数如表 16-4 所示。

表 16-4　DropShadow(下落阴影)滤镜参数

参　　数	说　　明
enabled	设置滤镜是否激活
color	指定滤镜产生的阴影颜色
offx	指定阴影水平方向偏移量，默认值为 5px
offy	指定阴影垂直方向偏移量，默认值为 5px
positive	指定阴影透明程度，为布尔值。True(1)表示为任何的非透明像素建立可见的阴影；False(0)表示为透明的像素部分建立透明效果

下面给出一个应用阴影滤镜的实例，代码如下。

```
<html>
<head>
    <title>DropShadow 滤镜</title>
</head>
<body>
    <table width="90%" height="90%">
        <tr>
            <td style="filter:
DropShadow(color=gray,offx=10,offy=10,positive=1)">
                <img src="9.jpg" >
            </td>
        </tr>
        <tr>
            <td style="filter:
DropShadow(color=gray,offx=5,offy=5.positive=1);
                    font-size:20pt; color:DarkBlue">
                这是一个阴影效果
            </td>
        </tr>
    </table>
</body>
</html>
```

在 IE 中浏览效果如图 16-5 所示。可以看到图片产生了阴影，但不明显。下方文字产生阴影效果明显。

图 16-5　DropShadow(下落阴影)滤镜的应用

16.3.6　案例 5——FlipH(水平翻转)滤镜和 FlipV(垂直翻转)滤镜

在 CSS 中，可以通过 Filp 滤镜实现 HTML 对象翻转效果，其中 FlipH 滤镜用于水平翻转对象，即将元素对象按水平方向进行 180°翻转。FlipH(水平翻转)滤镜可以在 CSS 中直接使用，其语法格式如下。

```
{Fliter: FlipH(enabled=bEnabled)}
```

FlipH(水平翻转)滤镜中只有一个 enabled，表示是否激活该滤镜。

下面给出一个应用 FlipH(水平翻转)滤镜的实例，代码如下。

```
<html>
<head>
    <title>FlipH 滤镜</title>
<style>
img{
height:120px;
width:200px;
}
</style>
</head>
<body>
        原图片<img src="9.jpg">
        图片水平翻转<img src="9.jpg" style="Filter:FlipH()">

</body>
</html>
```

在 IE 中浏览效果如图 16-6 所示。可以看到图片以中心为支点，进行了左右方向上的翻转。

FlipV(垂直翻转)滤镜用来实现对象的垂直翻转，其中包括文字和图像。其语法格式如下。

```
{Fliter: FlipV(enabled=bEnabled)}
```

FlipV(垂直翻转)滤镜中的 enabled 表示是否激活该滤镜。

下面给出一个应用 FlipV(垂直翻转)滤镜的实例，代码如下。

```
<html>
<head>
<title>FlipV 滤镜</title>
</head>
<body>
        <img src="9.jpg">原图片
        <img src="9.jpg" style="Filter:FlipV()">图片垂直翻转
</body>
</html>
```

在 IE 中浏览效果如图 16-7 所示。可以看到右方图片上下发生了翻转。

图 16-6　FlipH(水平翻转)滤镜的应用　　　　图 16-7　FlipV(垂直翻转)滤镜的应用

16.3.7　案例 6——Glow(光晕)滤镜

文字或物体发光的特性往往能吸引浏览者注意，Glow(光晕)滤镜可以使对象的边缘产生一种柔和的边框或光晕，并可产生如火焰一样的效果。其语法格式如下。

```
{filter : Glow ( enabled=bEnabled , color=sColor , strength=iDistance ) }
```

其中，color 设置边缘光晕颜色，strength 设置晕圈范围，值范围为 1～255，值越大效果越强。

下面给出一个应用 Glow(光晕)滤镜的实例，代码如下。

```
<html>
<head>
    <title>filter glow</title>
这段文字不带有光晕
    <style>
    <!--
      .weny{
            width:100%;
```

```
                 filter:Glow(color=#9966CC,strength=10)}
    -->
    </style>
</head>
<body>
    <div class="weny">
        <p style="font-family: 1 幼圆; font-size: 40pt; font-weight: bolder;
color: #003366">
            这段文字带有光晕
    </div>
</body>
</html>
```

在 IE 中浏览效果如图 16-8 所示。可以看到文字带有光晕出现，非常漂亮。当 Glow(光晕)滤镜作用于文字时，每个文字边缘都会出现光晕，效果非常强烈。而对于图片，Glow(光晕)滤镜只在其边缘加上光晕。

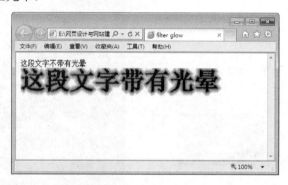

图 16-8　Glow(光晕)滤镜的应用

16.3.8　案例 7——Gray(灰色)滤镜

黑白色是一种经典颜色，使用 Gray(灰色)滤镜能够轻松将彩色图片变为黑白图片。其语法格式如下。

```
{filter:Gray(enabled=bEnabled)}
```

Gray(灰色)滤镜中的 enabled 表示是否激活该滤镜，可以在页面代码中直接使用。

下面给出一个应用 Gray(灰色)滤镜的实例，代码如下。

```
<html>
<head>
<title>Gray 滤镜</title>
</head>
<body>
        <img src="9.jpg"  style="width: 50%;height:50%"  />原图
        <img src="9.jpg"  style="width: 50%;height:50%; filter: Gray()"
/>  灰度图
</body>
</html>
```

在 IE 中浏览效果如图 16-9 所示。可以看到下面一张图片以黑白色显示。

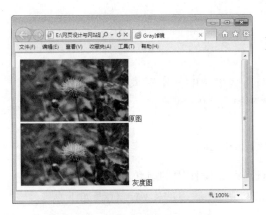

图 16-9　Gray(灰色)滤镜的应用

16.3.9　案例 8——Invert(反色)滤镜

Invert(反色)滤镜可以把对象的可视化属性全部翻转，包括色彩、饱和度及亮度值，使图片产生一种"底片"或负片的效果。其语法格式如下。

```
{filter:Invert(enabled=bEnabled)}
```

Invert(反色)滤镜中的 enabled 用来设置是否激活该滤镜。

下面给出一个应用 Invert(反色)滤镜的实例，代码如下。

```
<html>
<head>
<title>Invert 滤镜</title>
</head>
<body>
<img src="9.jpg" />原图
<img src="9.jpg"  style="width:30%; filter: Invert()" />反相图
</body>
</html>
```

在 IE 中浏览效果如图 16-10 所示。可以看到下面一张图片以相片底片的颜色出现。

图 16-10　Invert(反色)滤镜的应用

16.3.10　案例9——Mask(遮罩)滤镜

可以通过 Mask(遮罩)为网页中的元素对象作出一个矩形遮罩。遮罩，就是使用一个颜色图层将包含有文字或图像等对象的区域遮盖，但是文字或图像部分却以背景色显示出来。其语法格式如下。

```
{filter:Mask(enabled=bEnabled , color=sColor)}
```

color 用来设置 Mask(遮罩)滤镜作用的颜色。

下面给出一个应用 Mask(遮罩)滤镜的实例，代码如下。

```
<html>
<head>
<title>Mask 滤镜</title>
<style>
p {
    width:400;
filter:mask(color:#FF9900);
    font-size:40pt;
    font-weight:bold;
    color:#00CC99;
}
</style>
</head>
<body>
<p>这里有个遮罩</p>
</body>
</html>
```

在 IE 中浏览效果如图 16-11 所示。可以看到文字上面有一个遮罩，文字颜色是背景颜色。

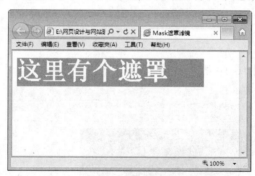

图 16-11　Mask(遮罩)滤镜的应用

16.3.11　案例10——Shadow(阴影)滤镜

可以通过 Shadow(阴影)滤镜来给对象添加阴影效果，其实际效果看起来好像是对象离开了页面，并在页面上显示出该对象阴影。阴影部分的工作原理是建立一个偏移量，并为其加上颜色。其语法格式如下。

```
{filter:Shadow(enabled=bEnabled , color=sColor , direction=iOffset,
strength=iDistance)}
```

Shadow(阴影)滤镜参数如表 16-5 所示。

表 16-5　Shadow(阴影)滤镜参数

参　数	说　明
enabled	设置滤镜是否被激活
color	设置投影的颜色
direction	设置投影的方向，分别有 8 种取值代表 8 种方向，0 表示向上方向、45 表示右上方向、90 表示右方向、135 表示右下方向、180 表示下方向、225 表示左下方向、270 表示左方向、315 表示左上方向
strength	设置投影向外扩散的距离

下面给出一个应用 Shadow(阴影)滤镜的实例，代码如下。

```
<html>
<head>
<title>阴影效果</title>
<style>
h1 {
    color:#FF6600;
    width:400;
    filter:shadow(color=blue, offx=15, offy=22, positive=flase);
}
</style>
</head>
<body>
<h1>我好看么</h1>
</body>
</html>
```

在 IE 中浏览效果如图 16-12 所示。可以看到文字带有阴影效果。

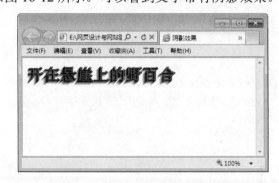

图 16-12　Shadow(阴影)滤镜的应用

16.3.12　案例 11——Wave(波浪)滤镜

Wave(波浪)滤镜可以为对象添加竖直方向上的波浪效果，也可以用来把对象按照竖直的波纹样式打乱。语法格式如下。

```
{filter:Wave(enabled=bEnabled , add=bAddImage , freq=iWaveCount ,
lightStrength=iPercentage ,
        phase=iPercentage , strength=iDistance)}
```

Wave(波浪)滤镜参数如表 16-6 所示。

表 16-6　Wave(波浪)滤镜参数

参　数	说　明
enabled	设置滤镜是否被激活
add	布尔值，表示是否在原始对象上显示效果。True 表示显示；False 表示不显示
freq	设置生成波纹的频率，也就是设定在对象上产生完整的波纹的条数
lightStrength	波纹效果的光照强度，取值为 0～100
phase	设置正弦波开始的偏移量，取百分比值为 0～100，默认值为 0。25 就是 360×25% 为 90°，50 则为 180°
strength	波纹的曲折强度

下面给出一个应用 Wave(波浪)滤镜的实例，代码如下。

```html
<html>
<head>
<title>波浪效果</title>
<style>
h1 {
    color:violet;
    text-align:left;
    width:400;
    filter:wave(add=true, freq=5, lightStrength=45, phase=20, strength=3);
}
</style>
</head>
<body>
<h1>一起去看大海</h1>
</body>
</html>
```

在 IE 中浏览效果如图 16-13 所示。可以看到文字带有波浪效果。

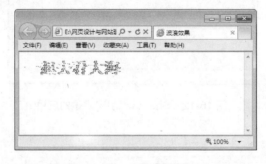

图 16-13　Wave(波浪)滤镜的应用

16.3.13 案例 12——X-ray(X 射线)滤镜

X-ray(X 射线)滤镜可以使对象反映出它的轮廓，并把这些轮廓的颜色加亮，使整体看起来会有一种 X 光片的效果。其语法格式如下。

```
{filter:Xray(enabled=bEnabled)}
```

X-ray(X 射线)滤镜中的 enabled 用于确定是否激活该滤镜。

下面给出一个应用 X-ray(X 射线)滤镜的实例，代码如下。

```html
<html>
<head>
<title>X 射线</title>
<style>
.noe {
filter:xray;
}
</style>
</head>
<body>
<img src="9.jpg" class="noe" />
<img src="9.jpg" />
</body>
</html>
```

在 IE 中浏览效果如图 16-14 所示。可以看到图片有 X 光效果。

图 16-14　X-ray(X 射线)滤镜的应用

16.4　实战演练——设定网页中链接样式

搜搜网作为一个搜索引擎网站，知名度越来越高了。打开其搜搜首页，可以看到存在一个水平导航菜单，通过这个导航可以搜索不同类别的内容。本实例将结合本章学习的知识，轻松实现搜搜导航栏。具体操作步骤如下。

step 01 分析需求。

实现该实例，需要包含 3 部分，第 1 部分是 SOSO 图标；第 2 部分是水平菜单导航栏，也是本实例重点；第 3 部分是表单部分，包含一个输入框和按钮。该实例实现后，其实际效果如图 16-15 所示。

图 16-15 预览网页效果

step 02 创建 HTML 网页，实现基本 HTML 元素。

对于本实例，需要利用 HTML 标签实现搜搜图标，导航的项目列表、下方的搜索输入框、按钮等，其代码如下。

```html
<html>
<head>
<title>搜搜</title>
   </head>
<body>
<center><br><img src="logo index.png"><br><br><br><br>
<div>
<ul>
            <li id=h></li>
    <li><a href="#">网页</a></li>
    <li > <a href="#">图片</a></li>
    <li> <a href="#">视频</a></li>
    <li><a href="#">音乐</a></li>
    <li><a href="#">搜吧</a></li>
    <li><a href="#">问问</a></li>
    <li><a href="#">团购</a></li>
    <li><a href="#">新闻</a></li>
    <li><a href="#">地图</a></li>
    <li id="more"><a href="#">更 多 &gt;&gt;</a></li>
</ul>
</div>
<p style="height:44px;"> </p>
<div id=s>
<form action="/q?" id="flpage" name="flpage">
    <input type="text" value="" size=50px;/>
    <input type="submit" value="搜搜">
</form>
</div>
</center>
</body>
</html>
```

在 IE 中浏览效果如图 16-16 所示。可以看到显示了一个图片，即搜搜图标，中间显示了一列项目列表，每个选项都是超级链接。下方是一个表单，包含输入框和按钮。

图 16-16　创建基本 HTML 网页

step 03　添加 CSS 代码，修饰项目列表。

框架出来后，就可以修改项目列表的相关样式，即列表水平显示，同时定义整个 DIV 层属性，例如设置背景色、宽度、底部边框、字体大小等，其代码如下。

```
p{ margin:0px; padding:0px;}
#div{
    margin:0px auto;
    font-size:12px;
    padding:0px;
    border-bottom:1px solid #00c;
    background:#eee;
    width:800px;height:18px;
}
div li{
    float:left;
    list-style-type:none;
    margin:0px;padding:0px;
    width:40px;
}
```

上述代码中，float 属性设置菜单栏水平显示，list-style-type 设置了列表不显示项目符号。在 IE 中浏览效果如图 16-17 所示。可以看到页面整体效果和搜搜网首页比较相似，下面就可以在细节上进一步修改了。

图 16-17　修饰基本 HTML 网页元素

step 04 ▶ 添加 CSS 代码，修饰超级链接，其代码如下。

```
div li a{
    display:block;
    text-decoration:underline;
    padding:4px 0px 0px 0px;
    margin:0px;
            font-size:13px;
}
div li a:link, div li a:visited{
    color:#004276;

}
```

上述代码中，设置了超链接，即导航栏中菜单选项的相关属性，例如超链接以块显示、文本带有下划线、字体大小为 13 像素。并设定了鼠标访问超链接后的颜色。

在 IE 中浏览效果如图 16-18 所示。可以看到字体颜色发生改变，并且字体也变小了。

图 16-18　修饰网页文字

step 05 ▶ 添加 CSS 代码，定义对齐方式和表单样式，其代码如下。

```
div li#h{width:180px;height:18px;}
div li#more{width:85px;height:18px;}
#s{
        background-color:#006EB8;
        width:430px;
}
```

上述代码中，h 定义了水平菜单最前方空间的大小，more 定义了更多的长度和宽度，s 定义了表单背景色和宽度。在 IE 中浏览效果如图 16-19 所示。

图 16-19　修饰网页背景色

step 06 添加 CSS 代码，修饰访问默认样式，其代码如下。

```
<a href="#" style="text-decoration:none;color:#020202;font-size:14px;">网页
</a>
```

此代码段设置了被访问时的默认样式。在 IE 中浏览效果如图 16-20 所示。可以看到"网页"菜单选项，颜色为黑色，不带下划线。

图 16-20　网页最终效果

16.5　跟我练练手

16.5.1　练习目标

能够熟练掌握本章所讲解的内容。

16.5.2　上机练习

练习 1：使用 CSS 样式表美化网页。
练习 2：使用 CSS 滤镜美化网页。
练习 3：设定网页中的链接样式。

16.6　高手甜点

甜点 1：滤镜效果是 IE 浏览器特有 CSS 特效，那么在 Firefox 中能不能实现

滤镜效果虽然是 IE 浏览器特有效果，但使用 Firefox 浏览器，一些属性也可以实现相同效果。例如 IE 的阴影效果，在 Firefox 网页设计中，可以先在文字下面再叠加一层浅色的同样的字，然后进行 2 个像素的错位，制造阴影的假象。

甜点 2：文字和图片导航速度谁快

使用文字作为导航栏，文字导航不仅速度快，而且更加稳定。例如，有些用户上网时会关闭图片。在处理文本时，不要在普通文本上添加下划线或者颜色，除非特别需要。就像用户需要识别哪些能单击一样，不应将本不能单击的文字误认为能够单击。

第 17 章

架构师的大比拼
——网页布局
典型范例

使用 CSS 布局网页是一种很新的概念，完全区别于传统的网页布局习惯。它将页面首先在整体上进行<div>标签的分块，然后对各个块进行 CSS 定位，最后再在各个块中添加相应的内容。本章就来介绍网页布局中的一些典型范例。

本章要点(已掌握的在方框中打钩)

☐ 理解使用 CSS 排版的方法

☐ 掌握固定宽度网页布局的方法

☐ 掌握自动缩放网页 1-2-1 型布局模式的方法

☐ 掌握自动缩放网页 1-3-1 型布局模式的方法

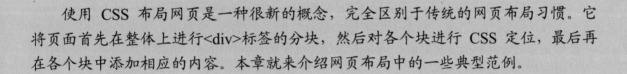

17.1　使用 CSS 排版

DIV 在 CSS+DIV 页面排版中是一个块的概念，DIV 的起始标签和结束标签之间的所有内容都是用来构成这个块的，其中所包含元素特性由 DIV 标签属性来控制，或者是通过使用样式表格式化这个块来进行控制。CSS+DIV 页面排版构思是先在整体上进行<div>标签的分块，然后对各个块进行 CSS 定位，最后再在各个块中添加相应的内容。

17.1.1　将页面用 DIV 分块

使用 CSS+DIV 页面排版布局，需要对网页有一个整体构思，即网页可以划分为几个部分。例如上中下结构，还是左右两列结构，还是三列结构。这时就可以根据网页构思，将页面划分为几个 DIV 块，用来存放不同的内容。当然了，大块中还可以存放不同的小块。最后，通过 CSS 属性，对这些 DIV 进行定位。

在现在的网页设计中，一般情况下的网站都是上中下结构，即上面是页面头部、中间是页面内容、最下面是页脚，整个上中下结构最后放到一个 DIV 容器中，方便控制。页面头部一般用来存放 Logo 和导航菜单，页面内容包含页面要展示的信息、链接、广告等，页脚存放的是版权信息、联系方式等。

将上中下结构放置到一个 DIV 容器中，方便后面排版并且方便对页面进行整体调整，如图 17-1 所示。

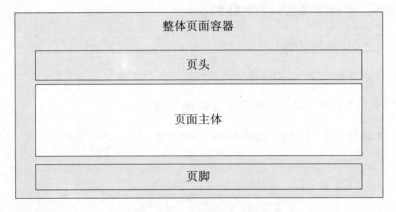

图 17-1　上中下网页布局结构

17.1.2　设置各块位置

复杂的网页布局，不是单纯的一种结构，而是包含多种网页结构。例如总体上是上中下，中间内分为两列布局等，如图 17-2 所示。

页面总体结构确认后，一般情况下，页头和页脚不会发生变化了，只有页面主体会发生变化。此时需要根据页面展示的内容，决定中间布局采用什么样式，是三列水平分布还是两列分布等。

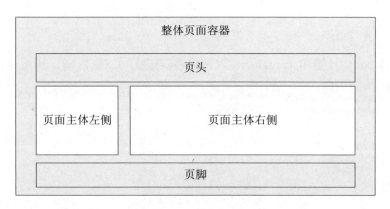

图 17-2　设置各块位置

17.1.3　用 CSS 定位

页面版式确定后，就可以利用 CSS 对 DIV 进行定位，使其在指定位置出现，从而实现对页面的整体规划。然后再向各个页面添加内容。

下面创建一个总体布局为上中下结构，页面主体布局为左右结构的页面的 CSS 定位实例。

1. 创建 HTML 页面，使用 DIV 构建层

首先构建 HTML 网页，使用 DIV 划分最基本的布局块，其代码如下。

```
<html>
<head>
<title>CSS 排版</title><body>
<div id="container">
  <div id="banner">页面头部</div>
  <div id=content >
  <div id="right">
页面主体右侧
  </div>
  <div id="left">
页面主体左侧
  </div>
</div>
  <div id="footer">页脚</div>
</div>
</body>
</html>
```

上述代码中，创建了 5 个层，其中 ID 名称为 container 的 DIV 层，是一个布局容器，即所有的页面结构和内容都是在这个容器内实现；名称为 banner 的 DIV 层，是页头部分；名称为 footer 的 DIV 层，是页脚部分。名称为 content 的 DIV 层，是中间主体，该层包含了两个层，一个是 right 层，一个是 left 层，分别放置不同的内容。

在 IE 中浏览效果如图 17-3 所示。可以看到网页中显示了这几个层，从上到下依次排列。

2. CSS 设置网页整体样式

然后需要对 body 标签和 container 层(布局容器)进行 CSS 修饰，从而对整体样式进行定义，其代码如下。

```css
<style type="text/css">
<!--
body {
  margin:0px;
  font-size:16px;
  font-family:"幼圆";
}
#container{
  position:relative;
  width:100%;
}
-->
</style>
```

上述代码只是设置了字号、字体、布局容器 container 的宽度、层定位方式，布局容器撑满整个浏览器。

在 IE 中浏览效果如图 17-4 所示。可以看到此时相比较上一个显示页面，发生的变化不大，只是字体和字号发生了变化。因为 container 没有带边框和背景色，因此无法显示该层。

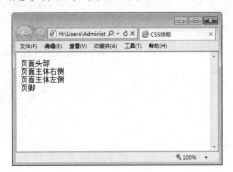

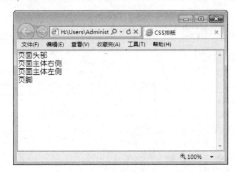

图 17-3　添加网页层次　　　　　图 17-4　　使用 CSS 设置网页整体样式

3. CSS 定义页头部分

接下来就可以使用 CSS 对页头进行定位，即 banner 层，使其在网页上显示，其代码如下。

```css
#banner{
  height:80px;
  border:1px solid #000000;
  text-align:center;
  background-color:#a2d9ff;
  padding:10px;
  margin-bottom:2px;
}
```

上述代码中，首先设置了 banner 层的高度为 80 像素，宽度充满整个 container 布局容器；然后分别设置了边框样式、字体对齐方式、背景色、内边距和外边距的底部等。

在 IE 中浏览效果如图 17-5 所示。可以看到在页面顶部显示了一个浅绿色的边框，边框充满整个浏览器，边框中间显示了一个"页面头部"的文本信息。

4. CSS 定义页面主体

在页面主体中，如果两个层并列显示，需要使用 float 属性，将一个层设置到左边，一个层设置到右边，其代码如下。

```
#right{
  float:right;
  text-align:center;
  width:80%;
 border:1px solid #ddeecc;
margin-left:1px;
height:200px;
}
#left{
  float:left;
  width:19%;
  border:1px solid #000000;
  text-align:center;
height:200px;
background-color:#bcbcbc;
}
```

上述代码设置了这两个层的宽度，right 层占有空间的 80%，left 层占有空间的 19%，并分别设置了两个层的边框样式、对齐方式、背景色等。

在 IE 中浏览效果如图 17-6 所示。可以看到页面主体部分，分为两个层并列显示，左边背景色为灰色，占有空间较小；右边背景色为白色，占有空间较大。

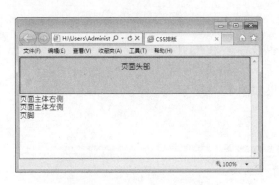

图 17-5　CSS 定义页头部分

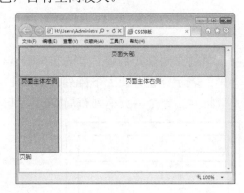

图 17-6　CSS 定义页面主体

5. CSS 定义页脚

最后需要设置页脚部分。页脚通常在主体下面，因为页面主体中使用了 float 属性设置层浮动，所以需要在页脚层设置 clear 属性，使其不受浮动的影响，其代码如下。

```
#footer{
  clear:both;        /* 不受 float 影响 */
  text-align:center;
```

```
height:30px;
border:1px solid #000000;
            background-color:#ddeecc;
}
```

上述代码设置页脚对齐方式、高度、边框、背景色等。在 IE 中浏览效果如图 17-7 所示。可以看到页面底部显示了一个边框，背景色为浅绿色，边框充满整个 DIV 布局容器。

图 17-7　CSS 定义页脚部分

17.2　固定宽度网页剖析与布局

网页开发过程中，有几种比较经典的网页布局方式，包括宽度固定的上中下布局、宽度固定的左右布局、自适应宽度布局、浮动布局等。这些布局会经常在网页设计时出现，并且经常被用到各种类型的网站开发中。

17.2.1　网页单列布局模式

网页单列布局模式是最简单的布局形式，也被称之为"1-1-1"布局，其中"1"表示一共1列，"-"表示竖直方向上下排列。如图 17-8 所示为网页单列布局模式示意图。

本节将介绍一个网页单列布局模式，其效果如图 17-9 所示。

图 17-8　网页单列布局模式

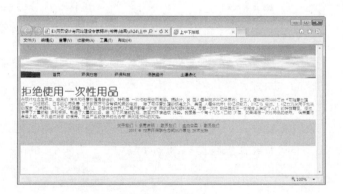

图 17-9　网页预览效果

从图 17-9 所示的效果可以看到，该页面一共分为 3 个部分，第 1 部分包含图片和菜单栏，被放到页头，是网页单行布局版式的第 1 个"1"；第 2 部分是中间的内容部分，即页面主体，用于存放要显示的文本信息，是网页单行布局版式的第 2 个"1"；第 3 部分是页面底部，包含地址和版权信息的页脚，是网页单行布局版式的第 3 个"1"。

1. 创建 HTML 网页，使用 DIV 层构建块

首先需要使用 DIV 块对页面区域进行划分，使其符合"1-1-1"的页面布局模型，其代码如下。

```html
<html>
<head>
<title>上中下排版</title>
</head>
<body>
  <div class="big">
    <div class="up">
       <p><a href="#">首页</a><a href="#">环保扫描</a><a href="#">环保科技
</a><a href="#">低碳经济</a><a href="#">土壤绿化</a></p></div>         <div
class="middle">
       <br />
       <h1>拒绝使用一次性用品</h1>
      <p>      在现代社会生活中,商品的废弃和任意处理是普遍的,特别是一次性物品使用激增.据
统计,英国人每年抛弃25亿块尿布;……
</p>
    </div>
    <div class="down">
    <br />
      <p><a href="#">关于我们</a> | <a href="#">免责声明</a> | <a href="#">
联系我们</a> | <a href="#">生态中国</a> | <a href="#">联系我们</a></p>
        <p>2011 &copy; 世界环保联合会郑州办事处技术支持</p>
    </div>
  </div>
</body>
</html>
```

上述代码中创建了 4 个层，层 big 是 DIV 布局容器，用来存放其他的 DIV 块。层 up 表示页头部分，层 middle 表示页面主体，层 down 表示页脚部分。

在 IE 中浏览效果如图 17-10 所示。可以看到页面显示了 3 个区域信息，顶部显示的是超链接部分，中间显示的是段落信息，底部显示的是地址和版权信息。其布局从上到下自动排列。

2. 使用 CSS 定义整体

从图 17-10 所示的页面显示中可以看到，字体样式非常不美观，布局也不合理。此时需要使用 CSS 代码，对页面整体样式进行修饰，其代码如下。

```css
<style>
  *{
  padding:0px;
  margin:0px;
```

```
    }
  body{
    font-family:"幼圆";
    font-size:12px;
     color:green;
     }
  .big{
    width:900px;
    margin:0 auto 0 auto;
    }
</style>
```

上述代码定义了页面整体样式，例如字体为"幼圆"，字体大小为 12 像素，字体颜色为绿色，布局容器 big 的宽度为 900 像素。"margin:0 auto 0 auto"语句表示该块与页面的上下边界为 0，左右自动调整。

在 IE 中浏览效果如图 17-11 所示。可以看到页面字体变小，字体颜色变为绿色，并充满整个页面。

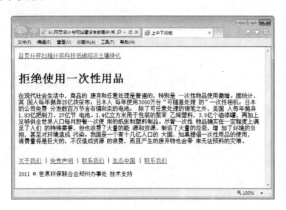

图 17-10　创建基本 HTML 网页

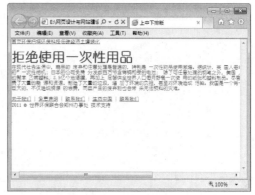

图 17-11　修饰网页文字

3. 使用 CSS 定义页头部分

接下来就可以使用 CSS 定义页头部分，即导航菜单，其代码如下。

```
.up p{
    margin-top:80px;
    text-align:left;
    position:absolute;
    left:60px;
    top:0px;
    }
.up a{
    display:inline-block;
    width:100px;
    height:20px;
    line-height:20px;
    background-color:#CCCCCC;
    color:#000000;
    text-decoration:none;
```

```
    text-align:center;
    }
.up a:hover{
    background-color:#FFFFFF;
    color:#FF0000;
    }
.up{
    width:900px;
    height:100px;
    background-image:url(17.jpg);
    background-repeat:no-repeat;
    }
```

在类选择器 up 中，CSS 定义层的宽度和高度，其宽度为 900 像素，并定义了背景图片。

在 IE 中浏览效果如图 17-12 所示。可以看到页面顶部显示了一个背景图，并且超链接以一定距离显示，以绝对定位方式在页头显示。

4. 使用 CSS 定义页面主体

接着需要使用 CSS 定义页面主体，即定义层和段落信息，其代码如下。

```
.middle{
    border:1px #ddeecc solid;
    margin-top:10px;
    }
```

在类选择器 middle 中，定义了边框样式和内边距距离，此处层的宽度和 big 层宽度一致。

在 IE 中浏览效果如图 17-13 所示。可以看到中间部分以边框形式显示，标题居中显示，段落缩进两个字符显示。

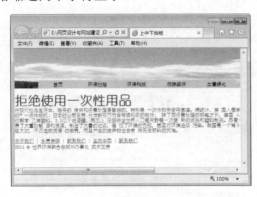

图 17-12　添加网页背景色

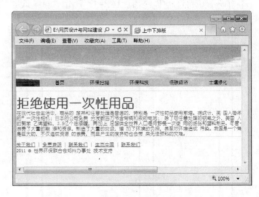

图 17-13　使用 CSS 定义页面主体

5. 使用 CSS 定义页脚部分

最后定义页脚部分，其代码如下。

```
.down{
    background-color:#CCCCCC;
    height:80px;
    text-align:center;
    }
```

上述代码中，类选择器 down 定义了背景颜色、高度和对齐方式。其他选择器定义超链接的样式。

在 IE 中浏览效果如图 17-14 所示。可以看到页面底部显示了一个灰色矩形框，其版权信息和地址信息居中显示。

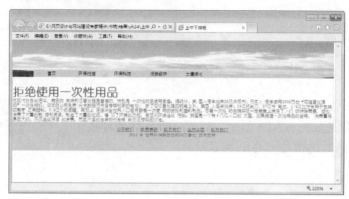

图 17-14　页面的最终效果

17.2.2　网页 1-2-1 型布局模式

在页面布局中，有时会根据内容需要将页面主体分为左右两个部分显示，用来存放不同的信息内容，实际上这也是一种宽度固定的布局。这种布局模式可以说是网页 1-1-1 型布局模式的演变。如图 17-15 所示为网页 1-2-1 型布局模式示意图。

本节将介绍一个网页 1-2-1 型布局模式，其效果如图 17-16 所示。

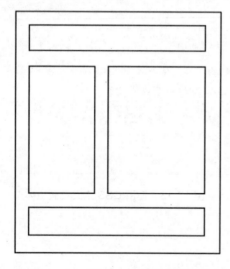

图 17-15　网页 1-2-1 型布局模式

图 17-16　页面预览效果

1. 创建 HTML 网页，使用 DIV 构建块

在 HTML 页面中，将 DIV 框架和所要显示的内容显示出来，并将要引用的样式名称定义

好，其代码如下。

```html
<html>
<head>
<title>茶网</title>
  </head>
<body>
<div id="container">
  <div id="banner">
  <img src="b.jpg" border="0">
  </div>
  <div id="links">
    <ul>
      <li>首页</li>
      <li>茶业动态</li>
      <li>名茶荟萃</li>
      <li>茶与文化</li>
      <li>茶艺茶道</li>
      <li>鉴茶品茶</li>
      <li>茶与健康</li>
      <li>茶语清心</li>
    </ul>
    <br>
  </div>
  <div id="leftbar">
    <p class="lefttitle">名人与茶</p>
    <p>.三文鱼茶泡饭</p>
    <p>.董小宛的茶泡饭</p>
    <p>.人生百味一盏茶</p>
    <p>.我家的茶事</p>
    <p class="lefttitle">茶事掌故</p>
    <p>."峨眉雪芽"的由来</p>
    <p>.茶文化的养生术</p>
    <p>.老北京的花茶</p>
    <p>.古代洗茶的原因和来历</p>
  </div>
  <div id="content">
    <h4>人生茶境</h4>
    <p>
"喝茶当于瓦纸窗下,清泉绿茶,用素雅的陶瓷茶具,同二三人共饮,得半日之闲,可抵十年的尘梦."
</p>
<p>
对中国人来说,"茶"是一个温暖的字.……
</p>
  </div>
  <div id="footer">版权所有 2017.08.12</div>
</div>
</body>
</html>
```

上述代码中定义了几个层，用来构建页面布局。其中层 container 作为布局容器，层 banner 作为页面图形 logo，层 links 作为页面导航，层 leftbar 作为左侧内容部分，层 content 作为右侧内容部分，层 footer 作为页脚部分。

在 IE 中浏览效果如图 17-17 所示。可以看到页面的顶部显示一张图片，中间是超链接、段落信息，底部是地址信息等。

2. CSS 定义页面整体样式

首先需要定义整体样式，例如网页中字形或对齐方式等，其代码如下。

```
<style>
<!--
body, html{
  margin:0px; padding:0px;
  text-align:center;
}
#container{
  position: relative;
  margin: 0 auto;
  padding:0px;
  width:700px;
  text-align: left;
}
-->
</style>
```

上述代码中，类选择器 container 定义了布局容器的定位方式为相对定位，宽度为 700 像素，文本左对齐，内外边距都为 0 像素。

在 IE 中浏览效果如图 17-18 所示。可以看到与图 17-17 所示的页面相比较，变化不大。

图 17-17　添加网页基本信息　　　　　图 17-18　CSS 定义页面整体样式

3. CSS 定义页头部分

该网页的页头包含两个部分，一个是页面 logo，一个是页面的导航菜单。定义这两个层 CSS 代码如下。

```
#banner{
  margin:0px; padding:0px;
}
#links{
```

```
font-size:12px;
margin:-18px 0px 0px 0px;
padding:0px;
position:relative;
}
```

上述代码中，ID 选择器 banner 定义了内外边距都是 0 像素，ID 选择器 links 定义了导航菜单的样式，例如字体大小为 12 像素、定位方式为相对定位等。

在 IE 中浏览效果如图 17-19 所示。可以看到页面导航部分在图像上显示，并且每个菜单相隔一定距离。

使用 CSS 代码定义页面主体左侧部分，代码如下。

```
#leftbar{
background-color:#d2e7ff;
text-align:center;
font-size:12px;
width:150px;
  float:left;
padding-top:0px;
padding-bottom:30px;
margin:0px;
}
```

上述代码的 ID 选择器 leftbar 中，定义了层背景色、对齐方式、字体大小和左侧 DIV 层的宽度，这里使用 float 定义层在水平方向上浮动定位。

在 IE 中浏览效果如图 17-20 所示。可以看到页面左侧部分以矩形框显示，包含了一些简单的页面导航。

图 17-19　CSS 定义页头部分　　　　图 17-20　CSS 定义页面主体左侧部分

4. CSS 定义页面主体右侧部分

使用 CSS 代码定义页面主体右侧部分，代码如下。

```
#content{
 font-size:12px;
```

```
float:left;
width:550px;
 padding:5px 0px 30px 0px;
 margin:0px;
}
```

上述代码中的 ID 选择器 content，用来定义字体大小、右侧 DIV 层宽度、内外边距等。在 IE 中浏览效果如图 17-21 所示。可以看到右侧部分的段落字体变小，段落缩进了两个单元格。

5. CSS 定义页脚部分

如果上面的层使用了浮动定位，页脚一般需要使用 clear 去掉浮动所带来的影响，其代码如下。

```
#footer{
 clear:both;
font-size:12px;
 width:100%;
 padding:3px 0px 3px 0px;
 text-align:center;
 margin:0px;
 background-color:#b0cfff;
}
```

上述代码的 ID 选择器 footer 中，定义了层的宽度，即充满整个布局容器，字体大小为 12 像素，居中对齐和背景色。在 IE 中浏览效果如图 17-22 所示。可以看到页脚显示了一个矩形框，背景色为浅蓝色，矩形框内显示了版权信息。

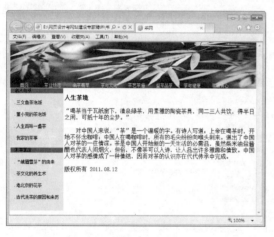

图 17-21　CSS 定义页面主体右侧部分　　　　图 17-22　CSS 定义页脚部分

17.2.3　网页 1-3-1 型布局模式

掌握"1-2-1"布局后，"1-3-1"布局就很容易实现了。这里使用浮动方式来排列横向并排的 3 栏，也就是在"1-2-1"布局中增加一列就可以了。框架布局如图 17-23 所示。

下面制作一个网页 1-3-1 型布局模式，其效果如图 17-24 所示。

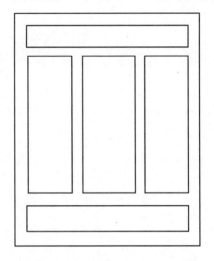

图 17-23 网页 1-3-1 型布局模式

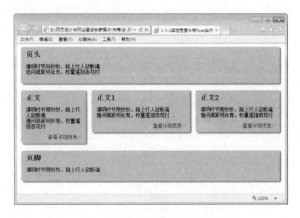

图 17-24 网页预览效果

1. 创建 HTML 网页，使用 DIV 构建块

在 HTML 页面中，将 DIV 框架和所要显示的内容显示出来，并将要引用的样式名称定义好，其代码如下。

```
<!DOCTYPE html PUBLIC "-//W3C//DTD XHTML 1.0 Transitional//EN"
"http://www.w3.org/TR/xhtml1/DTD/xhtml1-transitional.dtd">
<html xmlns="http://www.w3.org/1999/xhtml">
<head>
<meta http-equiv="Content-Type" content="text/html; charset=utf-8" />
<title>1-3-1 固定宽度布局 float 实例</title>
</head>
<body>
 <div id="header">
    <div class="rounded">
        <h2>页头</h2>
        <div class="main">
        <p>
        清明时节雨纷纷,路上行人欲断魂<br/>
借问酒家何处有,牧童遥指杏花村 </p>
        </div>
        <div class="footer">
        <p></p>
        </div>
    </div>
</div>
<div id="container">
<div id="left">
    <div class="rounded">
        <h2>正文</h2>
        <div class="main">
        <p>
        清明时节雨纷纷,路上行人欲断魂<br/>
```

```
借问酒家何处有,牧童遥指杏花村
        </p>

        </div>
        <div class="footer">
        <p>
        查看详细信息&gt;&gt;
        </p>
        </div>
    </div>
</div>
<div id="content">
    <div class="rounded">
        <h2>正文 1</h2>
        <div class="main">
        <p>
        清明时节雨纷纷,路上行人欲断魂<br/>
借问酒家何处有,牧童遥指杏花村
        </p>

        </div>
        <div class="footer">
        <p>
        查看详细信息&gt;&gt;
        </p>
        </div>
    </div>
</div>
<div id="side">
    <div class="rounded">
        <h2>正文 2</h2>
        <div class="main">
        <p>
        清明时节雨纷纷,路上行人欲断魂<br/>
借问酒家何处有,牧童遥指杏花村
        </p>
        </div>
        <div class="footer">
        <p>
        查看详细信息&gt;&gt;
        </p>
        </div>
    </div>
</div>
</div>
<div id="pagefooter">
    <div class="rounded">
        <h2>页脚</h2>
        <div class="main">
        <p>
        清明时节雨纷纷,路上行人欲断魂
        </p>
        </div>
        <div class="footer">
```

```
        <p>

        </p>
        </div>
    </div>
</div>
</body>
</html>
```

在 IE 中浏览效果如图 17-25 所示。

2. CSS 定义页面整体样式

网页整体信息定义完成后，下面还需要使用 CSS 来定义网页的整体样式，其代码如下。

```
<style type="text/css">
body {
background: #FFF;
font: 14px 宋体;
margin:0;
padding:0;
}
.rounded {
  background: url(images/left-top.gif)   top left no-repeat;
  width:100%;
  }
.rounded h2 {
  background:
    url(images/right-top.gif)
  top right no-repeat;
  padding:20px 20px 10px;
  margin:0;

  }
.rounded .main {
  background:
    url(images/right.gif)
  top right repeat-y;
  padding:10px 20px;
  margin:-20px 0 0 0;
    }
.rounded .footer {
  background:
    url(images/left-bottom.gif)
  bottom left no-repeat;
  }
.rounded .footer p {
  color:red;
  text-align:right;
  background:url(images/right-bottom.gif) bottom right no-repeat;
  display:block;
  padding:10px 20px 20px;
  margin:-20px 0 0 0;
  font:0/0;
  }
```

```
#header,#pagefooter,#container{
 margin:0 auto;
 width:760px;}
 #left{
     float:left;
     width:200px;
     }

#content{
     float:left;
     width:300px;
     }
#side{
     float:left;
     width:260px;
     }

#pagefooter{
     clear:both;
}
</style>
```

在 IE 中浏览效果如图 17-26 所示。

图 17-25　创建网页 HTML 基本页面

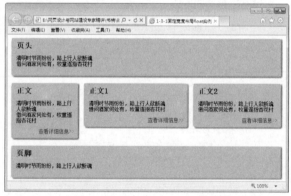

图 17-26　使用 CSS 定义网页布局

17.3　自动缩放网页 1-2-1 型布局模式

自动缩放的网页布局要比固定宽度的网页布局复杂一些，根本的原因在于宽度不确定，导致很多参数无法确定，必须使用一些技巧来完成。

对于一个"1-2-1"变宽度的布局，首先要使内容的整体宽度随浏览器窗口宽度的变化而变化。因此，中间 container 容器中的左右两列的总宽度也会变化。这样就会产生两种不同的情况：一是这两列按照一定的比例同时变化；二是一列固定，另一列变化。这两种情况都是很常用的布局方式，下面先从等比例方式讲起。

17.3.1 "1-2-1"等比例变宽布局

首先实现按比例的适应方式，可以在前面制作的"1-2-1"浮动布局的基础上完成本案例。原来的"1-2-1"浮动布局中的宽度都是用像素数值确定的固定宽度，下面就来对其进行改造，使其能够自动调整各个模块的宽度。

实际上只需要修改3处宽度就可以了，修改的样式代码如下。

```
#header,#pagefooter,#container{ margin:0 auto;
Width: 768px; /*删除原来的固定宽度
width: 85%; /*改为比例宽度*/
#content{ float:right;
Width:500px; /*删除原来的固定宽度*/
width: 66%; /*改为比例宽度*/
#side{ float:left;
width:  260px; /*删除原来的固定宽度*/
width:33%; /*改为比例宽度*/
```

运行结果如图17-27所示。

在这个页面中，网页内容的宽度为浏览器窗口宽度的85%，页面中左侧的边栏的宽度和右侧的内容栏的宽度保持1：2的比例，可以看到无论浏览器窗口宽度如何变化，它们都等比例变化。这样就实现了各个div的宽度都会等比例适应浏览器窗口。

在实际应用中还需要注意以下两点：

(1) 确保不要使一列或多列的宽度太大，以至于其内部的文字行宽太宽，造成阅读困难。

(2) 圆角框的最宽宽度的限制，这种方法制作的圆角框如果超过一定宽度就会出现裂缝。

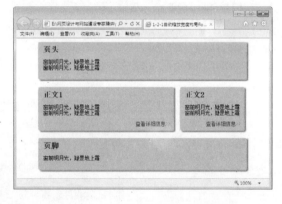

图17-27 "1-2-1"等比例变宽布局

17.3.2 "1-2-1"单列变宽布局

在实际应用中单列宽度变化，而其他保持固定的布局用法更实用。一般在存在多个列的页面中，通常比较宽的一个列是用来放置内容的，而窄列放置链接、导航等内容，这些内容一般宽度是固定的，不需要扩大。因此可以把内容列设置为可以变化，而其他列固定。

比如在图17-27所示中，右侧的Side的宽度固定，当总宽度变化时，Content部分就会自动变化。如果仍然使用简单的浮动布局是无法实现这个效果的，如果把某一列的宽度设置为固定值，那么另一列(即活动列)的宽度就无法设置了，因为总宽度未知，活动列的宽度也无法确定，那么怎么解决呢？主要问题就是浮动列的宽度应该等于"100%-300px"，而CSS显然不支持这种带有加减法运算的宽度表达方法，但是通过margin可以变通地实现这个宽度。

具体的解决方法为：在 content 的外面再套一个 div，使其宽度为 100%，也就是等于 container 的宽度然后通过将左侧的 margin 设置为负的 300 像素，就使其向左平移了 300 像素。再将 content 的左侧 margin 设置为正的 300 像素，就实现了"100%-300px"这个本来无法表达的宽度。具体的 CSS 代码如下。

```
#header,#pagefooter,#container{
margin:0 auto;
width:85%;
min-width:500px;
max-width:800px;
}
#contentWrap{
margin-left:-260px;
float:left;
width:100%;
}
#content{
margin-left:260px;
}
#side{
float:right;
width:260px;
}
#pagefooter{
clear:both;
}
```

在 IE 浏览器中运行程序，即可得到如图 17-28 所示的结果。

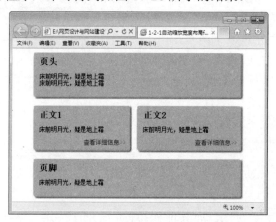

图 17-28 "1-2-1"单列变宽布局

17.4 自动缩放网页 1-3-1 型布局模式

"1-3-1"布局可以产生很多不同的变化方式，如：

● 三列都按比例来适应宽度。

● 一列固定，其他两列按比例适应宽度。

- 两列固定，其他一列适应宽度。

对于后两种情况，又可以根据特殊的一列与另外两列的不同位置，产生出多种变化。下面分别进行介绍。

17.4.1 "1-3-1"三列宽度等比例布局

对于"1-3-1"布局的第一种情况，即三列按固定比例伸缩适应总宽度，和前面介绍的"1-2-1"布局完全一样，只要分配好每一列的百分比就可以了。这里就不再赘述。

17.4.2 "1-3-1"单侧列宽度固定的变宽布局

对于一列固定、其他两列按比例适应宽度的情况，如果这个固定的列在左边或右边，那么只需要在两个变宽列的外面套一个 div，并且这个 div 宽度是变宽的它与旁边的固定宽度列构成了一个单列固定的"1-2-1"布局，就可以使用"绝对定位"的方法或者"改进浮动"法进行布局，然后再将变宽列中的两个变宽列按比例并排，就很容易实现了。

下面使用浮动方法进行制作。解决的方法同"1-2-1"单列固定一样，这里把活动的两个看成一个，在容器中再套一个 div，即由原来的一个 wrap 变为两层，分别叫作 outerWrap 和 innerWrap。这样，outerWrap 就相当于上面"1-2-1"方法中的 wrap 容器。新增加的 innerWrap 是以标准流方式存在的，宽度会自然伸展，由于设置 200 像素的左侧 margin，因此它的宽度就是总宽度减去 200 像素了。innerWrap 中的 navi 和 content 就会都以这个新宽度为宽度基准。具体的代码如下。

```
<!DOCTYPE html PUBLIC "-//W3C//DTD XHTML 1.0 Transitional//EN"
"http://www.w3.org/TR/xhtml1/DTD/xhtml1-transitional.dtd">
<html xmlns="http://www.w3.org/1999/xhtml">
<head>
<meta http-equiv="Content-Type" content="text/html; charset=utf-8" />
<title>1-3-1 1固定宽度布局 float 实例</title>
<style type="text/css">
body {
background: #FFF;
font: 14px 宋体;
margin:0;
padding:0;
}

.rounded {
  background: url(images/left-top.gif)    top left no-repeat;
  width:100%;
  }
.rounded h2 {
  background:
    url(images/right-top.gif)
  top right no-repeat;
  padding:20px 20px 10px;
  margin:0;

  }
.rounded .main {
  background:
```

```
        url(images/right.gif)
   top right repeat-y;
   padding:10px 20px;
     margin:-20px 0 0 0;
         }
.rounded .footer {
   background:
     url(images/left-bottom.gif)
   bottom left no-repeat;
   }
.rounded .footer p {
   color:red;
   text-align:right;
   background:url(images/right-bottom.gif) bottom right no-repeat;
   display:block;
   padding:10px 20px 20px;
   margin:-20px 0 0 0;
   font:0/0;
   }
#header,#pagefooter,#container{
 margin:0 auto;
 width:85%;
 }

#outerWrap{
    float:left;
    width:100%;
    margin-left:-200px;
    }

#innerWrap{
    margin-left:200px;
    }


#left{
    float:left;
    width:40%;
    }


#content{
    float:right;
    width:59.5%;
    }

#content img{
    float:right;
    }


#side{
    float:right;
    width:200px;
    }

#pagefooter{
    clear:both;
</style>
</head>
```

```html
<body>
 <div id="header">
    <div class="rounded">
        <h2>页头</h2>
        <div class="main">
        <p>
        床前明月光,疑是地上霜</p>
        </div>
        <div class="footer">
        <p></p>
        </div>
    </div>
</div>
<div id="container">
<div id="outerWrap">
<div id="innerWrap">
<div id="left">
    <div class="rounded">
        <h2>正文</h2>
        <div class="main">
        <p>
            床前明月光,疑是地上霜<br/>
床前明月光,疑是地上霜</p>

        </div>
        <div class="footer">
        <p>
        查看详细信息&gt;&gt;
        </p>
        </div>
    </div>
</div>
<div id="content">
    <div class="rounded">
        <h2>正文 1</h2>
        <div class="main">
          <p>
            床前明月光,疑是地上霜</p>

        </div>
        <div class="footer">
        <p>
        查看详细信息&gt;&gt;
        </p>
        </div>
    </div>
</div>
</div>
</div>
<div id="side">
    <div class="rounded">
        <h2>正文 2</h2>
        <div class="main">
        <p>
            床前明月光,疑是地上霜<br/>
床前明月光,疑是地上霜</p>
        </div>
        <div class="footer">
        <p>
        查看详细信息&gt;&gt;
```

```
        </p>
        </div>
    </div>
</div>
</div>

<div id="pagefooter">
    <div class="rounded">
        <h2>页脚</h2>
        <div class="main">
        <p>
        床前明月光,疑是地上霜
        </p>
        </div>
        <div class="footer">
        <p>
        </p>
        </div>
    </div>
</div>
</body>
</html>
```

在 IE 浏览器中运行结果如图 17-29 所示。

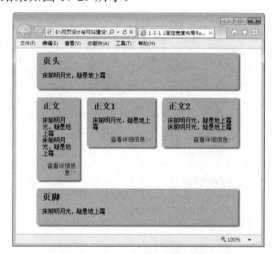

图 17-29 "1-3-1" 单侧列宽度固定的变宽布局

17.4.3 "1-3-1" 中间列宽度固定的变宽布局

这种布局的形式是固定列被放在中间,它的左右各有一列,并按比例适应总宽度。这是一种很少见的布局形式(最常见的是两侧的列固定宽度,中间列变化宽度),如果已经充分理解了前面介绍的"改进浮动"法制作单列宽度固定的"1-2-1"布局,就可以把"负 margin"的思路继续深化,实现这种不多见的布局,代码如下。

```
<!DOCTYPE html PUBLIC "-//W3C//DTD XHTML 1.0 Transitional//EN"
"http://www.w3.org/TR/xhtml1/DTD/xhtml1-transitional.dtd">
<html xmlns="http://www.w3.org/1999/xhtml">
<head>
```

```html
<meta http-equiv="Content-Type" content="text/html; charset=utf-8" />
<title>1-3-1 1 中间固定宽度布局 float 实例</title>
<style type="text/css">
body {
background: #FFF;
font: 14px 宋体;
margin:0;
padding:0;
}

.rounded {
  background: url(images/left-top.gif)   top left no-repeat;
  width:100%;
  }
.rounded h2 {
  background:
    url(images/right-top.gif)
  top right no-repeat;
  padding:20px 20px 10px;
  margin:0;

  }
.rounded .main {
  background:
    url(images/right.gif)
  top right repeat-y;
  padding:10px 20px;
    margin:-20px 0 0 0;
      }
.rounded .footer {
  background:
    url(images/left-bottom.gif)
  bottom left no-repeat;
  }
.rounded .footer p {
  color:red;
  text-align:right;
  background:url(images/right-bottom.gif) bottom right no-repeat;
  display:block;
  padding:10px 20px 20px;
  margin:-20px 0 0 0;
  font:0/0;
  }
#header,#pagefooter,#container{
 margin:0 auto;
 width:85%;
 }

#naviWrap{
width:50%;
float:left;
margin-left:-150px;
}
```

```
#left{
margin-left:150px;
    }


#content{
    float:left;
    width:300px;
    }

#content img{
    float:right;
    }

#sideWrap{
    width:49.9%;
float:right;
margin-right:-150px;

}

#side{
margin-right:150px;
    }

#pagefooter{
    clear:both;
}

</style>
</head>
<body>
 <div id="header">
    <div class="rounded">
        <h2>页头</h2>
        <div class="main">
        <p>
        床前明月光,疑是地上霜</p>
        </div>
        <div class="footer">
        <p></p>
        </div>
    </div>
</div>
<div id="container">
<div id="naviWrap">
<div id="left">
    <div class="rounded">
        <h2>正文</h2>
        <div class="main">
        <p>
        床前明月光,疑是地上霜</p>

        </div>
```

```
            <div class="footer">
            <p>
            查看详细信息&gt;&gt;
            </p>
            </div>
        </div>
    </div>
</div>
<div id="content">
    <div class="rounded">
        <h2>正文 1</h2>
        <div class="main">
            <p>
        床前明月光,疑是地上霜</p>

        </div>
        <div class="footer">
        <p>
        查看详细信息&gt;&gt;
        </p>
        </div>
    </div>
</div>
<div id="sideWrap">
<div id="side">
    <div class="rounded">
        <h2>正文 2</h2>
        <div class="main">
        <p>
        床前明月光,疑是地上霜
        </p>
        </div>
        <div class="footer">
        <p>
        查看详细信息&gt;&gt;
        </p>
        </div>
    </div>
</div>
</div>
</div>
<div id="pagefooter">
    <div class="rounded">
        <h2>页脚</h2>
        <div class="main">
        <p>
        床前明月光,疑是地上霜
        </p>
        </div>
        <div class="footer">
        <p>
        </p>
        </div>
    </div>
```

```
</div>
</body>
</html>
```

在代码中，页面中间列的宽度是 300 像素，两边列等宽(不等宽的道理是一样的)，即总宽度减去 300 像素后剩余宽度的 50%，制作的关键是如何实现"(100%-300px)/2"的宽度。现在需要在 left 和 side 两个 div 外面分别套一层 div，把它们"包裹"起来，依靠嵌套的两个 div，实现相对宽度和绝对宽度的结合。在 IE 浏览器中运行结果如图 17-30 所示。

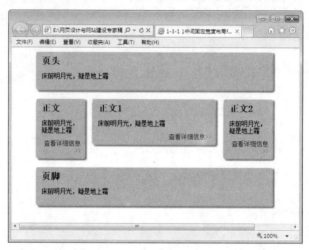

图 17-30 "1-3-1"中间列宽度固定的变宽布局

17.4.4 "1-3-1"双侧列宽度固定的变宽布局

3 列中的左右两列宽度固定，中间列宽度自适应变宽布局实际应用很广泛，下面通过浮动定位进行了解。关键思想就是把 3 列的布局看作嵌套的两列布局，利用 margin 的负值来实现 3 列浮动。具体的代码如下。

```
<!DOCTYPE html PUBLIC "-//W3C//DTD XHTML 1.0 Transitional//EN"
"http://www.w3.org/TR/xhtml1/DTD/xhtml1-transitional.dtd">
<html xmlns="http://www.w3.org/1999/xhtml">
<head>
<meta http-equiv="Content-Type" content="text/html; charset=utf-8" />
<title>1-3-1 1两侧固定宽度中间变宽布局float实例</title>
<style type="text/css">
body {
background: #FFF;
font: 14px 宋体;
margin:0;
padding:0;
}

.rounded {
  background: url(images/left-top.gif)    top left no-repeat;
  width:100%;
  }
.rounded h2 {
```

```css
background:
    url(images/right-top.gif)
top right no-repeat;
padding:20px 20px 10px;
margin:0;


}
.rounded .main {
background:
    url(images/right.gif)
top right repeat-y;
padding:10px 20px;
    margin:-20px 0 0 0;
    }
.rounded .footer {
background:
    url(images/left-bottom.gif)
bottom left no-repeat;
}
.rounded .footer p {
color:red;
text-align:right;
background:url(images/right-bottom.gif) bottom right no-repeat;
display:block;
padding:10px 20px 20px;
margin:-20px 0 0 0;
font:0/0;
}
#header,#pagefooter,#container{
margin:0 auto;
width:85%;
}
#side{
    width:200px;
    float:right;
    }
#outerWrap{
    width:100%;
    float:left;
    margin-left:-200px;
}
#innerWrap{
margin-left:200px;
    }

#left{
    width:150px;
    float:left;
}

#contentWrap{
    width:100%;
    float:right;
    margin-right:-150px;
}
#content{
margin-right:150px;
```

```
        }

#content img{
    float:right;
    }
#pagefooter{
    clear:both;
}
</style>
</head>
<body>
 <div id="header">
    <div class="rounded">
        <h2>页头</h2>
        <div class="main">
        <p>
        床前明月光,疑是地上霜</p>
        </div>
        <div class="footer">
        <p></p>
        </div>
    </div>
</div>
<div id="container">
<div id="outerWrap">
<div id="innerWrap">
<div id="left">
    <div class="rounded">
        <h2>正文</h2>
        <div class="main">
        <p>床前明月光,疑是地上霜</p>

        </div>
        <div class="footer">
        <p>
        查看详细信息&gt;&gt;
        </p>
        </div>
    </div>
</div>
<div id="contentWrap">
<div id="content">
    <div class="rounded">
        <h2>正文 1</h2>
        <div class="main">
        <p>
        床前明月光,疑是地上霜</p>

        </div>
        <div class="footer">
        <p>
        查看详细信息&gt;&gt;
        </p>
        </div>
    </div>
</div>
</div><!-- end of contetnwrap-->
```

```
</div><!-- end of inwrap-->
</div><!-- end of outwrap-->
<div id="side">
    <div class="rounded">
        <h2>正文2</h2>
        <div class="main">
        <p>床前明月光,疑是地上霜</p>
        </div>
        <div class="footer">
        <p>
        查看详细信息&gt;&gt;
        </p>
        </div>
    </div>
</div>
</div>
<div id="pagefooter">
    <div class="rounded">
        <h2>页脚</h2>
        <div class="main">
        <p>
        床前明月光,疑是地上霜
        </p>
        </div>
        <div class="footer">
        <p>
        </p>
        </div>
    </div>
</div>
</body>
</html>
```

在代码中,先把左边和中间两列看作一组活动列,而右边的一列作为固定列,使用前面的"改进浮动"法就可以实现。然后,再把两列各自当作独立的列,左侧列为固定列,再次使用"改进浮动"法,就可以最终完成整个布局。在 IE 浏览器中运行结果如图 17-31 所示。

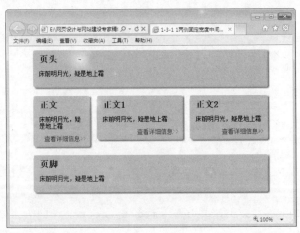

图 17-31 "1-3-1"双侧列宽度固定的变宽布局

17.4.5 "1-3-1"中列和侧列宽度固定的变宽布局

这种布局的中间列和它一侧的列是固定宽度，另一侧列宽度自适应。很显然这种布局就很简单了，同样使用"改进浮动"法来实现。由于两个固定宽度列是相邻的，因此就不用再使用两次"改进浮动"法了，只需要一次就可以做到。具体的代码如下。

```html
<!DOCTYPE html PUBLIC "-//W3C//DTD XHTML 1.0 Transitional//EN"
"http://www.w3.org/TR/xhtml1/DTD/xhtml1-transitional.dtd">
<html xmlns="http://www.w3.org/1999/xhtml">
<head>
<meta http-equiv="Content-Type" content="text/html; charset=utf-8" />
<title>1-3-1 中列和左侧列宽度固定的变宽布局 float 实例</title>
<style type="text/css">
body {
background: #FFF;
font: 14px 宋体;
margin:0;
padding:0;
}

.rounded {
  background: url(images/left-top.gif)   top left no-repeat;
  width:100%;
  }
.rounded h2 {
  background:
    url(images/right-top.gif)
  top right no-repeat;
  padding:20px 20px 10px;
  margin:0;


  }
.rounded .main {
  background:
    url(images/right.gif)
  top right repeat-y;
  padding:10px 20px;
    margin:-20px 0 0 0;
      }
.rounded .footer {
  background:
    url(images/left-bottom.gif)
  bottom left no-repeat;
  }
.rounded .footer p {
  color:red;
  text-align:right;
  background:url(images/right-bottom.gif) bottom right no-repeat;
  display:block;
  padding:10px 20px 20px;
  margin:-20px 0 0 0;
  font:0/0;
```

```
    }
#header,#pagefooter,#container{
 margin:0 auto;
 width:85%;
 }

#left{
    float:left;
    width:150px;
    }

#content{
    float:left;
    width:250px;
    }

#content img{
    float:right;
    }

#sideWrap{
    float:right;
    width:100%;
    margin-right:-400px;
    }

#side{
margin-right:400px;
    }

#pagefooter{
    clear:both;
}
</style>
</head>
<body>
 <div id="header">
    <div class="rounded">
        <h2>页头</h2>
        <div class="main">
        <p>
        床前明月光,疑是地上霜</p>
        </div>
        <div class="footer">
        <p></p>
        </div>
    </div>
</div>
<div id="container">
<div id="left">
    <div class="rounded">
        <h2>正文</h2>
        <div class="main">
```

```
        <p>
    床前明月光,疑是地上霜</p>

        </div>
        <div class="footer">
        <p>
    查看详细信息&gt;&gt;
        </p>
        </div>
    </div>
</div>
<div id="content">
    <div class="rounded">
        <h2>正文 1</h2>
        <div class="main">
                <p>
    床前明月光,疑是地上霜</p>

        </div>
        <div class="footer">
        <p>
    查看详细信息&gt;&gt;
        </p>
        </div>
    </div>
</div>
<div id="sideWrap">
<div id="side">
    <div class="rounded">
        <h2>正文 2</h2>
        <div class="main">
        <p>
    远床前明月光,疑是地上霜</p>
        </div>
        <div class="footer">
        <p>
    查看详细信息&gt;&gt;
        </p>
        </div>
    </div>
</div>
</div>
</div>
<div id="pagefooter">
    <div class="rounded">
        <h2>页脚</h2>
        <div class="main">
        <p>
    床前明月光,疑是地上霜
        </p>
        </div>
        <div class="footer">
        <p>
        </p>
```

```
        </div>
    </div>
</div>
</body>
</html>
```

在代码中把左侧的 left 和 content 列的宽度分别固定为 150 像素和 250 像素，右侧的 side 列宽度变化。那么，side 列的宽度就等于"100%-150px-250px"。因此，根据"改进浮动"法，在 side 列的外面再套一个 sideWrap 列，使 sideWrap 的宽度为 100%，并通过设置负的 margin，使其向右平移 400 像素。然后再对 side 列设置正的 margin，限制右边界，这样就可以实现需要的效果了。

在 IE 浏览器中运行结果如图 17-32 所示。

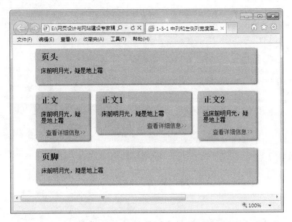

图 17-32 "1-3-1"中列与侧列宽度固定的变宽布局

17.5 实战演练——使用 CSS 设定网页布局列的背景色

在实际工作的过程中，很多页面布局中对各列的背景色都是有要求的，如希望每一列都有自己的颜色。下面就通过一个实例来介绍如何使用 CSS 设定网页布局列的背景色。

这里以固定宽度 1-3-1 型布局为框架，直接修改其 CSS 样式表，具体的代码如下。

```css
body{
font:14px 宋体;
margin:0;
}
#header,#pagefooter {
background:#CF0;
width:760px;
margin:0 auto;
}
h2{
margin:0;
padding:20px;
}
p{
```

```
padding:20px;
Lext-indent:2em;
margin:0;
}
#container {
position: relative;
width:760px;
margin:0 auto;
background:url(images/16-7.gif);
}
#left {
width: 200px;
position: absolute;
left: 0px;
top: 0px;
}
#content {
right: 0px;
top: 0px;
margin-right: 200px;
margin-left: 200px;
}
#side {
width: 200px;
position: absolute;
right: 0px;
top: 0px;
}
```

在代码中，left、content、side 没有使用背景色，是因为各列的背景色只能覆盖到其内容的下端，而不能使每一列的背景色都一直扩展到最下端，因为每个 div 只负责自己的高度，根本不管它旁边的列有多高，要使并列的各列的高度相同是很困难的。通过给 container 设定一个宽度为 760px 的背景，这个背景就按样式中的 left、content、side 宽度进行颜色制作，变相实现给 3 列加背景的功能。运行结果如图 17-33 所示。

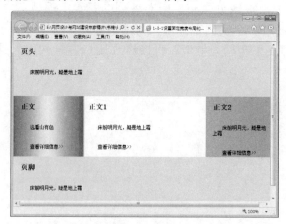

图 17-33　设定网页布局列的背景色

17.6　跟我练练手

17.6.1　练习目标

能够熟练掌握本章所讲解的内容。

17.6.2　上机练习

练习1：使用 CSS 排版。
练习2：固定宽度网页剖析与布局。
练习3：自动缩放网页 1-2-1 型布局模式。
练习4：自动缩放网页 1-3-1 型布局模式。

17.7　高 手 甜 点

甜点1：IE 浏览器和 Firefox 浏览器，为什么在显示 float 浮动布局时会出现不同的效果

　　两个相连的 DIV 块，如果一个设置为左浮动，一个设置为右浮动，这时在 Firefox 浏览器中就会出现设置失效的问题。其原因是 IE 浏览器会根据设置来判断 float 浮动，而在 Firefox中，如果上一个 float 没有被清除，下一个 float 就会自动沿用上一个 float 的设置，而不使用自己的 float 设置。

　　这个问题的解决办法就是，在每一个 DIV 块设置 float 后，在最后加入一句清除浮动的代码 "clear:both"，这样就会清除前一个浮动的设置，下一个 float 也就不会再使用上一个浮动设置，从而使用自己所设置的浮动了。

甜点2：DIV 层高度设置好，还是不设置好

　　在 IE 浏览器中，如果设置了高度值，但是内容很多，会超出所设置的高度，这时浏览器就会自己撑开高度，以达到显示全部内容的效果，不受所设置的高度值限制。而在 Firefox 浏览器中，如果固定了高度的值，那么容器的高度就会被固定住，就算内容再多，也不会撑开，也会显示全部内容；但是如果容器下面还有内容，那么这一块就会与下一块内容重合。

　　这个问题的解决办法就是，不要设置高度的值，这样浏览器就会根据内容自动判断高度，也不会出现内容重合的问题。

第5篇

动态网站实战篇

第 18 章
制作动态网页基础
——构建动态网站
的运行环境

　　动态网站是目前主流网站类型，该网站类型实现了人机交互功能。不过，在制作动态网站之前，必须先构建动态网站的运行环境。本章就来介绍如何构建动态网站所需的运行环境。

本章要点(已掌握的在方框中打钩)

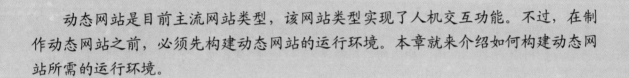

- ☐ 熟悉动态网站运行的环境
- ☐ 掌握架设 IIS+PHP 动态网站运行环境的方法
- ☐ 掌握架设 Apache+PHP 动态网站运行环境的方法
- ☐ 掌握 MySQL 数据库的安装方法

18.1　准备互动网页的执行环境

在创建动态网站之前，用户需要准备互动网页的执行环境。

18.1.1　什么是 PHP

PHP (Personal Home Page，目前已经正名为 Hypertext Preprocessor)，与 ASP 相同，是一种属于内嵌于 HTML 文件中的程序代码语言。PHP 程序可以根据不同的状态输出不同的网页内容，是一种快速流行且功能强大的网页程序语言。我们使用 PHP 程序来开发网站的原因如下：

- PHP 可以在 Linux 与 Windows 的环境下执行，搭配着这两个操作系统中的服务器软件，如 Apache 或 PWS、IIS，能让您所开发出来的程序轻易地跨越两个平台来执行，不须改写。
- PHP 所使用的执行环境，在软硬件的投资成本上都是相当的低廉，但所开发的程序功能却相当强大而完整，可以很明显提升企业的竞争力。
- PHP 所使用的语法相当简单易懂，若用户已经有其他程序语言的基础，如 ASP，可以很轻松跨入 PHP 程序设计的领域。

18.1.2　执行 PHP 程序

PHP 程序必须要在支持 PHP 的网站服务器上才能操作，用户不能直接选择网页来执行浏览。所以在执行 PHP 程序之前，必须拥有一个服务器空间。

不同的网站服务器有 Apache 和 IIS 两种。下面就来介绍它们的安装与设置，并且搭配 PHP 安装程序的加入，让两种网站服务器都有执行 PHP 程序的能力。

另外，在 Dreamweaver 中，PHP 的程序必须搭配 MySQL 的数据库来制作互动网页。建议用户在安装完网站服务器后再安装 MySQL 数据库，因为无论用户采取哪种服务器环境都不会影响 MySQL 数据库的执行。

18.2　架设 IIS+PHP 的执行环境

本节主要讲述 IIS+PHP 的执行环境配置方法。

18.2.1　案例 1——IIS 网站服务器的安装与设置

1. 安装 IIS 网站服务器

在 Window 7 中，Microsoft Internet 信息服务(IIS)已经默认安装好，用户只需要启动该服务即可。具体的操作步骤如下。

step 01 单击【开始】按钮，在弹出的列表中选择【控制面板】选项，如图 18-1 所示。

step 02 弹出【控制面板】对话框，选择【程序】选项，如图 18-2 所示。

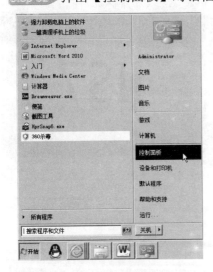

图 18-1 【控制面板】选项

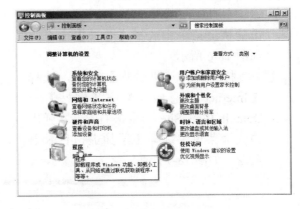

图 18-2 选择【程序】选项

step 03 弹出【控制面板\程序】对话框，选择【打开或关闭 Windows 功能】选项，如图 18-3 所示。

step 04 弹出【Windows 功能】对话框，展开【Internet 信息服务】，选中【Web 管理工具】和【万维网服务】复选框，如图 18-4 所示。然后单击【确定】按钮即可启动 IIS 网络服务器。

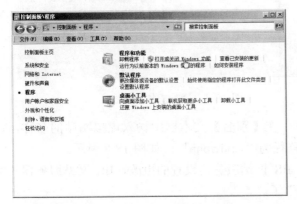

图 18-3 【控制面板\程序】对话框

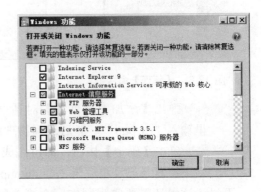

图 18-4 【Windows 功能】对话框

step 05 测试 IIS 网站服务器是否安装成功。打开 IE 浏览器，在网址栏中输入 "http://localhost/"，运行后效果如图 18-5 所示。说明 IIS 成功安装完成了。

2. 设置 IIS 网站服务器

如果用户是按照前述的方式来启动 IIS 网站服务器，目前整个网站服务器的根目录就位于 "系统盘符:\Inetpub\wwwroot" 中，也就是如果要添加网页到网站中显示，都必须放置在这个目录之下。

上述系统默认的存放路径比较长，使用起来非常不方便。下面将介绍更改网站虚拟目录的方法，这里将网站的虚拟目录放置在"C:\dwphp"文件夹中，具体的操作步骤如下。

step 01 右击桌面【计算机】图标，在弹出的快捷菜单中选择【管理】命令，如图 18-6 所示。

step 02 打开【计算机管理】窗口，选择【Internet 信息服务】→【网站】→Default Web Site 命令，右击并在弹出的快捷菜单中选择【添加虚拟目录】命令，如图 18-7 所示。

图 18-5　IIS 安装成功

图 18-6　【管理】命令

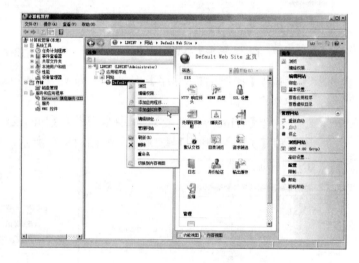

图 18-7　添加虚拟目录

step 03 弹出【添加虚拟目录】对话框，在【别名】文本框中输入虚拟网站的名称，这里输入"dwphp"，然后选择物理路径为"C:\dwphp"，如图 18-8 所示。

step 04 单击【确定】按钮，即可完成 IIS 网站服务器设置的更改，IIS 网站服务器的网站虚拟目录已经更改为"C:\dwphp"了。

不过，这里还需要实际制作一个简单网页，测试一下放置在刚才所更改的虚拟目录中的网页是否能够被浏览器预览。具体的操作步骤如下。

step 01 选择【开始】→【所有程序】→【附件】→【记事本】命令，打开【记事本】窗口，输入相关代码，如图 18-9 所示。

step 02 选择【文件】→【保存】命令，从而保存该网页。将文件命名为"index.html"，而保存的位置就是"C:\dwphp"，如图 18-10 所示。

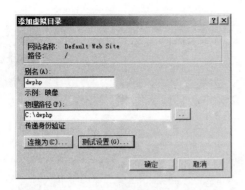

图 18-8 【添加虚拟目录】对话框   图 18-9 【记事本】窗口

step 03 打开浏览器，输入本机网址及添加的网页名称"http://localhost/dwphp/index.html"，运行效果如图 18-11 所示。

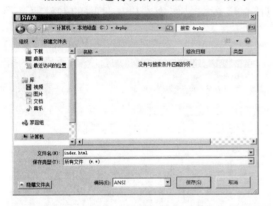

图 18-10 【另存为】对话框   图 18-11 网页测试效果

18.2.2 案例 2——在 IIS 网站服务器上安装 PHP

IIS 网站服务器的安装与设置都完成后，下面就可以安装 PHP 软件了。用户可以通过网址(http://www.php.net/downloads.php)获取 PHP 软件。下面以下载的"php-5.3.17-Win32-VC9-x86.msi"为例来讲解安装的方法。

1. PHP 安装

运行"php-5.3.17-Win32-VC9-x86.msi"，在 IIS 网站服务器上安装 PHP 的具体操作步骤如下。

step 01 双击安装程序，进入欢迎安装界面，单击 Next 按钮开始安装，如图 18-12 所示。

step 02 打开版权说明界面，阅读完版权说明后，选中 I accept the terms in the License Agreement 复选框，单击 Next 按钮继续安装，如图 18-13 所示。

step 03 打开 PHP 安装路径设置界面，在其中可以根据实际需要设置 PHP 安装路径，单击 OK 按钮，如图 18-14 所示。

图 18-12　欢迎界面　　　　　　　　　　图 18-13　版权信息界面

step 04　打开服务器安装界面，选中 IIS CGI 单选按钮，作为本机所使用的网站服务器，单击 Next 按钮，如图 18-15 所示。

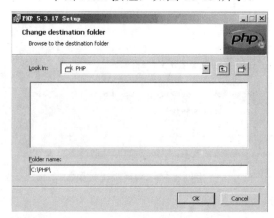
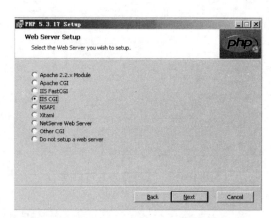

图 18-14　安装路径设置界面　　　　　　图 18-15　选择要安装的服务器界面

step 05　打开准备安装窗口，单击 Install 按钮，如图 18-16 所示。

step 06　安装完成后，单击 Finish 按钮，如图 18-17 所示。

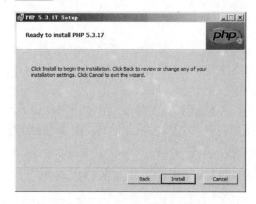
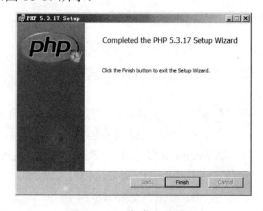

图 18-16　准备安装界面　　　　　　　　图 18-17　完成安装界面

step 07 打开 IIS，单击 Web 服务器扩展，选择【所有未知 CGI 扩展】，然后单击【允许】按钮，如图 18-18 所示。

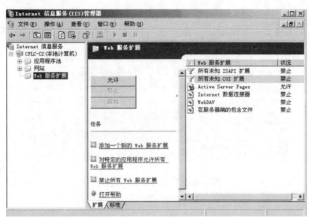

图 18-18　扩展 Web 服务器

2. 测试 PHP 执行在 IIS 网站服务器上

PHP 安装完成后，即可进行测试操作，检测是否安装成功。具体的操作步骤如下。

step 01 选择【开始】→【所有程序】→【附件】→【记事本】命令，打开【记事本】窗口，输入 PHP 程序，如图 18-19 所示。

step 02 选择【文件】→【保存】命令来保存该网页，将文件命名为"index.php"，而保存的位置就是"C:\dwphp"，如图 18-20 所示。

图 18-19　【记事本】窗口

图 18-20　【另存为】对话框

step 03 打开浏览器，输入本机网址及添加的网页名称"http://localhost/index.php"。浏览器能够正确显示刚刚完成的网页，并显示该网站目前 PHP 相关信息，说明安装成功，如图 18-21 所示。

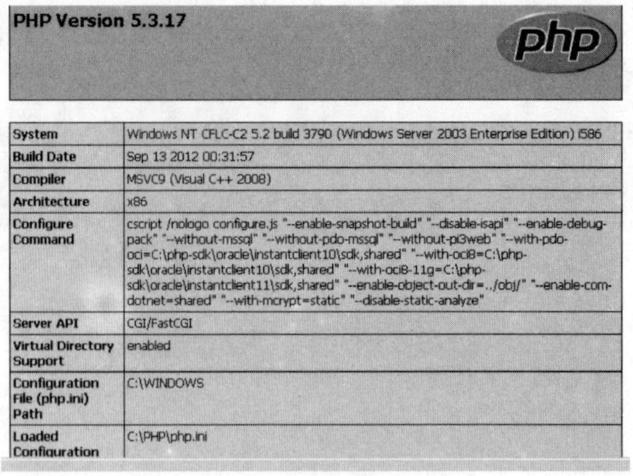

图 18-21　测试网页结果

18.3　架设 Apache+PHP 的执行环境

本节中主要讲述 Apache+PHP 执行环境搭建的方法。

18.3.1　案例 3——Apache 网站服务器的安装与设置

Apache 网站服务器是一个免费的软件，用户可以通过网址(http://httpd.apache.org/)获取该软件。下面以安装与配置"httpd-2.2.22-win32-x86-no_ssl.msi"为例进行讲解架设Apache+PHP 执行环境的方法。

1. 关闭原有的网站服务器

在安装 Apache 网站服务器之前，如果所使用的操作系统中已经安装了网站服务器，如IIS 网站服务器等，用户必须要先停止这些服务器，才能正确安装 Apache 网站服务器。

以 Windows 7 操作系统为例，关闭原有网站服务器的操作步骤如下。

step 01 右击桌面上的【计算机】图标，在弹出的快捷菜单中选择【管理】命令，如图 18-22 所示。

step 02 打开【计算机管理】窗口，选择【Internet 信息服务(IIS)】→【网站】→【默认的网站】命令，然后在【操作】窗格中单击【停止】按钮，即可关闭原有的网站服务器，如图 18-23 所示。

2. 安装 Apache 网站服务器

这里以"httpd-2.2.22-win32-x86-no_ssl.msi"为例来介绍安装 Apache 网站服务器的方法，具体的操作步骤如下。

step 01 双击下载的软件执行程序，进入欢迎安装界面，单击 Next 按钮开始安装。如图 18-24 所示。

step 02 打开软件版权说明界面，在其中选中接受 Apache 服务器软件的版权说明选项，单击 Next 按钮，如图 18-25 所示。

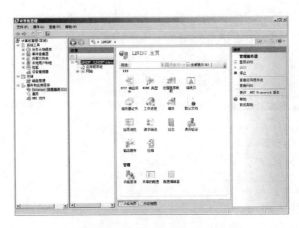

图 18-22　选择【管理】命令　　　　　图 18-23　【计算机管理】窗口

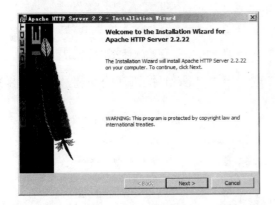

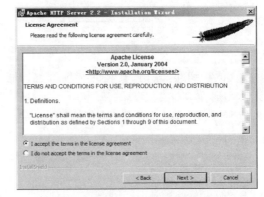

图 18-24　欢迎界面　　　　　　　　图 18-25　版权说明界面

step 03　打开许可证协议说明界面，单击 Next 按钮继续安装，如图 18-26 所示。

step 04　打开服务器设置界面，设置本机的网域名称及主机名称，若只在本机测试，都
　　　　输入"localhost"；设置用户的电子邮件，以便联系；设置可操作用户，建议选择如
　　　　图 18-27 所示的选项，让本机用户皆可操作。最后单击 Next 按钮继续安装。

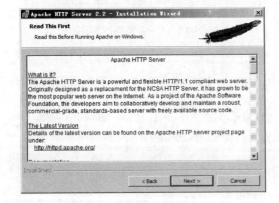

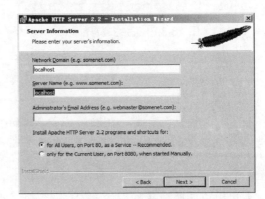

图 18-26　许可证协议说明界面　　　　图 18-27　服务器设置界面

step 05 打开选择安装类型界面，这里选中 Typical 单选按钮，为一般安装模式，单击 Next 按钮继续安装，如图 18-28 所示。

step 06 打开软件安装路径设置界面，这里更改为"c:\appache2.2"，单击 Next 按钮继续安装，如图 18-29 所示。

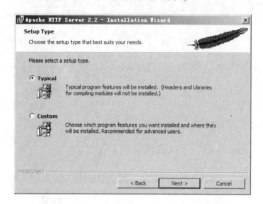

图 18-28　选择软件安装类型界面

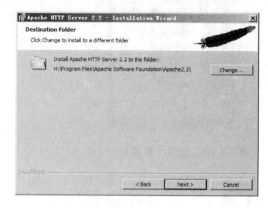

图 18-29　更改软件安装路径界面

step 07 到此，所有安装的选项都已设置完成，单击 Install 按钮开始安装，如图 18-30 所示。

step 08 所有的安装操作完成后，单击 Finish 按钮结束安装，如图 18-31 所示。

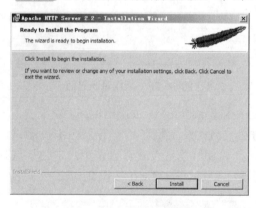

图 18-30　开始安装界面

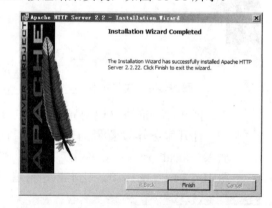

图 18-31　安装完成界面

step 09 安装完成后，Apache 网站服务器也随之被启动，在桌面右下角的工作栏中会出现 Apache 网站服务器图标，即表示目前 Apache 网站服务器已启动使用，如图 18-32 所示。

step 10 打开浏览器，在网址栏输入"http://localhost/"，如果出现如图 18-33 所示的浏览器页面信息，即表示 Apache 网站服务器已经安装成功并执行正常。

3. 设置 Apache 网站服务器

如果用户按照前述的方式来安装 Apache 网站服务器，目前整个网站服务器的根目录就位于"C:\Apache2.2"中，也就是如果要添加网页到网站中显示，都必须放置在该目录下。

图 18-33　浏览器页面

图 18-32　启动图标

如果用户不愿意使用默认的路径，可以将其更改。不过更改之前，必须先打开"httpd.conf"文件，即在该文件中修改，具体的操作步骤如下。

step 01　选择【开始】→【所有程序】→Apache HTTP Server 2.2→Configure Apache Server→Edit the Apache httpd.conf Configuration File 命令，如图 18-34 所示。

step 02　打开"httpd.conf"文件，在其中选择【编辑】→【查找】命令，如图 18-35 所示。

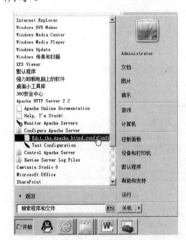

图 18-34　选择打开文件的选项

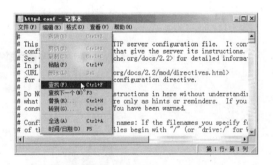

图 18-35　选择【查找】命令

step 03　弹出【查找】对话框，输入"DocumentRoot"后，单击【查找下一个】按钮来查找要修改的设置字串，如图 18-36 所示。

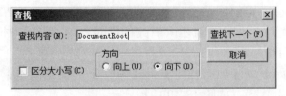

图 18-36　【查找】对话框

step 04　在设置文件中是以"DocumentRoot(文件夹路径)"的方式来设置网站的根目录。

如图 18-37 所示为目前的设置。

```
# DocumentRoot: The directory out of which you will serve your
# documents. By default, all requests are taken from this directory, but
# symbolic links and aliases may be used to point to other locations.
#
DocumentRoot "D:/Program Files/Apache Group/apache2.0.52/Apache2/htdocs"
```

图 18-37 系统默认路径

step 05 把软件默认的路径修改为想要更改的路径，如图 18-38 所示。

```
DocumentRoot "C:\Apache2.2\htdocs"
# DocumentRoot: The directory out of which you will serve your
# documents. By default, all requests are taken from this directory, but
# symbolic links and aliases may be used to point to other locations.
#
DocumentRoot "C:/Apache2.2/htdocs"

#
```

图 18-38 更改文件的路径

step 06 设置完成后，保存并关闭"httpd.conf"文件。然后选择【开始】→【所有程序】→Apache HTTP Server 2.2→Control Apache Server→Restart 命令，重新启动 Apache 网站服务器，这样更改的路径才能生效，如图 18-39 所示。

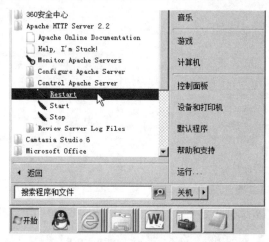

图 18-39 重启 Apache 网站服务器

此时 Apache 网站服务器的网站根目录已经更改为"C:\Apache2.2\htdocs"。在这里还需要实际制作一个简单网页，放置在刚才所更改的网页根目录中，测试能否被浏览器正常打开，具体的操作步骤如下。

step 01 选择【开始】→【所有程序】→【附件】→【记事本】命令，打开【记事本】窗口，输入网页代码，如图 18-40 所示。

step 02 选择【文件】→【保存文件】命令，将文本保存为网页格式，如"index.html"，保存的位置为新设置的路径"C:\Apache2.2\htdocs"。如图 18-41 所示。

图 18-40 【记事本】窗口

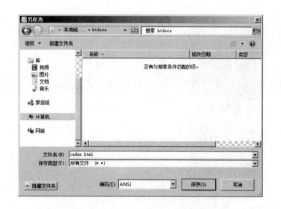

图 18-41 【另存为】对话框

step 03 打开浏览器，输入本机网址及添加的网页名称 http://localhost/index.html。运行结果如图 18-42 所示。表示浏览器能够正确的显示网页。

图 18-42 网页预览结果

18.3.2 案例4——在 Apache 网站服务器上安装 PHP

用户可以通过网址(http://www.php.net/downloads.php)免费下载 PHP 软件。

1. PHP 安装

执行 "php-5.3.17-Win32-VC9-x86.msi"，在 Apache 网站服务器上安装 PHP 的具体操作步骤如下。

step 01 双击安装文件进入欢迎安装的画面，单击 Next 按钮开始安装，如图 18-43 所示。

step 02 打开版权说明界面，阅读完毕版权说明后，选中 I accept the terms in the License Agreement 复选框，单击 Next 按钮继续安装，如图 18-44 所示。

step 03 打开 PHP 安装路径设置界面，请设置 PHP 安装路径，单击 Next 按钮，如图 18-45 所示。

step 04 打开服务器安装界面，选中 Apache 2.2.x Module 单选按钮，作为本机所使用的网站服务器，单击 Next 按钮，如图 18-46 所示。

step 05 在打开的界面中选择 Apache 配置文件所在目录，然后单击 Next 按钮，如图 18-47 所示。

图 18-43　欢迎界面

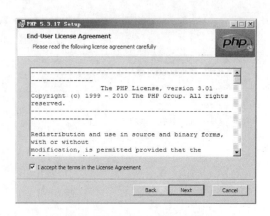

图 18-44　版权信息界面

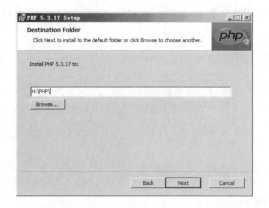

图 18-45　安装路径设置界面

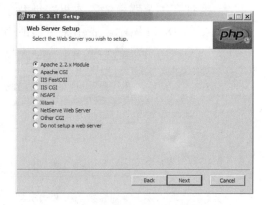

图 18-46　选择服务器类型界面

step 06　在打开的界面中选择需要安装的功能模块，这里采用默认的设置，单击 Next 按
　　　　钮，如图 18-48 所示。

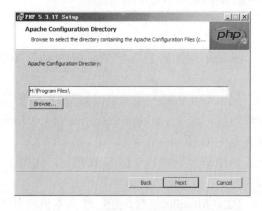

图 18-47　配置文件所在目录界面

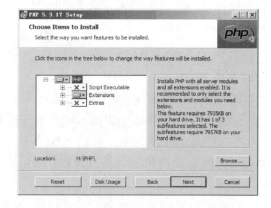

图 18-48　选择需要安装功能模块界面

step 07　打开准备安装界面，单击 Install 按钮，如图 18-49 所示。

step 08　安装完成后，单击 Finish 按钮，如图 18-50 所示。

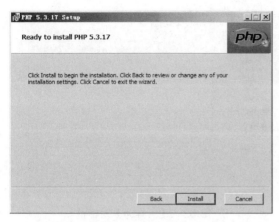

图 18-49　准备安装 PHP 界面　　　　　　图 18-50　完成安装界面

2. 重启 Apache 网站服务器

安装完 PHP 后，下面还需要重新启动 Apache 网站服务器，具体的操作步骤如下。

step 01　选择【开始】→Apache HTTP Server 2.2→Configure Apache Server→Edit the Apache httpd.conf Configuration File 命令，打开配置文件。在配置文件末尾已经加上相应配置信息，如图 18-51 所示。

```
#BEGIN PHP INSTALLER EDITS - REMOVE ONLY ON UNINSTALL
PHPIniDir "C:\PHP\"
LoadModule php5_module "C:\PHP\php5apache2_2.dll"
#END PHP INSTALLER EDITS - REMOVE ONLY ON UNINSTALL
```

图 18-51　配置文件信息

step 02　关闭该配置文件，然后选择【开始】→Apache HTTP Server 2.0.52→Control Apache Server→Restart 命令，重新启动 Apache 服务器。

3. 测试 PHP 执行在 Apache 网站服务器上

在这里需要实际制作一个简单的 PHP 网页，放置在网页根目录下，测试 Apache 网站服务器是否已经可以正确解读 PHP 程序。具体操作步骤如下。

step 01　选择【开始】→【所有程序】→【附件】→【记事本】命令，打开【记事本】窗口，输入相应的代码，如图 18-52 所示。

step 02　选择【文件】→【保存文件】命令，将该文件保存为网页，并命名为"index.php"，保存的位置为"C:\apache\htdocs"，如图 18-53 所示。

step 03　打开浏览器，输入本机网址及添加的网页名称"http://localhost/index.php"，运行结果如图 18-54 所示。可以看出浏览器能够正确显示刚刚完成的网页，并显示该网站目前 PHP 的相关信息。

图 18-52 【记事本】窗口

图 18-53 【另存为】对话框

图 18-54 预览效果

18.4 MySQL 数据库的安装

设置好网站服务器后，下面还需要安装 MySQL 数据库。MySQL 不仅是一套功能强大、使用方便的数据库，更可以跨越不同的平台，提供各种不同操作系统的使用。

18.4.1 案例 5——MySQL 数据库的安装

用户可以通过网址(http://www.mysql.com/downloads/)获取 MySQL 数据库。下面以安装"mysql-5.5.28-win32.msi"为例进行讲解数据库的安装方法，具体的操作步骤如下。

step 01 双击下载好的安装文件，进入程序安装欢迎界面，单击 Next 按钮开始安装，如图 18-55 所示。

step 02 打开用户协议界面，选中 I accept the terms in the License Agreement 复选框后，

单击 Next 按钮继续安装，如图 18-56 所示。

图 18-55　欢迎界面　　　　　　　　　　图 18-56　用户协议界面

step 03 打开选择安装类型界面，选择 Typical 后单击 Next 按钮继续安装，如图 18-57 所示。

step 04 打开准备安装界面，单击 Install 按钮继续安装，如图 18-58 所示。

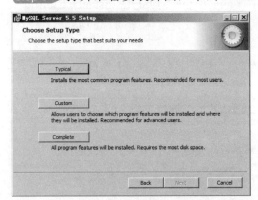

图 18-57　选择安装类型界面　　　　　　图 18-58　准备安装界面

step 05 MySQL 开始自动安装，并显示安装的进度，如图 18-59 所示。

step 06 弹出组件安装界面，单击 Next 按钮，如图 18-60 所示。

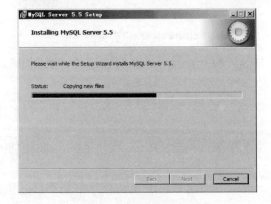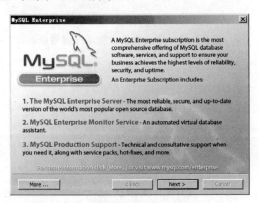

图 18-59　开始安装界面　　　　　　　　图 18-60　组件安装界面

step 07 ▶ 打开 MySQL 企业服务器界面，单击 Next 按钮继续，如图 18-6I 所示。

step 08 ▶ 安装完成后，单击 Finish 按钮，如图 18-62 所示。

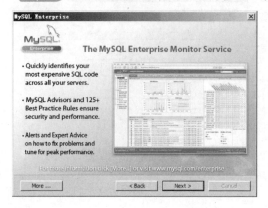

图 18-61　企业服务器界面

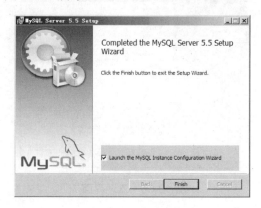

图 18-62　完成安装界面

MySQL 安装完成后，还需要继续配置服务器选项，具体操作步骤如下。

step 01 ▶ 接着上面安装操作的最后一步，选中 Launch the MySQL Instance Configuration Wizard 复选框，然后单击 Finish 按钮，进入欢迎设置数据库向导的界面，单击 Next 按钮开始设置，如图 18-63 所示。

step 02 ▶ 选中 Standard Configuration(标准组态模式)单选按钮后，单击 Next 按钮继续，如图 18-64 所示。

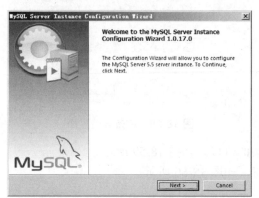

图 18-63　欢迎设置数据库向导界面

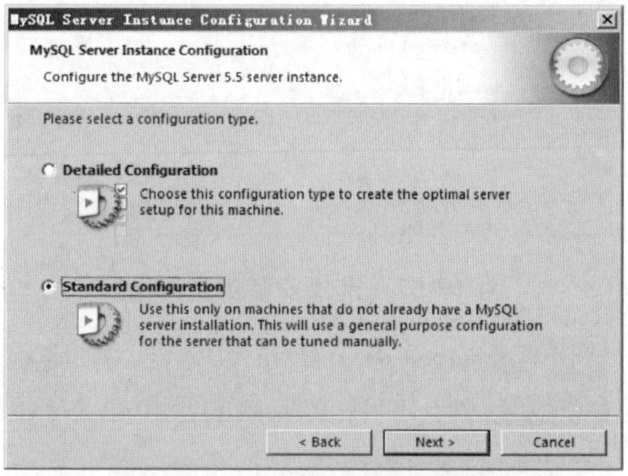

图 18-64　选择设置类型界面

step 03 ▶ 打开设置服务器选项界面，采用默认的设置，单击 Next 按钮继续，如图 18-65 所示。

step 04 ▶ 打开设置安全选项界面，输入 root 用户的密码后，单击 Next 按钮继续，如图 18-66 所示。

step 05 ▶ 打开准备执行界面，并显示执行的具体内容，单击 Execute 按钮继续，如图 18-67 所示。

step 06 ▶ 如果出现如图 18-68 所示的界面后，表示组态文件已成功储存，单击 Finish 按钮完成组态设置。

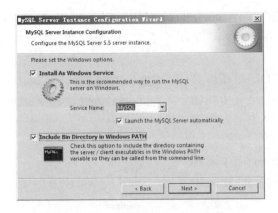

图 18-65　设置服务器选项界面

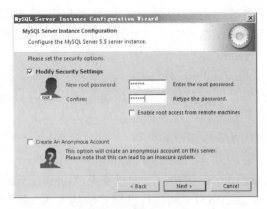

图 18-66　设置安全选项界面

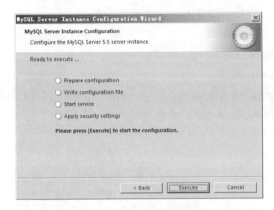

图 18-67　准备执行界面

图 18-68　配置完成界面

18.4.2　案例 6——phpMyAdmin 的安装

MySQL 数据库的标准操作界面，是必须要通过命令提示符的界面，通过 MySQL 的指令来建置管理数据库内容。如果想要执行新增、编辑及删除数据库的内容就必须要学习 SQL 语法，记住命令指令，才能使用 MySQL 数据库，如图 18-69 所示。

图 18-69　命令提示符窗口

难道没有较为简单的软件可以让用户在类似 Access 的操作环境下，可以直接管理 MySQL 数据库吗？答案是肯定的，而且这样的软件还不少，其中最常用的就是 phpMyadmin。

phpMyadmin 软件是一套 Web 界面的 MySQL 数据库管理程序，不仅功能完整、使用方便，而且只要用户有适当的权限，就可以在线修改数据库的内容，并让用户非常安全快速地获得数据库中的数据。

图 18-70　解压文件

用户可以通过网址(http://www.phpmyadmin.net/)获得 phpMyAdmin 软件。下面以安装"phpMyAdmin-3.5.3-rc1-all-languages.zip"为例进行讲解安装的方法，操作步骤如下。

step 01　右击下载的 phpMyAdmin 压缩文件，在弹出的快捷菜单中选择【解压文件】命令，如图 18-70 所示。

step 02　将解压后的文件放置到网站根目录"C:\Apache2.2\htdocs"下，如图 18-71 所示。

step 03　打开浏览器，在网址栏中输入"http://localhost/phpMyAdmin/index.php"，运行结果如图 18-72 所示。该运行结果表示 phpMyAdmin 能够正确执行。

图 18-71　解压后的文件

图 18-72　phpMyAdmin 运行界面

18.5　实战演练——快速安装 PHP 集成环境：AppServ 2.5

动态网站的执行环境除了可以通过本节中介绍的方法进行创建外，用户还可以使用 AppServ 2.5 软件快速安装 PHP 集成环境，这个环境也适用动态网站的运行。用户可以通过网址(http://www.appservnetwork.com/)获取 AppServ 软件。下面以安装 AppServ 2.5 为例进行讲解。快速安装 PHP 集成环境的操作步骤如下。

step 01 双击 "appserv-win32-2.5.10.exe", 开始安装 AppServ。进入欢迎安装的界面, 单击 Next 按钮开始安装, 如图 18-73 所示。

step 02 打开许可协议界面, 单击 I Agree 按钮, 如图 18-74 所示。

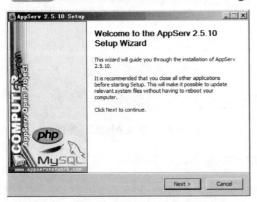 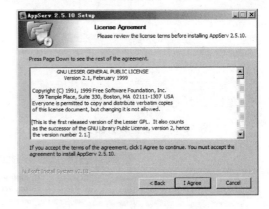

图 18-73 欢迎界面   图 18-74 许可证协议界面

step 03 打开设置软件安装路径界面, 建议采用默认值, 单击 Next 按钮继续安装, 如图 18-75 所示。

step 04 打开选择安装的程序界面, 建议采用默认值, 单击 Next 按钮继续安装, 如图 18-76 所示。

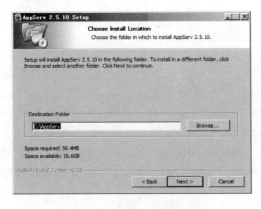

图 18-75 选择安装路径界面   图 18-76 选择安装组件界面

step 05 弹出设置 Apache 界面, 设置服务器的名称和用户的电子邮件, 单击 Next 按钮继续安装, 如图 18-77 所示。

step 06 打开设置 MySQL 界面, 输入 MySQL 服务器登录密码, 单击 Install 按钮开始安装界面, 如图 18-78 所示。

step 07 完成软件安装, 单击 Finish 按钮启动 Apache 及 MySQL, 如图 18-79 所示。

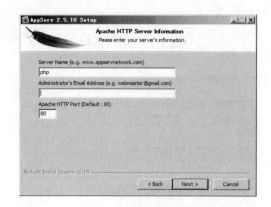
图 18-77 设置服务器界面

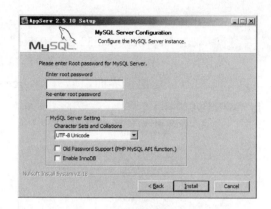
图 18-78 设置 MySQL 界面

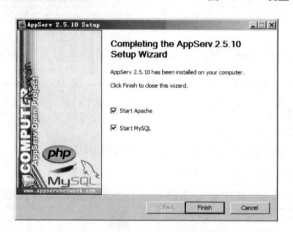
图 18-79 安装完成界面

软件安装完成后，下面还需要进行简单的配置，操作步骤如下。

step 01 选择【开始】→【所有程序】→Apache HTTP Server 2.5.10→Configure Apache Server→Edit the Apache httpd.conf Configuration File 命令。然后单击【编辑】→【查找】命令，打开【查找】对话框，输入 "DocumentRoot" 后单击【找下一个】按钮来查找要修改的字串。在设置文件中将原来的设置前加一个 "#" 转为批注，再增加如图 18-80 所示的一栏设置。

```
DocumentRoot "C:/dwphp"
# documents. By default, all requests are taken from this directory, but
# symbolic links and aliases may be used to point to other locations.
#
DocumentRoot "C:/Program Files/Apache Group/apache2.5/Apache2/htdocs"
DocumentRoot "C:/dwphp"
```

图 18-80 修改字串

step 02 设置完成后，保存并关闭该文件。选择【开始】→【所有程序】→Apache HTTP Server 2.5.10→Control Apache Server→Restart 命令，重新启动 Apache 网络服务器。

step 03 另外，AppServ 插件默认路径为 "C:\AppServ"，而 phpMyAdmin 则安装在

"C:\AppServ\www"文件夹中，如图 18-81 所示。

step 04 这里将 phpMyAdmin 文件夹复制到"C:\dwphp"中完成所有的设置，如图 18-82 所示。

图 18-81　系统默认安装路径

图 18-82　复制文件夹更改路径

18.6　跟我练练手

18.6.1　练习目标

能够熟练掌握本章所讲解的内容。

18.6.2　上机练习

练习 1：架设 IIS+PHP 的执行环境。

练习 2：架设 Apache+PHP 的执行环境。

练习 3：MySQL 数据库的安装。

18.7　高手甜点

甜点 1：假设 IIS+PHP 环境不支持 MySQL，应该如何设置

在 php.ini 的配置文件中找到 mysql 栏目，配置如下：

```
mysql.default_port=3306
mysql.default_host=localhost
mysql.default_user=root
```

然后把 libmysql.dll 复制到 system32 目录下，把 php.ini 复制到 Windows 目录下，最后重新启动计算机即可。

甜点 2：Apache 网站服务器配置修改完成后不能生效，应该如何设置

在 Apache+PHP 的执行环境下，如果修改了 Apache 网站服务器配置文件中的任何一项设置后，必须将 Apache 网络服务器重新启动才会生效。

第 19 章

架起动态网页的桥梁——
定义动态网站与使用
MySQL 数据库

数据库是动态网站的关键性数据，可以说没有数据库就不可能实现动态网站的制作。本章就来介绍如何定义动态网站及使用 MySQL 数据库，包括 MySQL 数据库的使用方法、在网页中使用数据库、MySQL 数据库的高级设定等。

本章要点(已掌握的在方框中打钩)

- ☐ 熟悉定义互动网站的重要性
- ☐ 理解在 Dreamweaver 中定义互动网站意义
- ☐ 掌握 MySQL 数据库的使用
- ☐ 掌握在网页中使用 MySQL 数据库的方法
- ☐ 掌握 MySQL 数据库的安全设定

19.1 定义一个互动网站

定义一个互动网站是制作动态网站的第一步，许多初学者会忽略这一点，以至于由 Dreamweaver 所产生的代码无法与服务器配合。

19.1.1 定义互动网站的重要性

打开 Dreamweaver 的第一步不是制作网页和写程序，而是先定义所制作的网站，原因有以下 3 点。

(1) 将整个网站视为一个单位来定义，可以清楚地整理出整个网站的架构、文件的配置网页之间的关联等信息。

(2) 可以在同一个环境下一次性定义多个网站，而且各个网站之间不冲突。

(3) 在 Dreamweaver 中添加了一项测试服务器的设置，如果事先定义好了网站，就可以让该网站的网页连接到测试服务器的数据库资源中，又可以在编辑画面中预览数据库的数据，甚至打开浏览器来运行。

19.1.2 在 Dreamweaver 中定义网站

设置网站服务器是所有动态网页编写前的第一个操作，因为动态数据必须要通过网站服务器的服务才能运行，许多人都会忽略这个操作，以至于程序无法执行或是出错。

1. 整理制作范例的网站信息

在开始操作之前，请先养成一个习惯，就是整理制作范例的网站信息。具体就是将所要制作的网站信息以表格的方式列出，再按表来实施，这样不仅可以让网站数据井井有条，也可以在维护工作时能够更快掌握网站情况。

如表 19-1 所示为整理出来的网站信息。

表 19-1 网站信息表

信息名称	内 容
网站名称	DWMXPHP 测试网站
本机服务器主文件夹	C:\Apache2.2\htdocs
程序使用文件夹	C:\Apache2.2\htdocs
程序测试网址	http://localhost/

2. 定义新网站

整理好网站的信息后，下面就可以正式进入 Dreamweaver 进行网站编辑了。具体操作步骤如下。

step 01 在 Dreamweaver 的编辑窗口中，选择【站点】→【管理站点】命令，如图 19-1

所示。

step 02 在弹出的【管理站点】对话框中对站点进行定义，如图 19-2 所示。

提示　另外，用户也可以直接选择【站点】→【新建站点】命令，如图 19-3 所示，进入站点定义对话框。

图 19-1　选择【管理站点】命令　　　　图 19-2　【管理站点】对话框　　　　图 19-3　选择【新建站点】命令

step 03 打开站点设置对话框，输入站点名称为"DWMXPHP 测试网站"，选择本地站点文件夹位置为"C:\Apache2.2\htdocs\"，如图 19-4 所示。

step 04 在左侧列表中选择【服务器】选项，单击+按钮，如图 19-5 所示。

图 19-4　设置站点的名称与存放位置　　　　图 19-5　选择【服务器】选项

step 05 在【基本】选项卡中输入服务器名称为"DWMXPHP 测试网站"，选择连接方法为【本地/网络】，选择服务器文件夹为"C:\Apache2.2"，如图 19-6 所示。

提示　URL(Uniform Resource Locatol，统一资源定位器)是一种网络上的定位系统，可称为网站。Host 指 Internet 连接的计算机，至少有一个固定的 IP 地址。Localhost 指本地端的主机，也就是用户自己的计算机。

step 06 选择【高级】选项卡，设置测试服务器的服务器模型为 PHP MySQL，最后单击【保存】按钮保存站点设置，如图 19-7 所示。

注意　其他可选的服务器模型有 ASP VBScript、ASP JavaScript、ASP. NET (C#、VB)、ColdFusion、JSP 等。

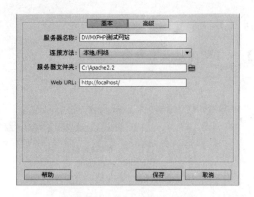

图 19-6 　【基本】选项卡　　　　　　图 19-7 　【高级】选项卡

step 07　返回到 Dreamweaver 的编辑窗口中，在【文件】面板上会显示所设置的结果，如图 19-8 所示。

step 08　如果想要修改已经设置好的网站，可以选择【站点】→【站点管理】命令，在打开的对话框中单击铅笔按钮，再次编辑站点的属性，如图 19-9 所示。

图 19-8 　Dreamweaver 编辑窗口　　　　图 19-9 　【管理站点】对话框

3. 测试设置结果

完成以上的设置后，下面可以制作一个简单的网页来测试一下。具体的操作步骤如下。

step 01　在【文件】面板中添加一个新文件并打开该文件进行编辑。要添加新文件，可选取该网站文件夹后右击，在弹出的快捷菜单中选择【新建文件】命令即可，如图 19-10 所示。

step 02　双击 "test.php" 打开新文件，在页面上添加一些文字，如图 19-11 所示。

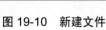

图 19-10 　新建文件　　　　　　图 19-11 　添加网页内容

step 03　添加完成后直接按 F12 键打开浏览器来预览，可以看到页面执行的结果，如图 19-12 所示。

图 19-12　网页预览结果

　注意

不过这样似乎与预览静态网页时没有什么区别。仔细看看这个网页所执行的网址，它不再是以磁盘路径来显示，而是以刚才设置的 URL 前缀(http://localhost/)再加上文件名来显示的，这表示网页是在服务器的环境中运行的。

step 04　仅仅这样还不能完全显示出互动网站服务器的优势，再加入一行代码来测试程序执行的能力；首先回到 Dreamweaver，在刚才的代码后添加一行，执行操作，如图 19-13 所示。

　提示

代码中的 date()是一个 PHP 的时间函数，其中的参数可设置显示格式，可以显示目前服务器的时间，而 "?php echo...?" 会将函数所取得的结果送到前端浏览器来显示，所以在执行这个页面时，应该会在网页上显示出服务器的当前时间。

step 05　按 Ctrl+S 快捷键保存文件后，再按 F12 键打开浏览器进行预览，果然在刚才的网页下方出现了当前时间，这就表示我们的设置确实可用，Dreamweaver 的服务器环境也就此开始了，如图 19-14 所示。

图 19-13　添加动态代码

图 19-14　动态网页预览结果

19.2　MySQL 数据库的使用

要使一个网站达到互动效果，不是让网页充满动画和音乐，而是当浏览者对网页提出要求时能出现响应的结果。这样的效果大多需要搭配数据库的使用，让网页读出保存在数据库中的数据，显示在网页上。因为每个浏览者对于某个相同的网页所提出的要求不同，显示出的结果也不同，这才是真正的互动网站。

19.2.1　数据库的原理

Dreamweaver 可连接的数据库类型很多，从 dBase 到目前市场上的主流数据库 Access、SQL Server、MySQL、Oracle 等都能使用。在 Dreamweaver 开发 PHP 互动网站的环境下所搭配的数据库为 MySQL，在使用数据库之前，我们必须对数据库的构造及运行方式有所了解，才能有效地制作互动程序。

数据库(Database)是一些相关数据的集合，我们可以用一定的原则与方法添加、编辑和删除数据的内容，进而对所有数据进行搜索、分析及对比，取得可用的信息，产生所需的结果。

一个数据库中不是只能保存一种简单的数据，可以将不同的数据内容保存在同一个数据库中，例如，进销存管理系统中，可以同时将货物数据与厂商数据保存在同一个数据库文件中，归类及管理时较为方便。

若不同类的数据之间有关联，还可以彼此使用。例如，可以查询出某种产品的名称、规格及价格，而且可以利用其厂商编号查询到厂商名称及联系电话。我们称保存在数据库中不同类别的记录集合为数据表(Table)，一个数据库中可以保存多个数据表，而每个数据表之间并不是互不相干的，如果有关联，是可以协同作业彼此合作的，如图 19-15 所示。

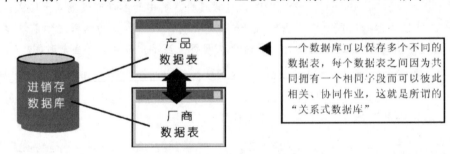

图 19-15　数据库示意图

每一个数据表都由一个个字段组合起来，例如，在产品数据表中，可能会有产品编号、产品名称、产品价格等字段，只要按照一个个字段的设置输入数据，即可完成一个完整的数据库，如图 19-16 所示。

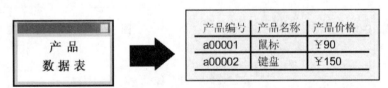

产品编号	产品名称	产品价格
a00001	鼠标	￥90
a00002	键盘	￥150

图 19-16　数据表示意图

这里有一个很重要的概念，一般人认为数据库是保存数据的地方，这是不对的，其实数据表才是真正保存数据的地方，数据库是放置数据表的场所，如图 19-17 所示。

图 19-17　数据存放位置

19.2.2　数据库的建立

由于 MySQL 数据库的指令都是在命令提示符界面中使用的，但这对于初学者是比较难的，针对这一难题，本书将采用 phpMyAdmin 管理程序来执行，以便能有更简易的操作环境与使用效果。

1. 启动 phpMyAdmin 管理程序

phpMyAdmin 是一套使用 PHP 程序语言开发的管理程序，它采用网页形式的管理界面。如果要正确执行这个管理程序，就必须要在网站服务器上安装 PHP 与 MySQL 数据库。

在 18 章中，将 phpMyAdmin 管理程序下载后的压缩文件解压在本机服务器主文件夹中，路径是"C:\Apache2.2\htdocs\phpMyAdmin"，如果要启动 phpMyAdmin 管理程序，只要打开浏览器，输入网址(http://localhost/phpMyAdmin/index.php)即可启动。启动后界面如图 19-18 所示。

图 19-18　phpMyAdmin 工作界面

2. 创建数据库

在 MySQL 数据库安装完成后，会有 4 个内置数据库，即 mysql、information_schema、performance_schema 和 test。

- mysql 数据库是系统数据库，在 24 个数据表中保存了整个数据库的系统设置，十分重要。
- information_schema 包括数据库系统有什么库、有什么表、有什么字典、有什么存储过程等所有对象信息和进程访问、状态信息。

- performance_schema 新增一个存储引擎，主要用于收集数据库服务器性能参数。包括锁、互斥变量、文件信息；保存历史的事件汇总信息，为提供 MySQL 服务器性能做出详细的判断，对于新增和删除监控事件点都非常容易，并可以随意改变 MySQL 服务器的监控周期。

- test 数据库是让用户测试用的数据库，可以在里面添加数据表来测试。可以在菜单中看到 MySQL 内置的 4 个数据库，如图 19-19 所示。

图 19-19　test 的测试界面

performance_schema 是 MySQL 5.5 新增的一个功能，可以帮助 DBA 了解性能降低的原因。mysql、information_schema 为关键库，不能被删除，否则数据库系统不再可用。

这里以在 MySQL 中创建一个学校班级数据库 class 为例，并添加一个同学通讯录的数据表 classmates。如图 19-20 所示，在文本框中输入要创建数据库的名称 class，再单击【创建】按钮即可。

图 19-20　新建学校班级数据库

在一个数据库中可以保存多个数据表，以本页所举的范例来说明：一个班级的数据库中，可以包含同学通讯录数据表、教师通讯录数据表、期中考试分数数据表等。因此，这里需要创建数据库 class，也需要创建数据表 classmates。

3. 认识数据表的字段

在添加数据表之前，首先要规划数据表中要使用的字段。其中设置数据字段的类型非常重要，使用正确的数据类型才能正确保存和应用数据。

在 MySQL 数据表中常用的字段数据类型可以分为 3 个类别。

(1) 数值类型。可用来保存、计算的数值数据字段，例如，会员编号或是产品价格等。在 MySQL 中的数值字段按照保存的数据所需空间大小是有区别的，如表 19-2 所示。

表 19-2 数值类型表

数值数据类型	保存空间	数据的表示范围
TINYINT	1 byte	signed −128～127 unsigned 0～255
SMALLINT	2 bytes	signed −32 768～32 767 unsigned 0～65 535
MEDIUMINT	3 bytes	signed −8 388 608～8 388 607 unsigned 0～16 777 215
INT	4 bytes	signed −2 147 483 648～2 147 483 647 unsigned 0～4 294 967 295

注：signed 表示其数值数据范围可能有负值，unsigned 表示其数值数据均为正值。

(2) 日期及时间类型。可用来保存日期或时间类型的数据，例如，会员生日、留言时间等。MySQL 中的日期及时间类型有表 19-3～表 19-5 所示的格式。

表 19-3 日期数据类型表

日期数据类型	
数据类型名称	DATE
存储空间	3 byte
数据的表示范围	'1000-01-01'～'9999-12-31'
数据格式	"YYYY-MM-DD" "YY-MM-DD" "YYYYMMDD" "YYMMDD" YYYYMMDD YYMMDD

注：在数据格式中，若没有加上引号为数值的表示格式，前后加上引号为字符串的表示格式。

表 19-4 时间数据类型表

时间数据类型	
数据类型名称	TIME
存储空间	3 byte
数据的表示范围	'−838:59:59'～'838:59:59'
数据格式	"hh:mm:ss" "hhmmss" hhmmss

注：在数据格式中，若没有加上引号为数值的表示格式，前后加上引号为字符串的表示格式。

表 19-5 日期与时间数据类型表

日期与时间数据类型	
数据类型名称	DATETIME
存储空间	8 byte
数据的表示范围	'1000-01-01 00:00:00'～'9999-12-31 23:59:59'
数据格式	"YYYY-MM-DD hh:mm:ss" "YY-MM-DD hh:mm:ss" "YYYYMMDDhhmmss" "YYMMDDhhmmss" YYYYMMDDhhmmss YYMMDDhhmmss

注：在数据格式中，若没有加上引号为数值的表示格式，前后加上引号为字符串的表示格式。

(3) 文本类型。可用来保存文本类型的数据，如学生姓名、地址等。在 MySQL 中文本类型数据有表 19-6 所示的格式。

表 19-6 文本数据类型表

文本数据类型	保存空间	数据的特性
CHAR(M)	M bytes，最大为 255 bytes	必须指定字段大小，数据不足时以空白字符填满
VARCHAR(M)	M bytes，最大为 255 bytes	必须指定字段大小，以实际填入的数据内容来存储
TEXT	最多可保存 25 535 bytes	不需指定字段大小

在设置数据表时，除了要根据不同性质的数据选择适合的字段类型之外，有些重要的字段特性定义也能在不同的类型字段中发挥其功能，常用的设置如表 19-7 所示。

表 19-7 特殊字段数据类型表

特性定义名称	适用类型	定义内容
SIGNED,UNSIGNED	数值类型	定义数值数据中是否允许有负值，SIGNED 表示允许
AUTOJNCREMENT	数值类型	自动编号，由 0 开始以 1 来累加
BINARY	文本类型	保存的字符有大小写区别
NULL,NOTNULL	全部	是否允许在字段中不填入数据
默认值	全部	若是字段中没有数据，即以默认值填充
主键	全部	主索引，每个数据表中只能允许一个主键列，而且该栏数据不能重复，加强数据表的检索功能

如果想要更了解 MySQL 其他类型的数据字段及详细数据，可以参考 MySQL 的使用手册或 MySQL 的官方网站(http://www. mysql.com)。

4. 添加数据表

要添加一个同学通讯录数据表，如表 19-8 所示是这个数据表字段的规划。

表 19-8 同学通讯录数据表

名　　称	字　　段	名称类型	属　性	Null	其　他
姓名	className	VARCHAR(20)		否	
性别	classSex	CHAR(2)		否	默认值：女
生日	classBirthday	DATE		否	
电子邮件	classEmail	VARCHAR(100)		是	
电话	classPhone	VARCHAR(100)		是	
住址	classAddress	VARCHAR(100)		是	

其中有以下几个要注意的地方：

● 座号(classID)为这个数据表的主索引字段，基本上它是数值类型保存的数据，因为一般座号不会超过两位数，也不可能为负数，所以设置它的字段类型为 TINYINT(2)，属性为 UNSIGNED。我们希望在添加数据时，数据库能自动为学生编号，所以在字段上加入了 auto_increment 自动编号的特性。

- 姓名(className)属于文本字段，一般不会超过 10 个中文字，也就是不会超过 20 Bytes，所以这里设置为 VARCHAR(20)。
- 性别(classSex)属于文本字段，因为只保存一个中文字(男或女)，所以设置为 CHAR(2)，默认值为"女"。
- 生日(classBirthday)属于日期时间格式，设置为 DATE。
- 电子邮件(classEmail)、电话(classPhone)及住址(classAddress)都是文本字段，设置为 VARCHAR(100)，最多可保存 100 个英文字符，50 个中文字。因为每个人不一定有这些数据，所以这 3 个字段允许为空。

接着就要回到 phpMyAdmin 管理界面，为 MySQL 中的 class 数据库添加数据表。选择创建的 class 数据库，输入添加的数据表名称和字段数，然后单击【执行】按钮，如图 19-21 所示。

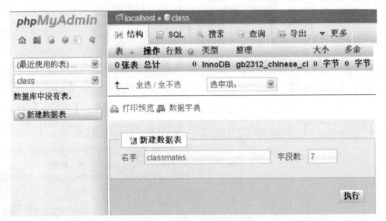

图 19-21 新建数据表

按照前面规划的数据表内容，如图 19-22 所示为添加的数据表字段。

图 19-22 添加数据表字段

设置的过程中需要注意以下几点：

- 设置 ClassID 为整数。
- 设置 ClassID 为自动编号。
- 设置 ClassID 为主键列。
- 允许 classEmail、classPhone、classAddress 为空位。

在设置完成后，单击【保存】按钮，在打开的界面中可以查看完成的 classmates 数据表，如图 19-23 所示。

图 19-23　classmates 数据表

5. 添加数据

添加数据表后，还需要添加具体的数据，操作步骤如下。

step 01　选择 classmates 数据表，如图 19-24 所示。然后选择【插入】选项卡。

step 02　依照字段的顺序，将对应的数值依次输入，单击【执行】按钮，即可插入数据。在【继续插入】下拉列表中选择行数即可继续添加数据，如图 19-25 所示。

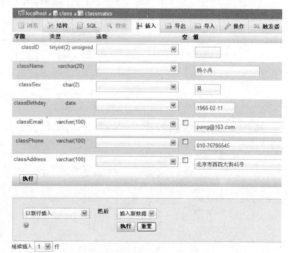

图 19-24　选择 classmates 数据表　　　　图 19-25　插入数据

step 03　按照图 19-26 所示的数据，重复执行步骤 1～2 的操作，将数据输入数据表中。

classID	className	classSex	classBirthday	classEmail	classPhone	classAddress
1	杨小兵	男	1966-02-11	puing@163.com	010-76786545	北京市西四大街45号
2	金晶	女	1986-10-07	jinjing@126.com	022-34534563	温州市新华大街30号
3	倪淼	女	1986-12-17	nimian@126.com	034-32445456	南京市夫子庙9号
4	林小红	女	1982-09-23	linxiaohong@126.com	029-45435634	天津市南开区红旗街49号
5	毛爱国	男	1978-12-30	maoaiguo@126.com	0445-32344634	上海市爱民路43号
6	厉小田	男	1988-03-07	lixiaotian@126.com	0932-65645635	北京市玉泉路54号
7	宁辉	男	1984-03-12	ninghui@126.com	010-84737273	北京市丰台区598号
8	蓝小天	男	1976-05-30	lanxiaotian@126.com	0554-67438382	广东市中山路553号
9	蒋凯华	男	1987-01-16	yayunaiwo@yahoo.com	021-88888888	上海市中山路888号
10	安小民	男	1949-10-01	anxiaoming@126.com	022-37453453	重庆市红岩路33号

图 19-26　输入的数据

19.3　在网页中使用 MySQL 数据库

一个互动网页的呈现，实际上就是将数据库整理的结果显示在网页上。所以，如何在网页中连接到数据库，并读出数据显示，甚至选择数据来更改，就是一个重点。

19.3.1　网页取得数据库的原理

PHP 是一种网络程序语言，它并不是 MySQL 数据库的一部分，所以 PHP 的研发单位就制作了一套与 MySQL 沟通的函数。SQL(Structured Query Language，结构化查询语言)就是这些函数与 MySQL 数据库连接时所运用的方法与准则。

几乎所有的关系式数据库所采用的都是 SQL 语法，而 MySQL 就是使用它来定义数据库结构、指定数据库表格与字段的类型与长度、添加数据、修改数据、删除数据、查询数据，以及建立各种复杂的表格关联。

所以，当网页中需要取得 MySQL 的数据时，它可以应用 PHP 中 MySQL 的程序函数，通过 SQL 的语法来与 MySQL 数据库沟通。当 MySQL 数据库接收到 PHP 程序传递过来的 SQL 语法后，再根据指定的内容完成所叙述的工作再返回到网页中。PHP 与 MySQL 之间的运行方式如图 19-27 所示。

图 19-27　PHP 与 MySQL 之间的运行方式

根据这个原理，一个 PHP 程序开发人员只要在使用数据库时遵循以下步骤，即可顺利获得数据库中的资源。

step 01 建立连接(Connection)对象来设置数据来源。

step 02 建立记录集(Recordset)对象并进行相关的记录操作。

step 03　关闭数据库连接并清除所有对象。

19.3.2　案例 1——建立 MySQL 数据库连接

在 Dreamweaver 中，连接数据库十分轻松简单。下面将通过一个实例来说明如何使用 Dreamweaver 建立数据库连接。

step 01　在 Dreamweaver 中，选择所定义的网站"DWPHP 测试网站"，新建一个名称为"showdata.php"的文件，并将其打开，如图 19-28 所示。

step 02　选择【窗口】→【数据库】命令，进入【数据库】面板，如图 19-29 所示。单击 +按钮，选择【MySQL 连接】命令，进入设置对话框。

　　　图 19-28　新建文件　　　　　　　　　　　　图 19-29　连接数据库

step 03　弹出【MySQL 连接】对话框后，输入自定义的连接名称为"connClass"，输入 MySQL 服务器的用户名和密码，单击【选取】按钮来选取连接的数据库，如图 19-30 所示。

step 04　弹出【选取数据库】对话框，选择 class 数据库，单击【确定】按钮，如图 19-31 所示。

　　图 19-30　【MySQL 连接】对话框　　　　　　图 19-31　【选取数据库】对话框

step 05　返回到【MySQL 连接】对话框，单击【测试】按钮，提示成功创建连接脚本，单击【确定】按钮，如图 19-32 所示。

step 06　回到 Dreamweaver 的编辑窗口中，可以打开【数据库】面板，class 数据库的 classmates 数据表在连接设置后已经读入 Dreamweaver CS6 了，如图 19-33 所示。

图 19-32　连接数据库

图 19-33　【数据库】面板

提示　　权限概念的实现是 MySQL 数据库的特色之一。在设置连接时，Dreamweaver 不时会提醒为数据库管理员加上密码，目的是要让权限管理加上最后一道锁。MySQL 数据库默认是不为管理员账户加密码的，所以必须在 MySQL 数据库调整后再回到 Dreamweaver 时修改设置，这将在 19.3.3 节中进行说明。

19.3.3　案例 2——绑定记录集

在 19.3.1 节中，曾讲过网页若要用到数据库中的资源，在建立连接后，必须建立记录集才能进行相关的记录操作。在这一节中，我们先简单说明如何在建立连接之后添加记录集。

所谓记录集，就是将数据库中的数据表按照要求来筛选、排序整理出来的数据。我们可以在【绑定】面板中进行操作。

step 01 切换到【绑定】面板，单击+按钮，选择【记录集(查询)】命令，如图 19-34 所示。

step 02 弹出【记录集】对话框，输入记录集名称，选择使用的连接，选择使用的数据库，选中【全部】单选按钮，显示全部字段，最后单击【确定】按钮，如图 19-35 所示。

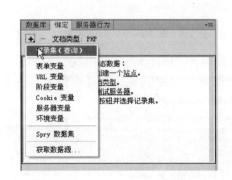

图 19-34　【记录集(查询)】命令

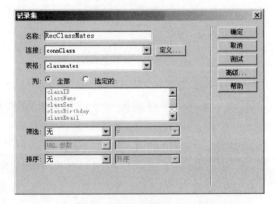

图 19-35　【记录集】对话框

step 03 单击【测试】按钮来测试连接结果，此时弹出【测试 SQL 指令】对话框，如

图 19-36 所示。在该对话框中显示了数据库的所有数据，单击【确定】按钮，返回到【记录集】对话框。最后单击【确定】按钮结束设置，返回到【绑定】面板。

step 04 在【绑定】面板上会看到名为【记录集(RecClassMates)】的记录集，单击 ⊞ 图标可以看到记录集内的所有字段名称，如图 19-37 所示。

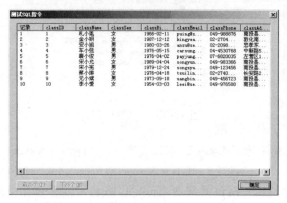

图 19-36 【测试 SQL 指令】对话框　　　　　　图 19-37 【绑定】面板

step 05 拖动这些字段将其放在网页上显示，如图 19-38 所示。

step 06 拖动完成后的显示效果如图 19-39 所示。

图 19-38 拖动字段　　　　　　　　　　图 19-39 最终效果

step 07 在当前设置中，若是预览，只会读出数据库的第一笔数据，我们需要设置重复区域，将所有数据一一读出。首先要选取设置重复的区域。在【服务器行为】面板中单击+按钮，选择【重复区域】命令，如图 19-40 所示。

step 08 在弹出的【重复区域】对话框中设置【显示】为【所有记录】来显示所有数据，单击【确定】按钮，如图 19-41 所示。

step 09 设置完成后，在表格上方可以看到"重复"灰色标签，如图 19-42 所示。

step 10 接下来就能预览结果了。单击【活动数据视图】按钮进入即时数据视图的显示模式，会看到在编辑页面中数据被全部读了进来，如图 19-43 所示。

图 19-40 【重复区域】命令

图 19-41 【重复区域】对话框

图 19-42 添加"重复"标签

图 19-43 读出的数据信息

step 11 按 F12 键，打开浏览器。Dreamweaver 轻松将数据库的数据转为真实的网页了。这样便完成了"showdata.php"的制作。选择【文件】→【保存】命令保存此网页，如图 19-44 所示。

双三甲全班同学通讯簿

丝号	姓名	电子邮件	性别	主日	电话	地址
1	札小凯	puing@seetv.com	女	1966-02-11	049-988876	南投县埔里镇六甸路12号
2	金小妍	kingrean@seetv.com	女	1987-12-12	02-27042782	数化南路938号5楼
3	安小姐	ansu@seetv.com	男	1980-03-28	02-20981230	忠孝东路520号6楼
4	车小杜	carzung@seetv.com	男	1976-05-15	04-4530766	中新路530号7楼
5	骐小假	payjung@seetv.com	男	1976-04-02	07-8820035	左营区1777号6楼
6	宋小允	songyung@seetv.com	女	1989-04-04	049-983366	南投县埔里镇南门路一巷10号
7	宋小宪	songyan@seetv.com	男	1979-12-24	049-123456	南投县鱼池乡接文巷123号
8	蔡小拼	tsuiling@seetv.com	女	1976-04-18	02-27408985	长安路250号9楼
9	元小斌	uangbing@seetv.com	男	1973-09-18	049-466723	南投县埔里镇建国北路10号
10	字小爱	leei@seetv.com	女	1984-03-03	049-976888	南投县埔里镇北环路一巷80号

图 19-44 网页预览效果

19.4 加密 MySQL 数据库

本节来介绍 MySQL 数据库的高级应用，主要包括 MySQL 数据库的安全、MySQL 数据库的加密等内容。

19.4.1 MySQL 数据库的安全问题

MySQL 数据库是存在于网络上的数据库系统，只要是网络用户，都可以连接到这个资源，如果没有权限或其他措施，任何人都可以对 MySQL 数据库进行存取。MySQL 数据库在安装完成后，默认是完全不设防的，也就是任何人都可以不使用密码连接到 MySQL 数据库，这是一个相当危险的安全漏洞。

1. phpMyAdmin 管理程序的安全考虑

phpMyAdmin 是一套网页界面的 MySQL 管理程序，有许多 PHP 的程序设计师都会将这套工具直接上传到 PHP 网站文件夹中，管理员只能从远端通过浏览器登录 phpMyAdmin 来管理数据库。

这个方便的管理工具是否也是方便的入侵工具呢？没错，只要是对 phpMyAdmin 管理较为熟悉的用户，看到该网站是使用 PHP+MySQL 的互动架构，都会去测试该网站"phpMyAdmin"的文件夹是否安装了 phpMyAdmin 管理程序，若是网站管理员一时疏忽，很容易让人猜中，进入该网站的数据库。

2. 防堵安全漏洞的建议

无论是 MySQL 数据库本身的权限设置，还是 phpMyAdmin 管理程序的安全漏洞，为了避免他人通过网络入侵数据库，必须要先做以下几件事。

(1) 修改 phpMyAdmin 管理程序的文件夹名称。这个做法虽然简单，但至少已经挡住一大半非法入侵者了。最好是修改成不容易猜到，与管理或是 MySQL、phpMyAdmin 等关键字无关的文件夹名称。

(2) 为 MySQL 数据库的管理账号加上密码。我们一再提到 MySQL 数据库的管理账号

root,默认是不设任何密码的,这就好像装了安全系统,却没打开电源开关一样。所以,替 root 加上密码是相当重要的。

(3) 养成备份 MySQL 数据库的习惯。当用户一旦所有安全措施都失效了,若平常就有备份的习惯,即使数据被删除了,还能很轻松地恢复。

19.4.2 案例3——为 MySQL 管理账号加上密码

在 MySQL 数据库中的管理员账号为 root,为了保护数据库账号的安全,可以为管理员账号加密。具体的操作步骤如下。

step 01 打开浏览器,在网址栏中输入"http:localhost/phpMyAdmin/index.php",进入 phpMyAdmin 的管理主界面,如图 19-45 所示。单击【权限】选项卡,来设置管理员账号的权限。

step 02 这里有两个 root 账号,分别为由本机(localhost)进入和所有主机(::1)进入的管理账号,默认没有密码。首先修改所有主机的密码,单击【编辑权限】链接,进入下一页,如图 19-46 所示。

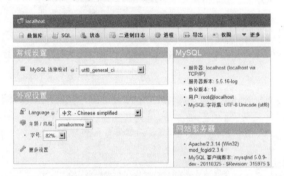

图 19-45 设置管理员密码   图 19-46 【查看用户】界面

step 03 在打开的界面中的【密码】文本框中输入所要使用的密码,单击【执行】按钮,如图 19-47 所示。

step 04 执行完成后,将显示执行的 SQL 语句,如图 19-48 所示。单击【编辑权限】链接,设置另一个账号,操作方法和上一步类似,不再重复讲述。

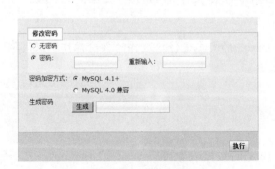

图 19-47 修改密码

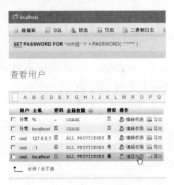

图 19-48 为其他账户添加密码

提示　在修改完成后可以重新登录管理界面，就可以正常使用 MySQL 数据库的资源了。修改过数据库密码后，需要同时修改网站的数据库连接设置，操作见 19.3.2 节的步骤 3，设置 root 密码为相应密码即可。

19.5　实战演练——数据库的备份与还原

在 MySQL 数据库中备份数据，是十分简单而又轻松的。在本节中，将说明如何备份 MySQL 的数据表，以及数据表的删除与插入操作。

1. 数据库的备份

用户可以使用 phpMyAdmin 的管理程序将数据库中的所有数据表导出成一个单独的文本文件。当数据库受到损坏或是要在新的 MySQL 数据库中加入这些数据时，只要将这个文本文件插入即可。

以本章前面所使用的文件为例，先进入 phpMyAdmin 的管理界面，然后就可以备份数据库了。具体的操作步骤如下。

step 01 选择需要导出的数据库，如图 19-49 所示。

step 02 单击【导出】选项卡，选择导出方式为【快速-显示最少的选项】，单击【执行】按钮，如图 19-50 所示。

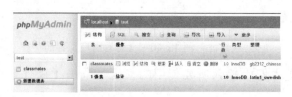

图 19-49　选择要导出的数据库　　　　　图 19-50　选择导出方式

step 03 弹出【文件下载】对话框，单击【保存】按钮，如图 19-51 所示。

step 04 弹出【另存为】对话框，在其中输入保存文件的名称，设置保存的类型及位置，如图 19-52 所示。

提示　MySQL 备份下的文件是扩展名为*.sql 的文本文件，这样的备份操作不仅简单，而且文件容量也较小。

2. 数据库的还原

还原数据库文件的操作步骤如下。

step 01 在执行数据库的还原前，必须将原来的数据表删除。单击 classmates 中的【删除】链接，如图 19-53 所示。

step 02 此时会显示一个信息提示框，单击【确定】按钮，如图 19-54 所示。

图 19-51 【文件下载】对话框

图 19-52 【另存为】对话框

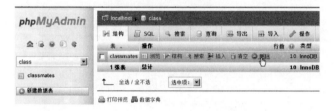

图 19-53 选中要删除的数据表

图 19-54 信息提示框

step 03 返回到原界面，会发觉该数据表已经被删除了，如图 19-55 所示。

step 04 插入刚才备份的"class.sql"文件，将该数据表还原。单击【导入】选项卡，如图 19-56 所示。

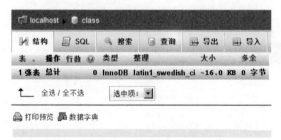

图 19-55 删除数据表

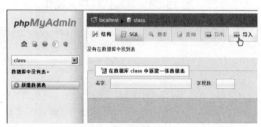

图 19-56 单击【导入】选项卡

step 05 打开要导入的文件页面，单击【浏览】按钮，如图 19-57 所示。

step 06 弹出【选择要加载的文件】对话框，选择"C:\class.sql"文件，单击【打开】按钮，如图 19-58 所示。

step 07 单击【执行】按钮，系统即会读取"class.sql"文件中所记录的指令与数据，将数据表恢复，如图 19-59 所示。

step 08 在执行完成后，class 数据库中又出现了一个数据表，如图 19-60 所示。

step 09 这样，原来删除的 classmates 数据表又还原了，如图 19-61 所示。

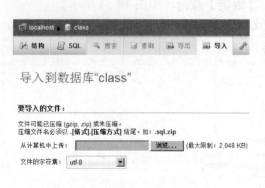

图 19-57 【要导入的文件】界面　　　　　图 19-58 【选择要加载的文件】对话框

图 19-59 开始执行导入操作　　　　　图 19-60 导入数据表

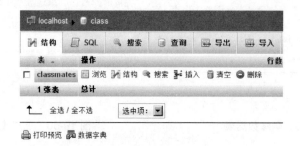

图 19-61 数据表操作界面

19.6 跟我练练手

19.6.1 练习目标

能够熟练掌握本章所讲解的内容。

19.6.2　上机练习

练习 1：定义动态网站站点。

练习 2：MySQL 数据库的使用。

练习 3：在网页中使用 MySQL 数据库。

练习 4：加密 MySQL 数据库。

练习 5：备份与还原 MySQL 数据库。

19.7　高手甜点

甜点 1：解决 PHP 读出 MySQL 数据中文乱码问题

在连接文件中加入代码如下：

```
mysql_query("set character set 'gb2312'");//读数据库
mysql_query("set names 'gb2312'");//写数据库
<?php
# FileName="Connection_php_mysql.htm"
# Type="MYSQL"
# HTTP="true"
$hostname_connclass = "localhost";
$database_connclass = "class";
$username_connclass = "root";
$password_connclass = "root";
$connForum = mysql_pconnect($hostname_connclass, $username_connclass,
$password_connclass) or trigger_error(mysql_error(),E_USER_ERROR);
mysql_query("set character set 'gb2312'");//读库
mysql_query("set names 'gb2312'");//写库
?>
```

甜点 2：如何导出指定的数据表

如果用户想导出指定的数据表，在选择导出方式时，选中【自定义-显示所有可用的选项】单选按钮，然后在【数据表】列表中选择需要导出的数据表即可，如图 19-62 所示。

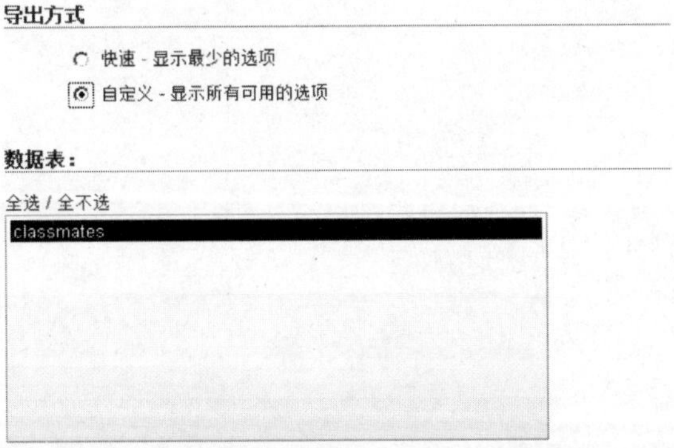

图 19-62　选择导出方式

第 20 章

开启动态网页制作之路——动态网站应用模块开发

在开发动态网站的过程中，开发人员经常会遇到添加需要的应用模块问题，所以本章中将介绍常见动态应用模块的开发方法和技巧。其中包括在线点播模块的开发、网页搜索模块的开发、在线支付模块的开发、在线客服模块的开发和天气预报模块的开发。

本章要点(已掌握的在方框中打钩)

☐ 熟悉网站模块的概念

☐ 掌握模块的使用方法

☐ 掌握常用动态模块的开发

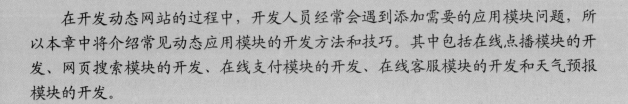

20.1 网站模块的概念

模块指在程序设计中，为完成某一功能所需的一段程序或子程序；或指能由编译程序、装配程序等处理的独立程序单位；或指大型软件系统的一部分。网站模块就是指在网站制作中能完成某一功能所需的一段程序或子程序。

在网站建设中，经常用到的一些如在线客服、在线播放、搜索、天气预报等功能，称为常用功能。这些功能具有很好的通用性，在学习掌握之后可以直接拿来用到自己的网站建设中。

20.2 网站模块的使用

网站模块是一段完成某一功能的完整代码，在使用的时候，只需在合适的位置上插入这段代码就可以了。

20.2.1 程序源文件的复制

在本书中，将会把每个不同的程序以文件夹的方式完整地整理在"C:\Apache2.2\htdocs"里，请将本章范例文件夹中"源文件\model"整个复制到"C:\Apache2.2\htdocs"中，这样就可以开始进行网站的规划。

20.2.2 新建站点

请准备好先前的网站程序基本数据表来定义新建的站点。首先进入 Dreamweaver，选择【站点】→【管理站点】命令后，在管理网站对话框中选择【新建】→【站点】命令进入对话框来设置。

step 01 打开【站点设置】对话框，输入站点名称为"DWPHPCS6 网站模块"，选择站点文件夹为"C:\apach2.2\htdocs\model"，如图 20-1 所示。

step 02 在左侧列表中选择【服务器】选项，单击+按钮，如图 20-2 所示。

图 20-1 【站点设置】对话框

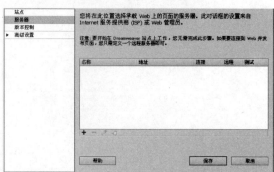

图 20-2 设置服务器

step 03　在【基本】选项卡中输入服务器名称为"DWPHCS6 网站模块"，选择连接方法为【本地/网络】，选择服务器文件夹为"C:\Apache2.2\htdocs\model"，Web URL为"http://localhost/model/"，如图 20-3 所示。

step 04　选择【高级】选项卡，设置测试服务器的服务器模型为"PHP MySQL"，最后单击【保存】按钮保存站点设置，如图 20-4 所示。

图 20-3　【基本】选项卡

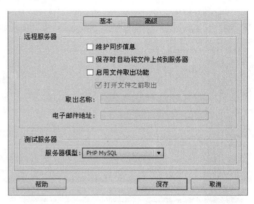

图 20-4　【高级】选项卡

20.3　常用动态网站模块开发

下面介绍常见动态网站模块的开发过程。

20.3.1　在线点播模块开发

在线点播不仅能实现播放视频功能，而且可以实现许多有用的辅助功能。

(1)　控制播放器窗口状态。

(2)　开启声音。

在线播放模块运行效果如图 20-5 所示。

图 20-5　在线播放模块

在【文件】面板中选择要编辑的网页"sp\index..php",双击将其打开在编辑区,如图 20-6 所示。从"code.txt"文件中复制粘贴到相应的位置,如图 20-7 所示。

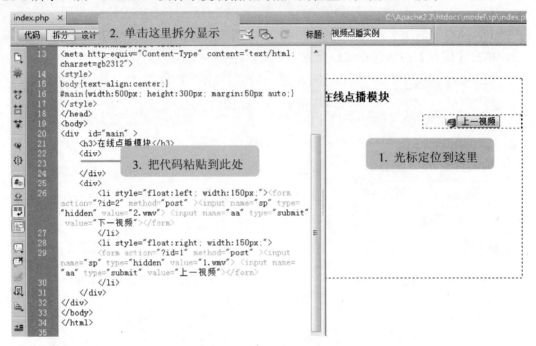

图 20-6　打开代码编辑区

```
22  <object id="player" height="400" width="500" classid="CLSID:6BF52A52-394A-11d3-B153-00C04F79FAA6">
23  <param NAME="AutoStart" VALUE="-1">
24  <!--是否自动播放-->
25  <param NAME="Balance" VALUE="0">
26  <!--调整左右声道平衡,同上面旧播放器代码-->
27  <param name="enabled" value="-1">
28  <!--播放器是否可人为控制-->
29  <param NAME="EnableContextMenu" VALUE="-1">
30  <!--是否启用上下文菜单-->
31  <param NAME="url" value="<?php echo $sp?>">
32  <!--播放的文件地址-->
33  <param NAME="PlayCount" VALUE="1">
34  <!--播放次数控制,为整数-->
35  <param name="rate" value="1">
36  <!--播放速率控制,1为正常,允许小数,1.0-2.0-->
37  <param name="currentPosition" value="0">
```

图 20-7　输入的代码

20.3.2　网页搜索模块开发

在浏览网站中,经常会看到有一个好用的百度搜索框或者是 Google 的搜索框。如果在自己制作的网站中加入这样的模块,能为网站访客带来很大的便捷。实现效果如图 20-8 所示。

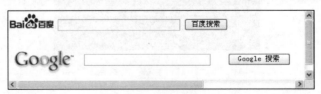

图 20-8　网页搜索模块

在【文件】面板中选择要编辑的网页"ss\index..php"，双击将其打开在编辑区，如图 20-9 所示。从"code.txt"文件中复制粘贴到相应的位置，如图 20-10 所示。

图 20-9　代码编辑区

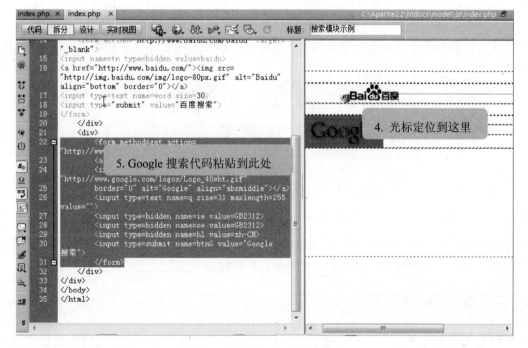

图 20-10　添加网页搜索模块代码

20.3.3　在线支付模块开发

在电子商务发展的今天，网上在线支付应用越来越广泛，那么网上支付是怎么实现的呢？多数的银行和在线支付服务商都提供了相应的接口为用户使用，我们要做的就是把接口中需要的参数搜集并提交到接口页面中。

在当下流行的网站支付平台中，支付宝是大家比较熟悉的支付平台了，现在就来看一下在支付宝支付过程中如何搜集数据。

支付宝接口文件可以从支付宝商家用户中申请获取。看一下在接口数据中需要哪些表单信息：

```
"service"          => "create_direct_pay_by_user",   //交易类型
"partner"          => $partner,                        //合作商户号
"return_url"       => $return_url,                     //同步返回
"notify_url"       => $notify_url,                     //异步返回
"_input_charset"   => $_input_charset,                 //字符集，默认为 GBK
"subject"          => "商品名称",                      //商品名称，必填
"body"             => "商品描述",                      //商品描述，必填
"out_trade_no"     => date(Ymdhms),                    //商品外部交易号，必填(保证唯一性)
"total_fee"        => "0.01",                          //商品单价，必填(价格不能为 0)
"payment_type"     => "1",                             //默认为 1，不需要修改
"show_url"         => $show_url,                       //商品相关网站
"seller_email"     => $seller_email                    //卖家邮箱，必填
```

在【文件】面板中选择要编辑的网页"zf\index..php"双击将其打开在编辑区，如图 20-11 所示。

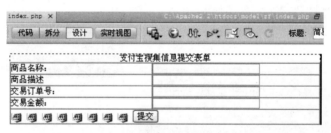

图 20-11　在线支付模块编辑区

这里根据接口需要的信息进行表单布局，并最后通过 post 方法把表单数据提交到接口页面，在接口页面只需要使用$_post【表单字段名】接收这些提交过来的信息就可以了。

20.3.4　在线客服模块开发

在线客服模块在电子商务网站建设中可以说是必不可少的了，通过在线客服模块可以让访客很方便的与网站运营的客服人员进行沟通交流，如图 20-12 所示。

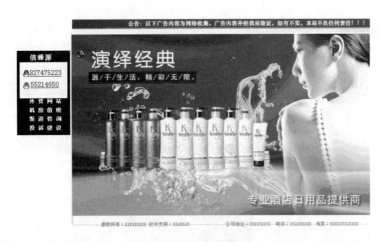

图 20-12　在线客服模块

在【文件】面板中选择要编辑的网页"qq\index..php"，双击将其打开在编辑区。切换到代码窗口，可以看到第一行为 QQ 模块调用方式，如图 20-13 所示。

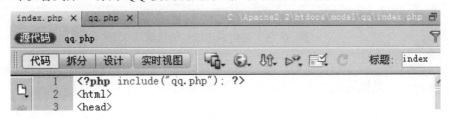

图 20-13　调用 QQ 的代码

接着打开模版文件"qq.php"，找到修改 QQ 号码的位置。实际应用中在此修改相应属性值就可以了，如图 20-14 所示。

图 20-14　修改代码

20.3.5　天气预报模块开发

天气预报模块对一些办公性质的网站来说也是很有用的，它可以通过一些天气网站提供的相关代码进行实现。下面一段代码是由中国天气网提供的调用代码：

```
<iframe src="http://m.weather.com.cn/m/pn12/weather.htm " width="245"
height="110" marginwidth="0" marginheight="0" hspace="0" vspace="0"
frameborder="0" scrolling="no"></iframe>
```

在使用时，只需要将这段代码放入需要设置的位置就可以了。

在【文件】面板中选择要编辑的网页"tq\index..php"双击将其打开在编辑区。切换到拆分窗口,如图 20-15 所示。

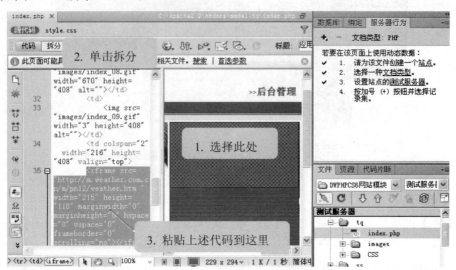

图 20-15　天气预报模块编辑区

添加天气预报模块的代码完成后,就可以将该网页保存起来。然后在 IE 浏览器中预览网页,可以看到天气预报模块的显示效果,如图 120-16 所示。

图 20-16　天气预报模块预览效果

第 21 章

电子商务类网站开发实战

电子商务类网站的开发主要包括电子商务网站主界面的制作、电子商务网站二级页面的制作和电子商务网站后台的制作。本章以经营红酒为主要产品的电子商务网站为例进行介绍。

本章要点(已掌握的在方框中打钩)

☐ 熟悉网站的分析与准备工作

☐ 熟悉网站结构分析的方法

☐ 掌握网站主页面的制作方法

☐ 掌握网站二级页面的制作方法

☐ 掌握网站后台管理的制作

21.1　网站分析与准备工作

在开发网站之前，首先需要分析网站并做一些准备工作。

21.1.1　设计分析

商务类网站一般侧重于向用户传达企业信息，包括企业的产品、新闻资讯、销售网络、联系方式等。

本实例使用红色为网站主色调，让用户打开页面就会产生记忆识别。整个页面以产品、资讯为重点，舒适的主题色加上精美的产品图片，可以提升用户的购买欲望。

21.1.2　网站流程

本章所制作的电子商务类网站的流程如图 21-1 所示。

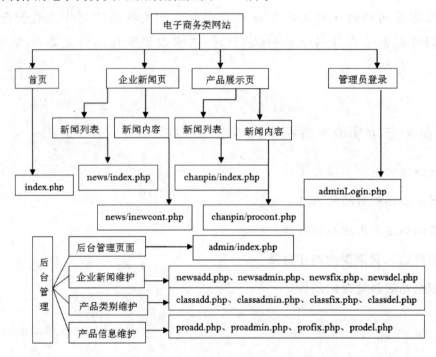

图 21-1　网站的流程

21.1.3　数据库分析

1. MySQL 数据库的导入

将本章的范例文件"源文件\ch21"整个复制到"C:\Apache2.2\htdocs"中，然后就可以开始进行网站的规划了。

在该目录中有本章范例所使用的数据库备份文件“db_21.sql”，其中包含了 4 个数据表，即 admin、news、proclass 和 product。

2. 数据表分析

导入数据表之后，在这个页面中可以单击 4 个数据表中的【结构】链接观看数据表的内容，如图 21-2 所示。

表 ▲	操作						行数
admin	浏览	结构	搜索	插入	清空	删除	
news	浏览	结构	搜索	插入	清空	删除	
proclass	浏览	结构	搜索	插入	清空	删除	
product	浏览	结构	搜索	插入	清空	删除	
4 张表	总计						

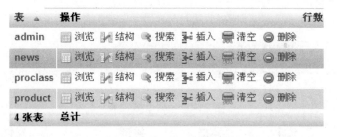

图 21-2　分析数据表

- admin 数据表：这个数据表用于保存登录管理界面的账号与密码，主索引栏为 username 字段，如图 21-3 所示。

	名字	类型	整理	属性	空	默认	额外	操作
用户名	username	char(20)	gb2312_chinese_ci		否			修改
密码	passwd	char(20)	gb2312_chinese_ci		否			修改

图 21-3　admin 数据表

目前数据表中已经预存一条数据，如图 21-4 所示，值都为 admin，为默认使用的账号及密码。

username	passwd
admin	admin

图 21-4　数据库账户

- news 数据表：这个数据表主要是网站企业新闻管理的内容。本数据表以“news_id”(企业新闻管理编号)为主索引，并设定为 UNSIGNED(正数)、auto_increment(自动编号)，如图 21-5 所示。
- proclass 数据表：这个数据表主要是产品分类管理的内容。本数据表以 class_id(产品类别管理编号)为主索引，并设定为 UNSIGNED(正数)、auto_increment(自动编号)，如图 21-6 所示。

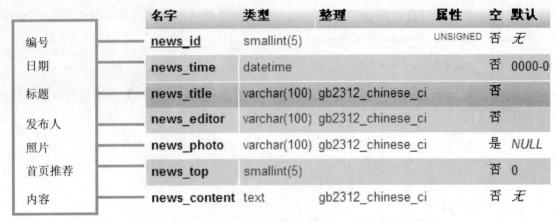

编号
日期
标题
发布人
照片
首页推荐
内容
名字 类型 整理 属性 空 默认
news_id smallint(5) UNSIGNED 否 无
news_time datetime 否 0000-0
news_title varchar(100) gb2312_chinese_ci 否
news_editor varchar(100) gb2312_chinese_ci 否
news_photo varchar(100) gb2312_chinese_ci 是 NULL
news_top smallint(5) 否 0
news_content text gb2312_chinese_ci 否 无

图 21-5　news 数据表

编号
类别名称
排序号
名字 类型 整理 属性 空 默认
class_id smallint(5) UNSIGNED 否 无
classname varchar(100) gb2312_chinese_ci 否
classnum smallint(5) 否 0

图 21-6　proclass 数据表

- product 数据表：这个数据表主要是网站产品管理的内容。本数据表以 pro_id(企业产品管理编号)为主索引，并设定为 UNSIGNED(正数)、auto_increment(自动编号)，如图 21-7 所示。

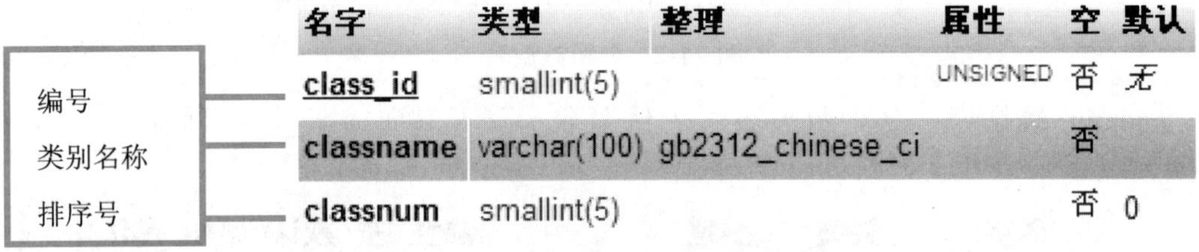

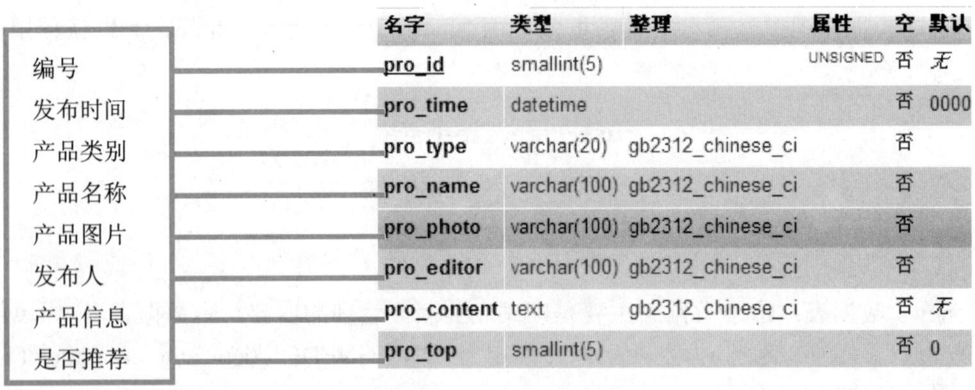

编号
发布时间
产品类别
产品名称
产品图片
发布人
产品信息
是否推荐
名字 类型 整理 属性 空 默认
pro_id smallint(5) UNSIGNED 否 无
pro_time datetime 否 0000
pro_type varchar(20) gb2312_chinese_ci 否
pro_name varchar(100) gb2312_chinese_ci 否
pro_photo varchar(100) gb2312_chinese_ci 否
pro_editor varchar(100) gb2312_chinese_ci 否
pro_content text gb2312_chinese_ci 否 无
pro_top smallint(5) 否 0

图 21-7　product 数据表

21.1.4　制作程序基本数据表

表 21-1 所示为本章范例的网站程序基本信息表。

表 21-1 网站基本数据表

信息名称	内 容
网站名称	电子商务网站
本机服务器主文件夹	C:\Apache2.2\htdocs\ch21
程序使用文件夹	C:\Apache2.2\htdocs\ch21
程序测试网址	http://localhost/ch21/
MySQL 服务器地址	localhost
管理账号 / 密码	root/root
使用数据库名称	Db_14
使用数据表名称	admin、news、proclass、product

21.2 网站结构分析

首页面使用"1-(1+2)-1"结构进行布局，整个页面简洁明了，主要包括导航、banner、产品展示、企业新闻、促销信息及脚注，如图 21-8 所示。

图 21-8 网站首页

二级页面有多个，只有企业资讯页和产品展台需要使用动态方法实现，这两个页面使用"1-2-1"结构进行布局(在实际网站制作中，通常设计者把变化不大的页面保持静态化，仅对经常更新的页面进行编程处理)，如图 21-9 所示。

图 21-9　二级页面

21.3　网站主页面的制作

网站的分析以及准备工作都完成后，就可以正式进行网站的制作了。这里以在 Dreamweaver 中制作为例进行介绍。

21.3.1　管理站点

制作网站的第一步工作就是创建站点。在 Dreamweaver 中创建站点的方法在前面的章节中已经介绍过，这里不再赘述。

21.3.2　网站广告管理主页面的制作

通过前边章节的学习，大家应该对网页制作中的步骤细节已经很熟悉了。下面就来介绍网页与后台数据库是如何绑定的。

1. 数据库连接的设置

在【文件】面板中选择要编辑的网页 index.php，双击在编辑区将其打开。切换到【数据库】面板，单击+按钮，在弹出的下拉菜单中选择【MySQL 连接】命令，在弹出的【MySQL 连接】对话框中输入连接名称和 MySQL 的连接信息，如图 21-10 所示。

图 21-10　【MySQL 连接】对话框

2. 主要数据绑定实现

在首页中有 3 处需要动态调用数据的地方，分别是图片新闻、文字新闻和促销产品。这里就有一个问题，同样是新闻，怎么区分图片新闻和文字新闻呢？怎么区分哪种商品出现在首页呢？

下面就来介绍如何将数据绑定到网页中，具体的操作步骤如下。

step 01 打开数据的【绑定】面板，这里需要 3 个数据绑定记录集，分别对应图片新闻、文字新闻和促销产品，如图 21-11 所示。

图 21-11 数据绑定

step 02 单击打开图片新闻记录集 Recnewstop，在 SQL 语句后面，有一个 limit1 指令，这个指令是从数据表中取出一条数据，整个 SQL 语句的意思是从 news 表中取出推荐的图片不为空的最新发布的一条数据。如果数据量比较大，使用 limit 指令就显得非常有必要，可以大大提高数据的检索效率，如图 21-12 所示。

step 03 由于仅获取一条信息，不需要设置重复区域，接着设定跳转详细页面，如图 21-13 所示。

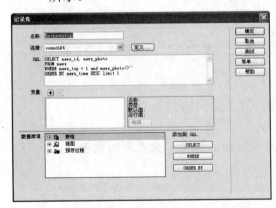

图 21-12 【记录集】对话框　　　　　　图 21-13 设置详细信息页面

step 04 单击打开 Recnews 记录集，设置这个记录集的目的是为了获取 6 条最新的企业新闻。SQL 语句的意义是从 news 表中取出 6 条最新发布的新闻信息，如图 21-14 所示。

step 05 在设定重复区域的时候设定记录条数为 6，如图 21-15 所示。

step 06 打开促销产品记录集(Recprotop)，这个记录集目的是为了从产品数据表 product 中取出最新一条推荐到首页的产品信息，如图 21-16 所示。

step 07 因为仅获取一条记录，也不需要设置重复区域，设定跳转详细页面，如图 21-17

所示。

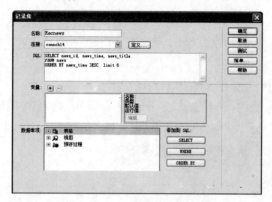

图 21-14 【记录集】对话框

图 21-15 【重复区域】对话框

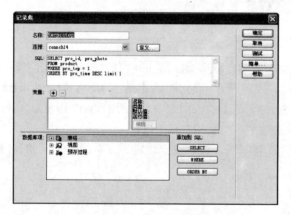

图 21-16 【记录集】对话框

图 21-17 设置跳转详细页面

21.4 网站二级页面的制作

前边已经提到需要动态化的二级页面涉及两个页面，一个是企业新闻列表页，一个是产品展示列表页。

21.4.1 企业新闻列表页

在【文件】面板中打开 news 目录下的 index.php 文件，在新闻列表中创建一个用于获取所有企业新闻的记录集 Recnews，在【绑定】面板中将其打开。SQL 语句中按时间的降序排列所有记录，如图 21-18 所示。

列表中还需要设定重复区域、记录集导航条和显示区域，如图 21-19 所示。

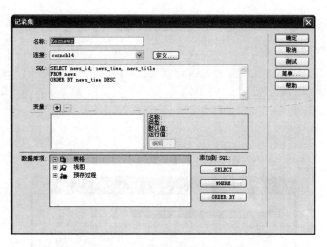

图 21-18 【记录集】对话框

图 21-19 新闻列表页

21.4.2 企业产品展示列表页

在【文件】面板中打开 chanpin 目录下的 index.php 文件，在产品列表中创建两个记录集，一个用于获取所有推荐的产品记录集 Recprotop，一个用于获取产品类别的记录集 Recproclass。打开【绑定】面板，可以查看，如图 21-20 所示。

图 21-20 查看记录集

制作企业产品展示列表页的操作步骤如下。

step 01 打开 Recproclass 记录集，SQL 语句的意思是从产品类别表选择所有记录并按 classnum 升序排列，如图 21-21 所示。

step 02 设定重复区域，选取所有记录，如图 21-22 所示。

step 03 打开 Recprotop 记录集，该记录集的作用是从产品信息表中取出推荐的所有产品，并按发布时间降序排列，最后发布的产品最先显示，如图 21-23 所示。

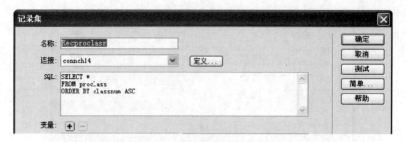

图 21-21 【记录集】对话框

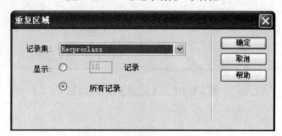

图 21-22 【重复区域】对话框

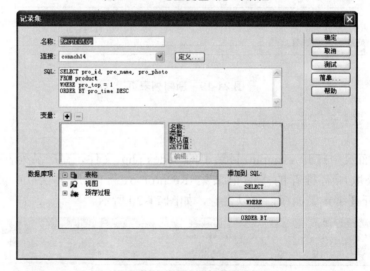

图 21-23 【记录集】对话框

step 04 由于是图片列表，在设定时单击【服务器行为】面板中的+按钮，在弹出的下拉菜单中选择 DWteam→Horizontal Looper MX 命令，如图 21-24 所示。

step 05 弹出 Horizontal Looper MX 对话框，在其中设定行列为 3 行 3 列，如图 21-25 所示。

step 06 单击【确定】按钮，保存设置。至此，就完成了企业产品展示列表页的制作。

图 21-24　【服务器行为】面板

图 21-25　Horizontal Looper MX 对话框

21.5　网站后台分析与讨论

由于后台涉及的功能比较多，所以不能像前边的章节那样，直接进入某个管理页面，而是使用了一个 index.php 页进行导航。在【文件】面板中打开 admin 目录下的 index.php 页面，可以看到这里就是一个导航页，没有具体的页面功能，如图 21-26 所示。

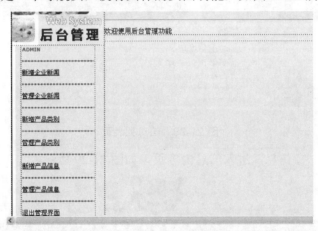

图 21-26　后台管理页面

新增企业新闻、管理企业新闻用于管理企业的新闻信息，新增产品类别和管理产品类别用于产品类别的管理，新增产品信息和管理产品信息用于产品的管理维护。

21.6　网站成品预览

网站制作完成后，下面就可以在浏览器预览网站的各个页面了，具体操作步骤如下。

step 01　使用浏览器打开 index.php 文件，如图 21-27 所示。

step 02　单击企业资讯菜单，进入信息列表页，如图 21-28 所示。

图 21-27　网站首页

图 21-28　信息列表页

step 03 单击任一条信息，进入信息内容页，如图 21-29 所示。

图 21-29　信息内容页

step 04 单击导航上的产品展台，进入产品展示列表页，如图 21-30 所示。

图 21-30　产品展示列表页

step 05 在浏览器的地址栏中输入后台管理页面的地址"http://localhost/ch21/admin1"，在弹出的【管理员登录画面】对话框中输入默认的管理账号及密码，如 admin，如图 21-31 所示。

step 06 单击【登录管理画面】按钮，进入后台管理页面，如图 21-32 所示。

图 21-31　【管理员登录画面】对话框　　　　　图 21-32　后台管理页面

step 07 单击左侧的【新增企业新闻】导航，进入新增企业新闻页面，在其中输入相关数据信息，如图 21-33 所示。

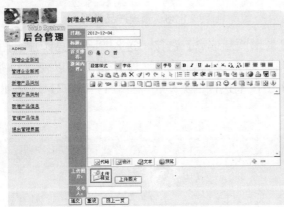

图 21-33　新增企业新闻页面

step 08 输入完各项信息后，单击【递交】按钮，返回到管理企业新闻页面，可以使用每条信息右边的【编辑】和【删除】链接来执行编辑和删除操作，如图 21-34 所示。

管理企业新闻			
新闻ID	日期	标题	执行功能
13	2012-11-30 00:00:00	小米盒子或"瘦身"再上市	编辑 删除
14	2012-11-30 00:00:00	美国不认可中概股	编辑 删除
15	2012-12-03 00:00:00	微软的10大噩梦正步步成真 [图] [推荐]	编辑 删除
16	2012-12-03 00:00:00	有许多职场人士执行力不强的原因	编辑 删除
17	2012-12-03 00:00:00	你是"病态性上网"吗?	编辑 删除

图 21-34　管理企业新闻页面

step 09 单击左侧【新增产品类别】链接，进入产品类别添加页面，如图 21-35 所示。

图 21-35　新增产品类别页面

step 10 输入类别名称和排序号后，返回到产品类别管理页面，可以使用每条类别右边的【编辑】和【删除】链接来执行功能，如图 21-36 所示。

管理产品类别			
类别ID	类别名称	序号	执行功能
18	礼品系列	5	编辑 删除
17	洋酒系列	6	编辑 删除
16	红酒系列	2	编辑 删除
15	啤酒系列	3	编辑 删除
14	清酒系列	2	编辑 删除
13	烧酒系列	1	编辑 删除

图 21-36　管理产品类别

step 11 单击左侧【新增产品信息】链接，进入产品信息添加页面，如图 21-37 所示。

step 12 输入各项信息后，返回到产品管理界面，可以使用每条产品信息右边的【编辑】和【删除】链接来执行编辑和删除操作，如图 21-38 所示。

图 21-37 新增产品页面

产品管理

产品ID	产品类别	产品名称		执行功能
21	烧酒系列	烧酒1		编辑 删除
20	红酒系列	红酒6 [推荐]		编辑 删除
19	红酒系列	红酒5 [推荐]		编辑 删除
18	红酒系列	红酒4 [推荐]		编辑 删除
17	红酒系列	红酒3 [推荐]		编辑 删除
16	红酒系列	红酒2 [推荐]		编辑 删除
15	红酒系列	红酒1 [推荐]		编辑 删除
14	烧酒系列	烧酒		编辑 删除
13	红酒系列	红酒 [推荐]		编辑 删除

图 21-38 产品管理界面

至此，一个简单的网上购物系统就制作完成了，读者可以将本章制作网上购物系统的方法应用到实际的大型网站建设中。